第三十届
杭州市青少年科技创新大赛
优秀作品集

杭州市科学技术协会 主编

浙江工商大学出版社
ZHEJIANG GONGSHANG UNIVERSITY PRESS

图书在版编目(CIP)数据

第三十届杭州市青少年科技创新大赛优秀作品集 / 杭州市科学技术协会主编. —杭州 : 浙江工商大学出版社，2016.12

ISBN 978-7-5178-1856-4

Ⅰ. ①第… Ⅱ. ①杭… Ⅲ. ①青少年—创造发明—科技成果—杭州 Ⅳ. ①N19

中国版本图书馆 CIP 数据核字(2016)第 244131 号

第三十届杭州市青少年科技创新大赛优秀作品集

杭州市科学技术协会 主编

责任编辑 沈 丹 汪 浩
封面设计 李 娜 唐 玮
责任印制 包建辉
出版发行 浙江工商大学出版社
(杭州市教工路 198 号 邮政编码 310012)
(E-mail:zjgsupress@163.com)
(网址:http://www.zjgsupress.com)
电话:0571-88904980,88831806(传真)
排 版 杭州朝曦图文设计有限公司
印 刷 杭州恒力通印务有限公司
开 本 710mm×1000mm 1/16
印 张 17
字 数 350 千
版 印 次 2016 年 12 月第 1 版 2016 年 12 月第 1 次印刷
书 号 ISBN 978-7-5178-1856-4
定 价 45.00 元

浙江工商大学出版社营销部邮购电话 0571-88904970

编者的话

少年强则国强，青少年是祖国的未来，而创新精神是国家强大的灵魂。杭州市青少年科技创新大赛是由杭州市科协、市教育局、市科委、市环保局、团市委、市青少年活动中心共同举办，面向全市在校中小学生科技创新和科学研究项目的年度竞赛活动。它秉承着培养青少年创新精神和实践能力、提高青少年科学素质、鼓励青少年优秀人才涌现、推动青少年科技活动蓬勃开展的宗旨，到 2015 年止，已成功举办了 30 届，成为我市青少年重要科技活动之一。在每年的杭州市青少年科技创新大赛中，都出现许多令人十分惊喜的优秀科技创新项目。

本作品集中收集的第三十届杭州市青少年科技创新大赛（中小学组）的部分获奖优秀科技创新项目和科技实践活动，都是非常出色的研究和活动报告，其数据翔实，内容完整，有非常好的创新性，值得青少年和科技辅导员借鉴。但是由于本书篇幅有限，在编辑整理过程中，我们不得不对部分报告进行较大幅度的删减，望作者和读者谅解。

本书在编辑过程中，得到了部分专家评委的大力协助，在此，对他们的辛勤工作致以衷心的感谢。由于本书编辑工作量大，出版时间紧迫，编辑过程中难免出现纰漏，敬请广大获奖者和读者谅解指正。

编　者

2016 年 7 月

目 录/Contents

第一部分

优秀科技创新项目

第二部分

优秀科技实践活动

第一部分

优秀科技创新项目

一种智能植物液除臭装置

浙江省杭州第二中学　俞家琛　指导：陈颜龙

摘　要：为解决学校、景区、车站、高速公路服务区、影院、会议中心等人群高密度活动区域厕所的异味问题，本研究采用特殊组分的植物液多醛技术，通过一种智能的装置，使植物液和厕所的氨气、硫化氢等常见的异味发生永久反应，生成一个新的无味、更重且更不易挥发的化合物或一个气味更好闻但迅速挥发掉的新生化合物。

关键词：植物液　智能　活性成分　消除异味

一、研究背景和目的

（一）研究背景

现实生活中，厕所的异味令人无法忍受，而学校、车站、高速公路服务区、影院、会议中心等人群高密度活动区域厕所的异味更难处理。发出异味的物质主要是氨气和硫化氢，氨气在民用建筑内的限值是 $0.2mg/m^3$，引起嗅觉反应的最低浓度却是 $0.6mg/m^3$。当我们轻微闻到氨气气味时，已经超过国家标准 3 倍了；空气中硫化氢的感觉嗅阈值为 $0.0005mg/m^3$，设别嗅阈值为 $0.006mg/m^3$。此异味会引起人体鼻干、眼燥，会损害呼吸道黏膜及导致皮肤免疫力下降，危害人体健康。人们一般采用除臭药剂、芳香剂或排气扇来清除厕所中的异味，药剂在冲淡异味的同时会产生二次污染，对人体健康造成影响，芳香剂通过香气遮盖了原理的臭味，排气扇不仅除臭效果差，而且耗电多、噪音大，这几种方式都不能有效地将异味清除。

（二）研究目的

本项目利用传感器技术设计一种智能的植物液除臭装置，当异味浓度达到一定量时能自动开机，当浓度低于一定值时能自动关机；此装置能适时控制植物液的雾化，使植物液中的有效分子（双键、羰基等活性基团含有生物活性或化学活性）能迅速和异味分子迅速发生反应，达到改变其结构，形成无味无害的气体。

（三）项目来源

此项目是本人“一种新颖鼻塞过滤器”“杀菌防菌空气过滤电风扇”“一种含花青素滤材的新型口罩”“紫甘薯花青素在口罩材料上的应用研究”等系列针对空气污染的后续研究项目，是高中有机化学和电路控制物理知识在植物液除臭中的运用，此项目也是 2015

年“浙江省英才计划”导师指导项目，项目由浙江大学化学系老师指导。

二、研究思路和原理

(一)研究思路

从薄荷、樟脑、月桂、柠檬、柑橘橙、松树、雪松、迷迭香、留兰香、桉树、茉莉、玫瑰、九里香等植物中通过水蒸气蒸馏法提取植物油，针对厕所主要异味氨气和硫化氢，按以上植物油一定的组分配置专用的植物液。根据厕所异味浓度，采取超声波雾化（或雾化喷头）和洗涤过滤结合实现植物液的充分雾化，液滴的半径不大于 0.04mm，雾化后的植物液的比表面积比传统除臭剂喷射出的除臭剂的比表面积大 60 倍左右，在同样除臭效果的条件下，消耗除臭剂是现有的 1/60。以上处理通过空气传感器实现装置自动运行。

(一)研究原理

各植物油组分中含有反应活性很高的功能团化合物和萜类化合物（双键、羰基等活性基团），可用于氧化还原反应：在该类物质与硫化物分子进行碰撞时，可氧化负二价的硫，产生萜基硫化物，这类化合物不稳定，很容易进一步分解为硫酸根离子。醛类、酮类化合物可与异味发生永久反应，生成一个新的无味、更重且更不易挥发的化合物，或一个气味更好闻但迅速挥发掉的新生化合物。多种植物液组分的配方会形成新的活性功能团，这些功能团对去除异味有更好的作用，且生物降解过程对环境是无害的。

去除卫生间异味的植物液配方中每种植物精油起到的作用是不同的，如柠檬中的柠檬醛、月桂中的月桂醛、茉莉中的茉莉酮、留兰香中的左旋香芹酮、薄荷中的薄荷醇等，是起到和氨气、硫化氢等异味发生反应；部分是调节剂、混合剂（樟脑）和固化剂（树脂）的作用，是为了保持植物液的活性。

超声波雾化器利用电子高频震荡（振荡频率为 1.7MHz 或 2.4MHz，超过人的听觉范围，该电子振荡对人体及动物绝无伤害），通过水面产生水雾。陶瓷雾化片的高频谐振产生超声波，超声波在水中传播时产生空化现象，雾化器利用水和空气之间的空穴爆炸，将空穴周围的水粉碎成 1～3μm 的微粒，于是水面出现水雾。雾化后的植物液和空气中的异味分子充分接触，发生降解反应，主要反应方程式如下：

①醛与以下物质的化学反应：

氨（气状）

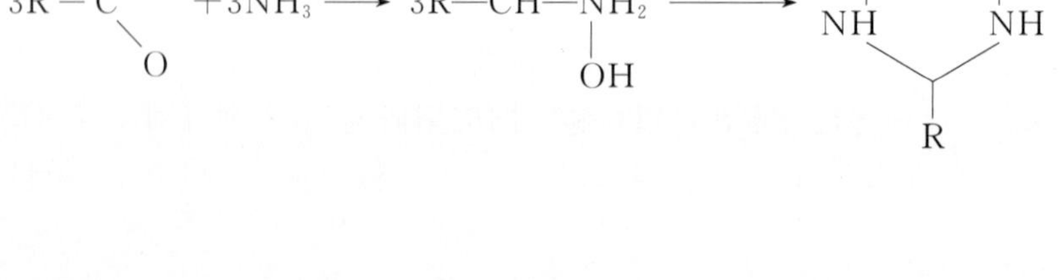

一级胺

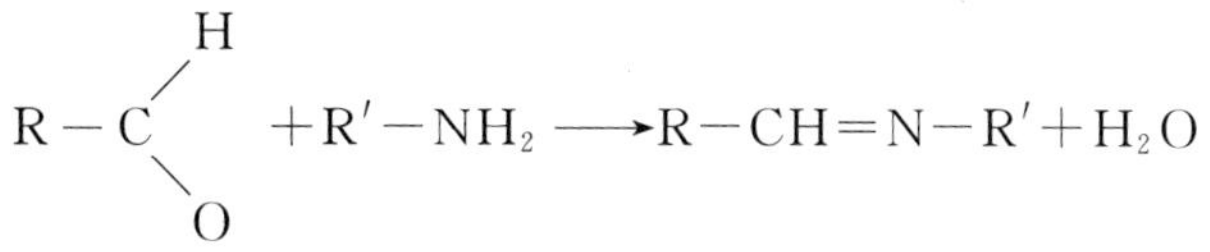

二级胺

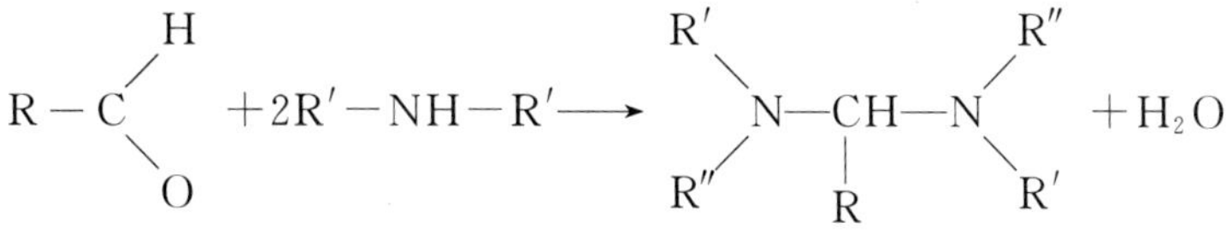

硫醇

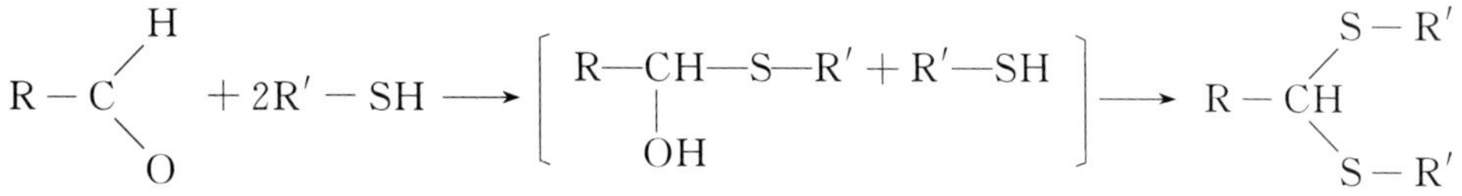

$+H_2O$(缩硫醛)

硫化氢

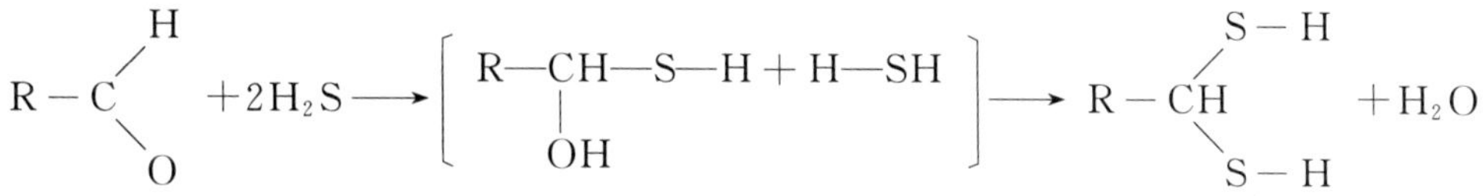

(缩硫醛)

②酮与以下物质的化学反应：

氨

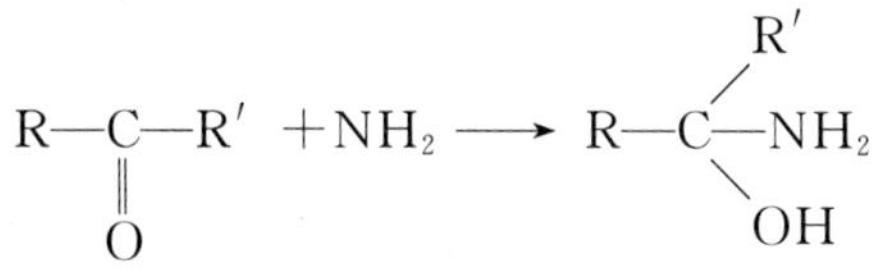

一级胺

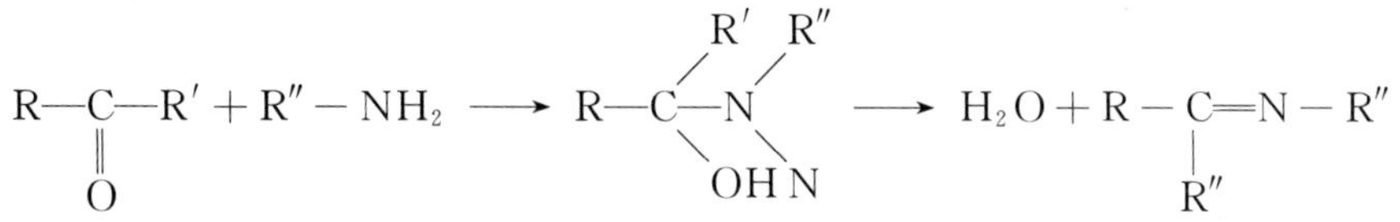

二级胺

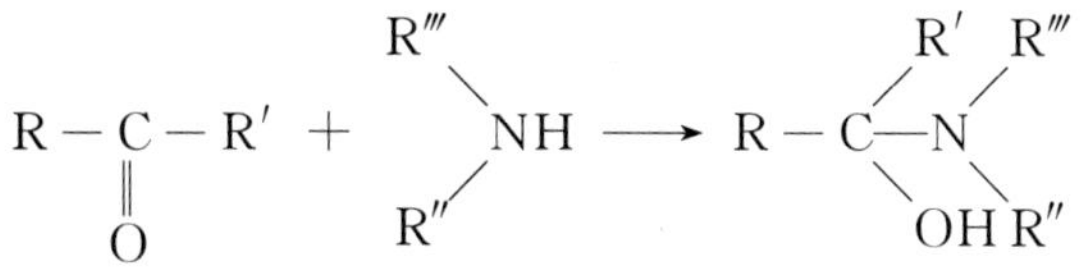

硫醇

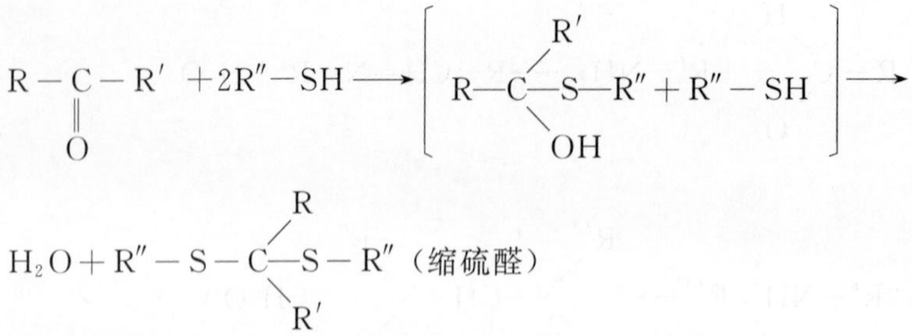

（缩硫醛）

硫化氢

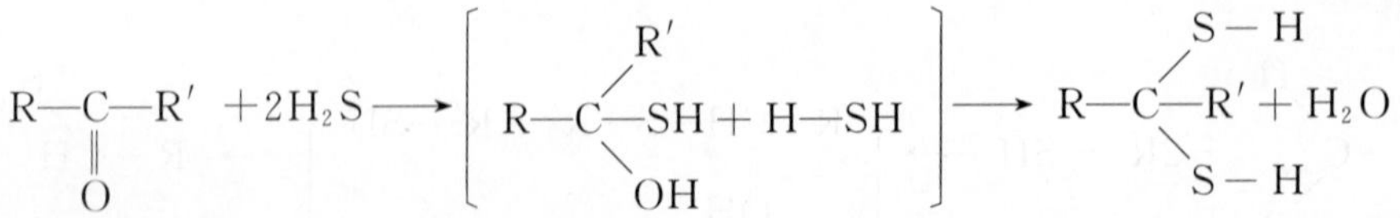

（缩硫醛）

通过控制植物液的雾化，使植物液中的活性成分有效地捕捉并通过化学反应分解消除空气中及物体表面的异味分子，生成出一个不带原有气味特征的新分子，其具有安全性、生物降解性并对生态环境无害。此类永久消除空气中异味的方式能显著地提高空气质量。

三、研究步骤和方法

（一）实验步骤（见图 1.1-1）

（二）研究方法（见表 1.1-1）

表 1.1-1　研究方法

编号	名　称	内　容	时间、地点、人物
1	实地嗅觉感知法	实地对杭州周边人流密集区域公共卫生间进行嗅觉感知	2015 年 6—7 月，杭州的学校、车站、会议中心、高速公路服务区等
2	文献调查法	各类臭气的嗅阈值，植物液除臭原理、洗涤过滤、超声波雾化、传感器性能等	2015 年 2—6 月，网上搜索相关论文、资料
3	专家访谈	方案设计	2015 年 6—8 月，向杭化院、浙江大学化学系、浙江省环境监测中心等专家咨询实验假设的可行性及注意要点
4	电话咨询	空气流体工程师、风机和填料生产企业技术负责人、电路设计工程师、植物液生产企业	2015 年 7—9 月，向杭州韦尔茂通、深风达、常州天香、杭州朗太、怡科罗（南京）等企业购买样品及电话咨询

续 表

编号	名　称	内　容	时间、地点、人物
5	实地检测法	对杭州周边人流密集区域公共卫生间氨气浓度检测	2015 年 7 月，自制便携式氨气检测仪进行氨气浓度测试
6	实验研究	除臭机结构设计、制作，植物液提取配比，电路设计制作等	2015 年 7—8 月，杭化院、浙大化学系植物液提取配比实验；朗太除臭机壳体制作、电路制作

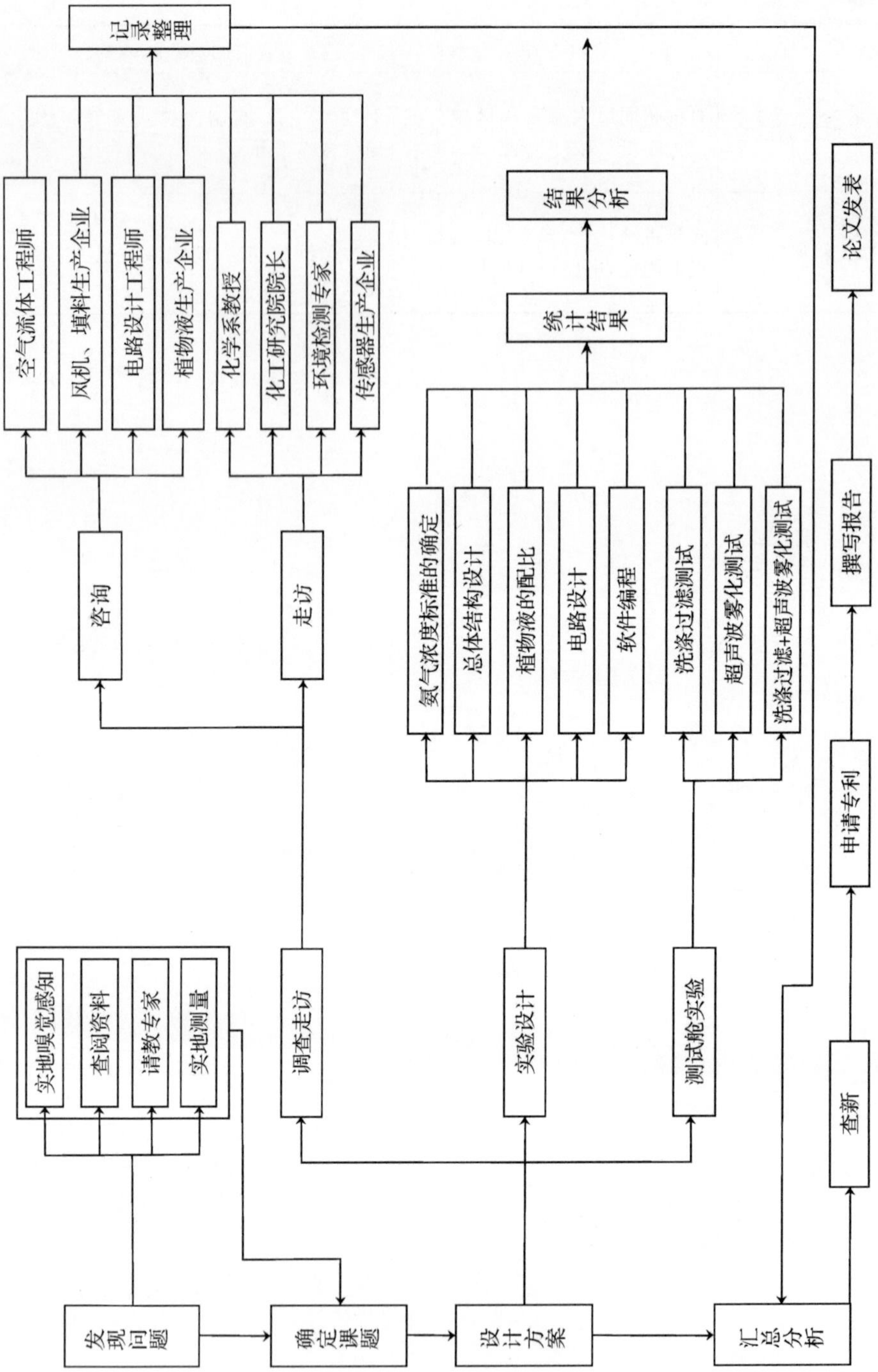

图1.1-1　项目研究步骤图

四、研究内容和分析

(一)室内空气质量标准及实测值

1.室内空气质量标准及嗅阈值

根据《民用建筑工程室内环境污染控制规范》(GB 50325—2014)及相关臭气种类的嗅阈值,卫生间异味主要成分氨气和硫化氢的国家标准及嗅阈值如下表:

表 1.1-2　氨气和硫化氢的国家标准及嗅阈值

序号	气体种类	化学式	设别嗅阈值 (mg/m^3)	国家标准 (mg/m^3)	特性
1	硫化氢	H_2S	0.006	10	臭鸡蛋味
2	氨气	NH_3	0.6	I类≤0.2 II类≤0.5	粪臭味
3	总挥发性有机物	—	—	I类≤0.5 II类≤0.6	—

2.现场测试

2015年暑假,我们对杭州滨江区周边的部分景区、车站、高速公路服务区、影院、会议中心的32个公共厕所的异味浓度进行了检测,由于采用的是氨敏传感器,所检测的氨气浓度结果在0.15~0.78mg/m^3,通风、保洁好的厕所,氨气浓度在0.30mg/m^{3}以下,而无窗、保洁差的厕所异味浓度在0.60 mg/m^{3}以上。

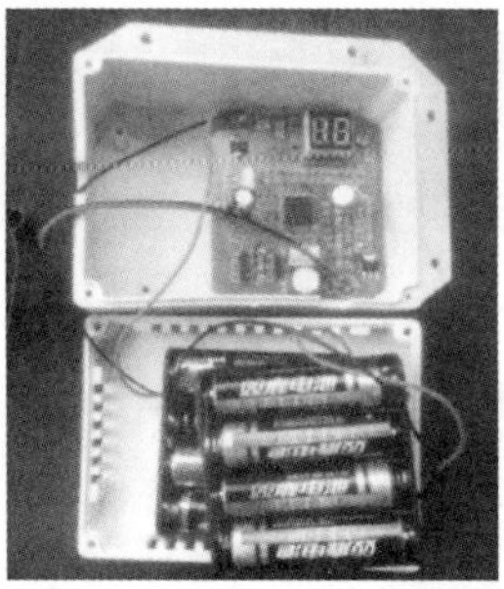

图 1.1-2　自制的异味测试仪

图 1.1-3　实测异味浓度

(二)植物液的提取

1. 仪器与材料

(1)仪器

FZ102型植物试样粉碎机;挥发油提取器;旋转蒸发仪;移液器;电子天平。

(2)材料

薄荷叶、樟树皮、月桂、柠檬、柑橘橙、松树枝、雪松枝、桉树枝、茉莉、玫瑰、九里香等。

2.植物液提取及配比

植物液包括下述重量分的组分配方如下:薄荷油10份、樟油7份、月桂油7份、柠檬油6份、橙油5份、松树油3份、雪松油3份、迷迭香油3份、留兰香油2份、桉树油2份。此配方属于多醛技术,混合两种以上醛类物质永久并显著地消抵难闻的异味。冷浸法提取称取单一植物20g,用600 ml石油醚室温浸泡3次,每次用200 ml溶剂,每次浸泡时间为3h,合并提取液,将滤液在旋转蒸发仪上蒸去石油醚,用无水硫酸钠脱水,滤纸过滤,配比后获得植物液。具体实验过程如下图:

图1.1-4 剪取植物石油醚浸泡

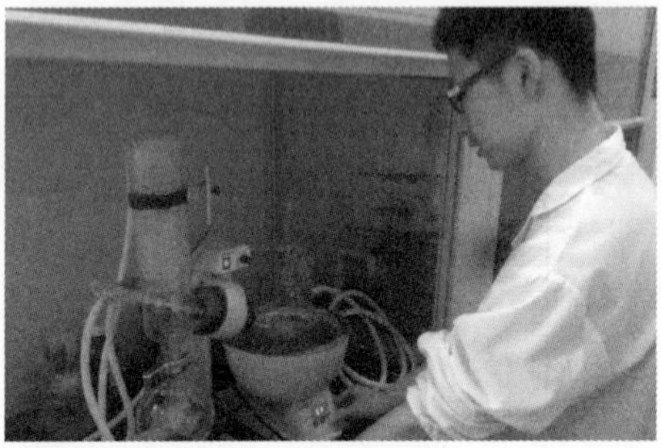

图1.1-5 蒸去石油醚

图1.1-6 提取含水植物液

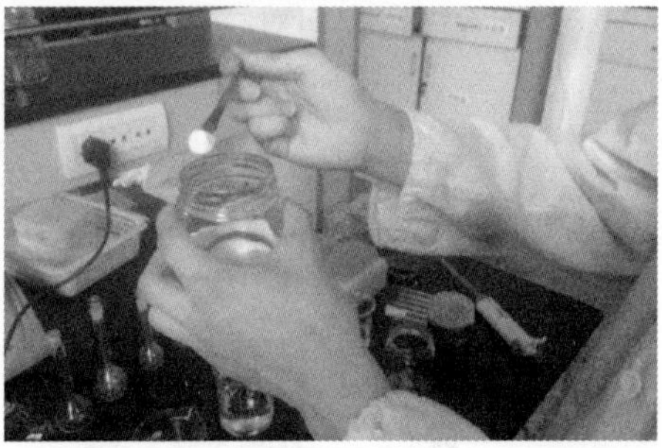

图1.1-7 用无水硫酸钠脱水

图1.1-8 配比植物液

图1.1-9 均和植物液

(三)除臭机制作

1. 总体设计

除臭机由洗涤过滤和超声波雾化两个功能单元组成,除臭机左侧是洗涤过滤单元,设有风机,壳体背面设有若干通孔,壳体内设有填料部分,填料部分的填料上分散有植物液,填料部分下方的壳体内自下而上设有格栅、储液槽和多孔环氧板,储液槽中储存有稀释后的植物液,植物液本身具备一定的挥发性,风机工作后空气从洗涤单元外壳的后、左、下三面的进风口进入,和填料上的植物液发生反应,同时,风机工作加速了植物液的挥发。风机选用 120mm×120mm×25mm 大小的 220V 方形轴流风机,每小时换气 150m^3,防护等级 IP68,寿命 60000h。除臭机的右上方是超声波雾化单元,当洗涤过滤单元工作一段时间后臭气浓度还未低于设定值时此单元自动开机,能将植物液雾化增大比表面积,36dB 以下超静音,兼具加湿和香熏功能。右下方是控制部分,主要是控制器,正面设有总开关、洗涤开关、雾化开关、自动开关、指示灯、浓度传感器等,均与设置在壳体内的控制器相连。除臭机制作过程如下:

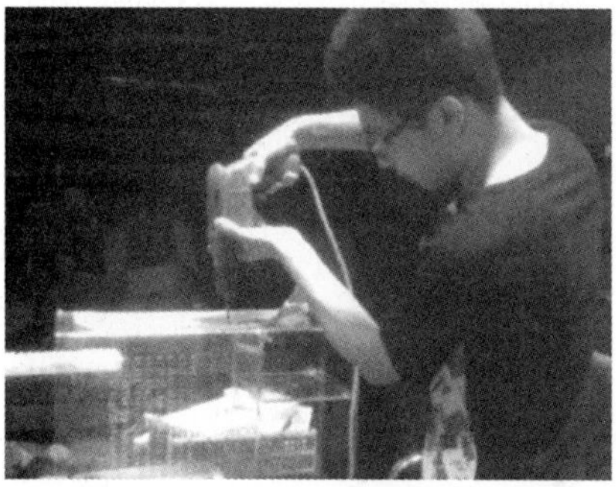

图 1.1-10　外壳制作

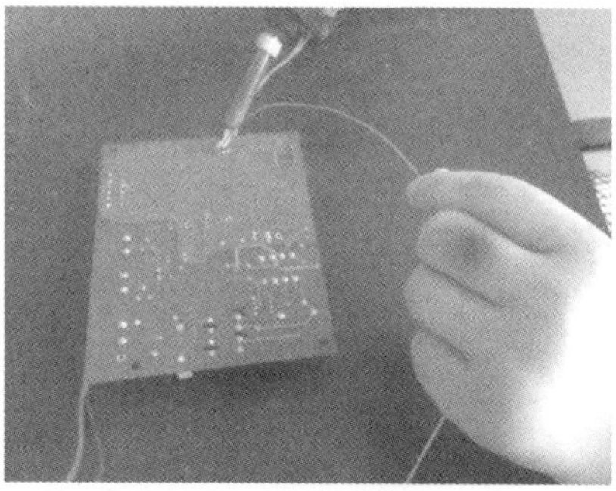

图 1.1-11　控制电路制作

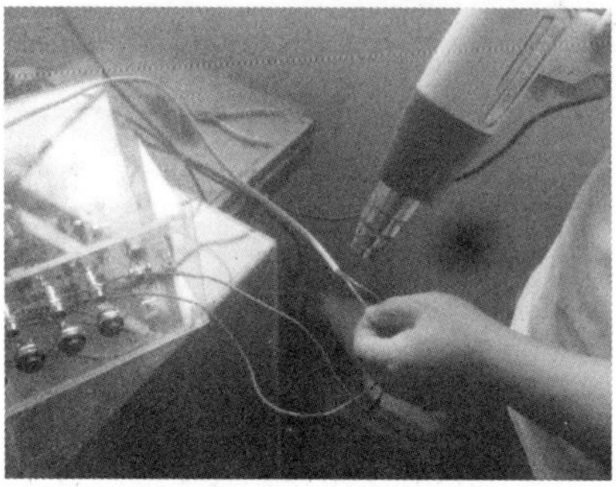

图 1.1-12　线路连接

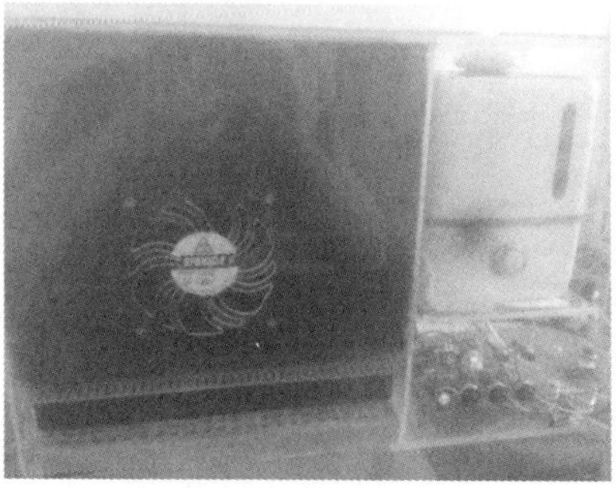

图 1.1-13　总装试机

2. 电路设计

(1)电源模块原理

通过开关电源,把 220V 的交流电转化为 9V 的直流电,然后通过 7805 稳压芯片提供5V的稳定电压，给后面的控制电路、显示电路、检测电路提供电源。

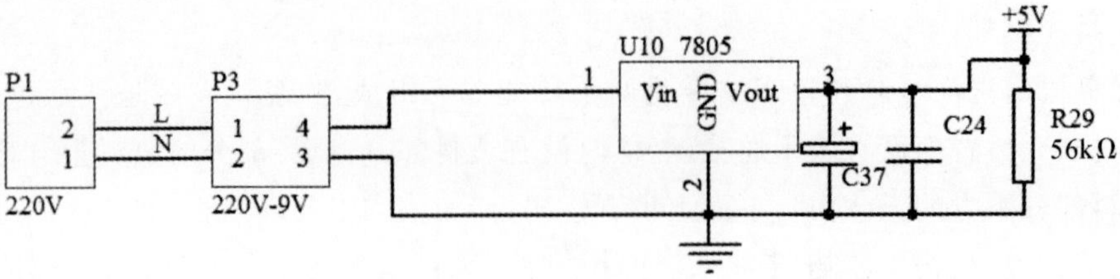

图 1.1-14　电源模块原理图

(2)检测电路

此电路采用 TGS2602 空气质量检测模块，主要工作原理：当可检知的气体存在时，空气中该气体的浓度越高，传感器的电导率就越高。使用简单的电路就可以将这种电导率的变化变换为与气体浓度对应的输出信号。

(3)基本测试回路

此传感器需要施加 2 个电压：加热器电压(V_H)和回路电压(V_C)。这个 V_H 用于维持传感器敏感素子处于与对象气体相适应的特定温度而施加在集成的加热器上。V_C 则是用于测定传感器串联的负载电阻(R_L)上的两端电压(V_{OUT})，只要能满足传感器的电性要求，V_C 和 V_H 可以共用一个电源。

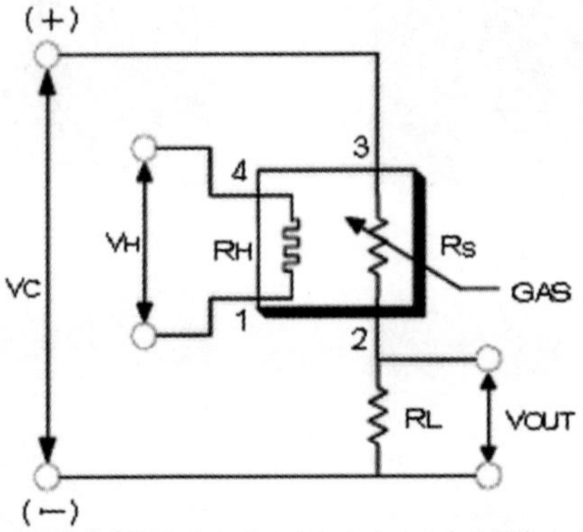

图 1.1-5　传感器电路图

(4)控制电路

电路主要采集检测电路的输出信号，并转换为与之对应的气体浓度，并通过数码管显示。

(5)程序流程图

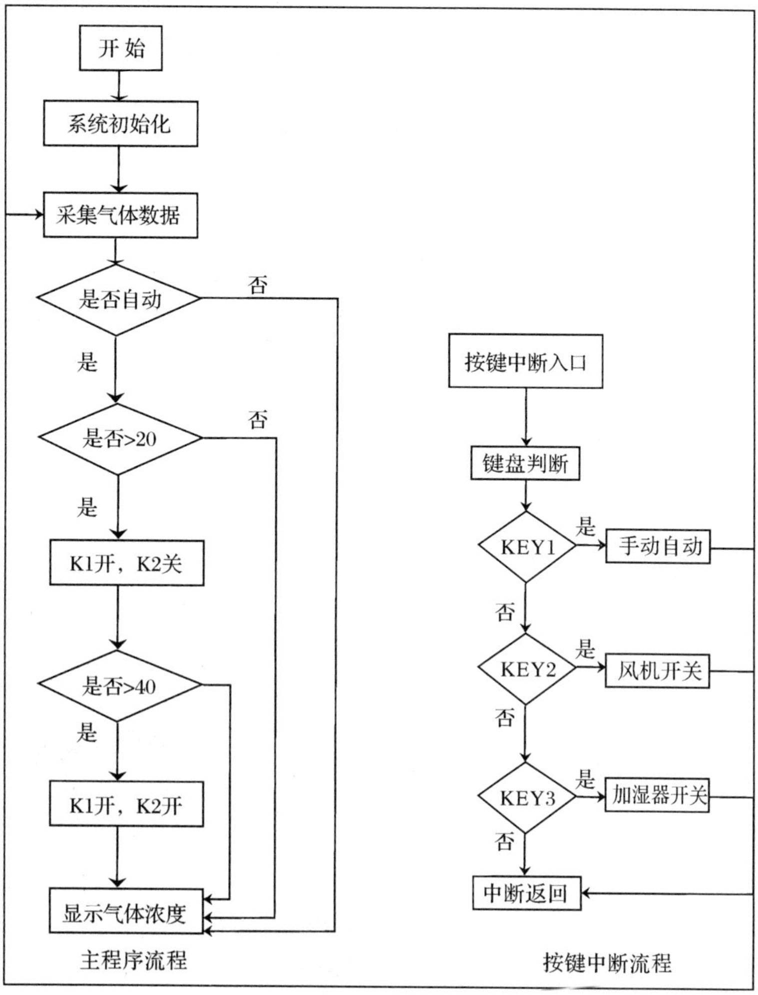

图 1.1-16　程序流程图

(四)除臭实验

由于采用了氨敏传感器，当氨气浓度达到一定量时能自动开机，当浓度低于一定值时能自动关机；当填料阻力加大时，风机风量减少，能通过清洗指示灯提醒人们清洗填料，有效延长装置的使用寿命；而且除臭剂中的有效分子(双键、羰基等活性基团)含有生物活性或化学活性能迅速和异味分子发生反应，达到改变其结构，形成无味无害的气体，不仅除臭效果好，而且安全绿色无害。具体用法：1. 将本产品壁挂式安装在墙体上；2. 当氨气浓度达到一定量时能自动开机、当浓度低于标准值时能自动关机；3. 当填料阻力加大时，风机风量减少，能通过清洗指示灯提醒人们清洗填料。

采用本产品装置进行除臭，包括下述步骤：

①氨敏传感器检测到氨气浓度达到一定量时（浓度超过 0.2mg/m³），自动开机；

②臭气经风机引入壳体内，在均匀分散有植物液的填料部分实现洗涤过滤除臭；

③除臭后的气体经通孔循环使用；

④一定时间内臭气浓度仍达到一定量时（浓度超过 0.4mg/m³），同时启动超声波雾化装置使植物液雾化；

⑤氨敏传感器检测到臭气浓度低于一定值时（浓度低于 0.4mg/m³），超声波雾化装置自动关机；

⑥浓度检测器检测到臭气浓度低于一定值时（浓度低于 0.2mg/m³），洗涤过滤风机自动停机。

图 1.1-17　注入臭源

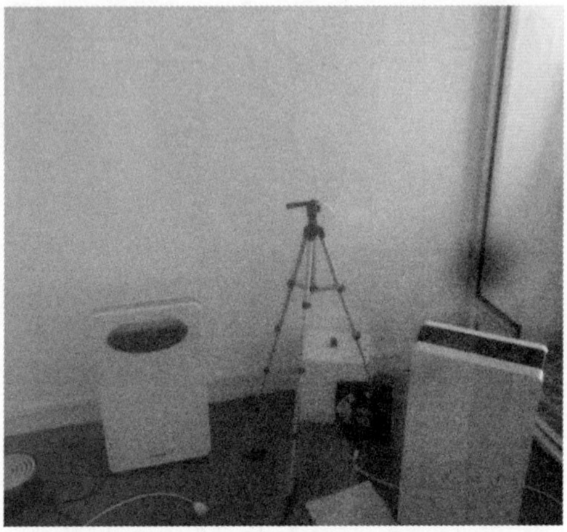

图 1.1-18　15m³ 密封测试舱

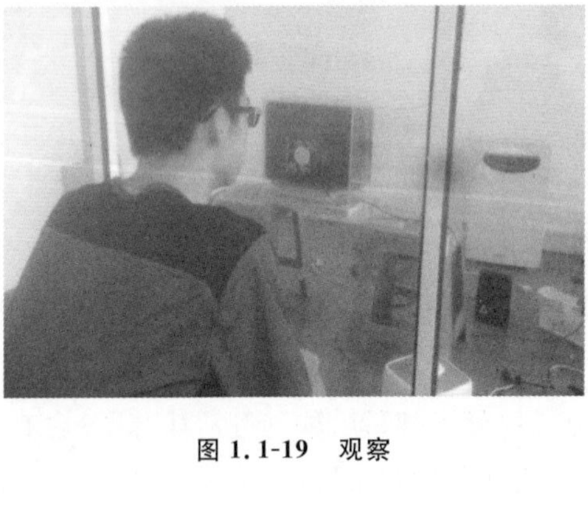

图 1.1-19　观察

图 1.1-20　除臭机工作指示

图 1.1-21　室内空气检测仪用试剂

图 1.1-22　室内空气检测仪数据对比

(五)实验结果

特殊配方的植物液母液稀释 20 倍以后，在密闭的容积为 15m³ 测试舱实验，实验结果如下：

表 1.1-3　氨气去除检测结果

序号	项目	初始 VOC 浓度(mg/m³)	作用时间(h)	检测结果(mg/m³)	去除率(%)
1	洗涤过滤	1.00	6	0.27	73
2	超声波雾化			0.31	69
3	洗涤过滤+超声波雾化			0.25	75

表 1.1-4　硫化氢去除检测结果

序号	项目	初始 VOC 浓度(mg/m³)	作用时间(h)	检测结果(mg/m³)	去除率(%)
1	洗涤过滤	1.00	6		
2	超声波雾化			0.09	91
3	洗涤过滤+超声波雾化			0.12	88
				0.07	93

五、创新点

2015 年 7 月，经浙江省科技信息研究院(国家一级科技查新单位)查新，部分查新结论如下：经分析比较，委托单位开发的植物液除臭装置及方法，(1)壳体正面设有风机，壳体背面设有若干通孔，壳体内设有填料部分，填料部分的填料上分散有除臭剂，填料部分上方的壳体上设有格栅,壳体上设有开关、清洗指示灯、浓度检测器,开关、清洗指示灯、浓度检测器分别与设置在壳体内的控制器相连;(2)壳体内还设有储液桶,储液桶顶端通过管道与壳体上的进液口相连通,储液桶底端设有出液口,出液口通过管道与雾化喷头相连通,出液口与雾化喷头之间的管道上设有泵体;(3)壳体内还可以设有植物液超声波雾化装置,36db 以下超静音,兼具加湿和香熏功能;(4)当臭气浓度(VOC 总量)达到一定量时能自动开机,当浓度低于一定值时能自动关机,当填料阻力加大时,风机风量减少,能通过清洗指示灯提醒人们清洗填料,在上述所检文献中未见具体述及。(5)除臭剂包括下述重量份的组分配方如下:薄荷油 10 份、樟油 7 份、肉桂油 7 份、柠檬油 6 份、橙油 5 份、松树油 3 份、雪松油 3 份、迷迭香油 3 份、留兰香油 2 份、桉树油 2 份;此配方属于多醛技术,混合两种以上醛类物质永久并显著地消抵难闻的异味。此多醛技术与那些常见的异味发生永久反应,生成一个新的无味、更重且更不易挥发的化合物,或一个气味更好闻但迅速挥发掉的新生化合物,在上述所检文献中未见具体述及。

六、社会效益和经济效益

本研究过程中,采用亚克力为外壳材料做了样机,装置主要由客体、风机、填料、超声波雾化机和传感器等控制器组成,以上样机材料的成本在 420 元左右。植物液目前已经产业化,本研究选用了怡科罗(南京)异味控制技术有限公司的专用植物液,母液的批量价格是每升 223 元,稀释 20 倍后植物液的价格大约是每升 10 元。综上,本研究产品的成本是低廉的,针对性是很强的,经过在浙江省杭州第二中学、杭州滨文路电影院、杭州绕城高速西湖服务区等人流密集区域厕所的实验,效果良好。

七、结语

本研究采用的特殊组分的植物油,通过一种智能除臭装置洗涤过滤、超声波雾化除臭,高效、安全且成本低廉,具有一定的推广价值。

专家点评

该作品从植物中提取环保植物液,用于解决公共厕所环境中的异味问题,体现作者善于细心观察、关心并解决社会问题,值得鼓励。

中学生地球轨道的全新测定方法

浙江省杭州高级中学　李韬　吴琪　颜伊阳　指导:储王伟

摘　要:我们通过有限的器材如成像设备单反相机、支撑设备中的三脚架和赤道仪，对离地球十分遥远的背景恒星和离我们相对较近的太阳进行测量。测定其周日运动及周年运动，从而进行长周期的度量和测算。在整理获得的数据时，我们尝试从中发现引发数据变化的本质原因并进行深入的研究。

本课题的核心就在于通过科学且高频地拍摄来获得一年中各时期真太阳日的时间，结合球面三角和极坐标系的知识计算一年中每天太阳的黄经变化，从而证明地球的绕日轨道是一个椭圆，然后，以此为基础，运用我们自己推导出的全新数据拟合方法，对地球绕日公转的椭圆轨道进行定量测量。最后，我们通过一款自主设计编写的应用程序将测算结论推向实际运用。

在本次研究中，我们小组的成员通过漂移法精确地找到了测量所在地的正南和正北，运用专业软件进行大数据分析处理。在长期的实验中，我们培养了自己对于天文观测的兴趣，提高了自己实际操作专业设备的能力，拓宽了对我们共同家园——地球的认识，收获了如何在专业领域深入研究的诸多经验。在探究科学定理的同时也充分证明了中学生也有能力运用有限的设备进行专业领域的测定。

关键词:真太阳日测量　球面三角及极坐标系　线性拟合模型　地球轨道测定与应用

一、项目概述

测定行星围绕其母恒星运行的轨道是对行星的特性进行深入研究的重要的基础性步骤，通过确定行星的运行轨道，我们可以计算出行星公转的周期、母恒星的质量等诸多天文学上重要的信息，我们甚至可以通过这些与母恒星的一些性质结合从而分析该行星是否适合生命存在。正因为如此，行星轨道的测定才会意义非凡。

由于对测定结果的精确性的要求，涉足行星的轨道测定领域之人绝大部分具备相当数学及天体物理知识，并来自有着专业的高端设备的大学实验室或专业研究院。与这些专业测量机构直接运用理论力学和高等数学知识对行星轨道建模相比，本课题通过大量的拍摄获得大量的观测数据，基于这些观测数据结合天球坐标系知识来测定地球的轨道。在相当长时间的实验过程中，我们非常耐心地校准仪器和拍摄以确保我们的人为误差降到最低，同时计算过程也经过反复校对，最后得出了具有较高准确性的测定结果。从最初因为发现两天太阳上中天的时间不一样而产生疑问和兴趣，到最后自主地研究出地球运行的轨道，并设计出了实际运用程序，严谨和毅力是不可或缺的要素。

而我们的自主研究则是站在中学生的能力上，通过充分地利用设备以及严谨地计算数据，尽可能地提高结论准确度，为中学生进行较深入科学测算提供了经验和范本。

二、研究背景

(一)真太阳日与恒星日

1. 真太阳日

天文上将太阳刚好通过南方子午圈的时刻(太阳上中天)定义为太阳时 12h。对任意时刻，将太阳的时角用时、分、秒为单位度量，加上 12h 后定义为当时的太阳时。而真实太阳的时角计量的时间称真太阳时，真实太阳两次上中天(太阳时 12h)的时间间隔即为真太阳日。

2. 恒星日

恒星时是由春分点的周日视运动来定义的。对于某一地方的子午圈，当春分点刚好通过子午线(上中天)的时刻，定义为该地恒星时 0h。因为周日视运动，春分点绕天球一圈，又一次通过子午线时，定义恒星时为 24h 或次日恒星时 0h。对于任意时刻，将春分点的时角用时、分、秒单位来度量，定义为当时的恒星时。春分点的时角就是通过天极和春分点的大圆与子午圈的夹角 s(如图 1.2-1 所示)。而恒星日则是春分点连续两次通过子午线(上中天)的时间间隔，而由于天球上背景恒星中的某一颗在一天中相对于其他背景恒星(也包括春分点)的运动微乎其微完全可以忽略，所以恒星日也可以通过背景恒星中的某一颗连续两次通过子午线(上中天)的时间间隔来表示。

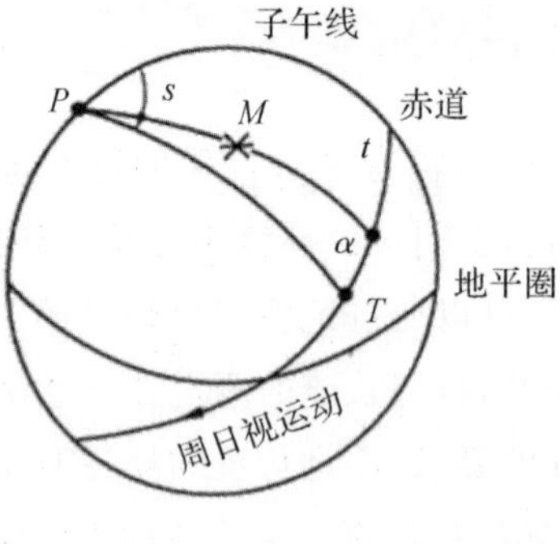

图 1.2-1　恒星时的定义(自《天文学新概论》)

(二)极轴的校准

1. 极轴及校准极轴的意义

地球的自转轴是一条贯穿地理南北极的直线,这条直线被我们称为地轴。地球围绕着地轴旋转,会导致星星在天空中东升西落。为了更加精准地确定真太阳时的 12h,我们必须准确找到地理南极的位置。然而由于指南针指出的是地磁南极,和地理南极有着磁偏角,而磁偏角的大小又与地理纬度有着复杂的关系,所以我们不能简单地通过指南针寻找地理南极。在天文研究中,我们使用赤道仪以消除地球自转造成的星星移动。必须要让赤道仪的赤经轴与地轴平行,这根赤经轴即为极轴,只有让极轴和地轴平行,才能使我们准确无误地跟踪移动的星星。反之,若指向不准确,则会造成偏移。

2. 精确的极轴校准方法——漂移法

漂移法对极轴是一种很耗时但也很精确的极轴校对方式,在精度要求很高的天文摄影和实验中常会被采用为减少追踪误差的方法。而追踪误差所导致的结果如图 2.2-1 所示,图中的 P 为真正的天球北极,P'为赤道仪北极,一开始赤道仪指向天体 A,经过 T 时间后天体 A 绕着天球北极 P 旋转来到 B 点,赤道仪则来到 B'点,在没有得到修正时,追踪误差即为 B 点到 B'点间的距离。而漂移法正是基于这一点,它通过观察天赤道附近的恒星在视野中的漂移运动,来判断极轴是否有偏移、往何处偏移,然后通过调整赤道仪的方位角和高度角螺栓加以修正。最终的效果则是让图中的 P 点与 P'重合(如图 1.2-2 所示)。

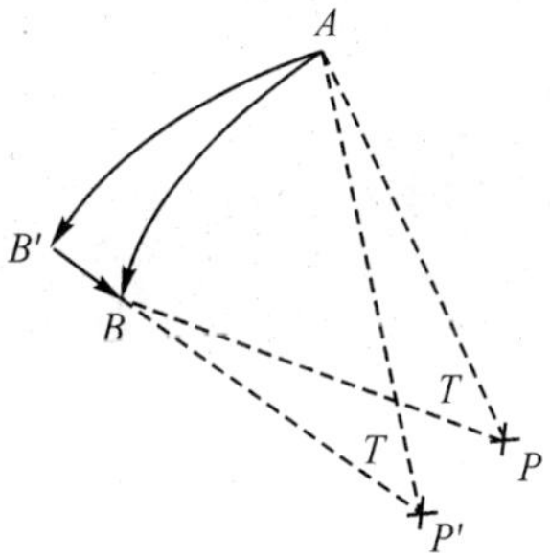

图 1.2-2　极轴误差的影响(自《星野摄影》)

(三)轨道要素

太阳系天体的运动轨道是圆锥曲线,包括椭圆(特殊情况是圆)、抛物线、双曲线三种类型。决定轨道在空间的位置和行星在轨道上的位置依赖于六个常数,称为轨道根数(也称轨道要素)。

以太阳系为例,以太阳为原点,以黄道平面为 xy 平面,春分点方向为 x 轴方向,建立空间坐标,有 6 个轨道要素(或轨道根数)。

如下：

①轨道半长径 a：为行星绕太阳公转近日点距离和远日点距离的平均（如图 1.2-3 所示）。

②偏心率 $e=\frac{c}{a}=\frac{\sqrt{a^2-b^2}}{a}$，$b$ 是轨道的半短径。轨道半长径 a 和偏心率 e 决定了椭圆轨道的大小和扁平的程度。也很容易得到，近日点距离太阳的距离为 $a(1-e)$；远日点距离太阳的距离为 $a(1+e)$。

③轨道倾角 i　指行星轨道平面对黄道平面的倾角。

④升交点黄经 Ω　即行星轨道平面与黄道平面的交线与 x 轴方向（即春分点方向）的夹角。行星在天球上从黄道以南运动到黄道以北所经过的交点，叫“升交点”，另一个交点叫“降交点”。升交点黄经是指升交点从春分点起算的日心黄经。轨道倾角 i 和升交点黄经 Ω，完全决定了轨道平面的空间位置。

⑤近日点角距 ω　是轨道长轴上近日点方向与轨道交线的夹角，它决定了椭圆长轴的方向。此角决定了行星轨道长轴在轨道面中的方向。

⑥行星过近日点的时刻 τ　根数 τ 决定行星在轨道上何时处于何处的问题。对行星的视位置做多次观测，就能算出该行星的 6 个轨道要素。然后根据行星的轨道要素计算出任意时刻行星的视位置。

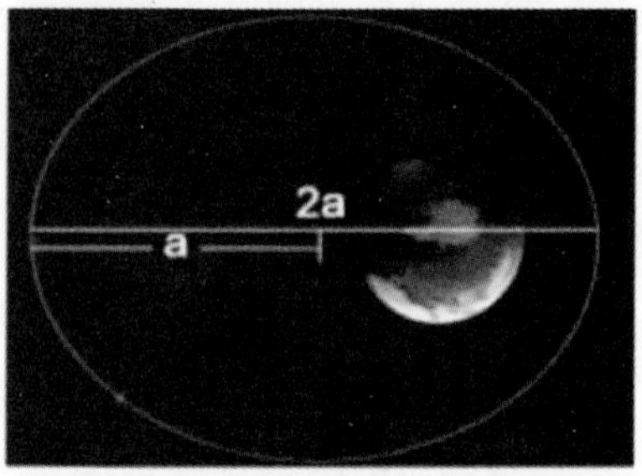

图 1.2-3　轨道半长径

（四）球面三角基本知识

球面三角形是球面上的三个大圆所围成的三角形，这三个大圆弧叫做球面三角形的边，通常用小写拉丁字母 a、b、c 表示；三个大圆弧所构成的角叫做球面三角形的角，通常用大写字母 A、B、C 表示，并且规定：角 A 和 a 边相对，B 角和 b 边相对，C 角和 c 边相对。

球面三角性的基本性质有：两边之和大于第三边，两边之差小于第三边。三边之和大于 0°而小于 360°，三角之和大于 180°而小于 540°。

球面三角形的基本公式：

①边的余弦公式：$\cos a=\cos b\times\cos c+\sin b\times\sin c\times\cos A$

②角的余弦公式：$\cos A = -\cos B \times \cos C + \sin B \times \sin C \times \cos a$

③正弦公式：$\dfrac{\sin a}{\sin A} = \dfrac{\sin b}{\sin B} = \dfrac{\sin c}{\sin C}$

(五)椭圆及其极坐标方程

1. 椭圆的数学定义

椭圆的第一定义：平面内与两定点 F_1，F_2 的距离的和等于常数 $2a(2a>|F_1F_2|)$的动点 P 的轨迹叫作椭圆。其中两定点 F_1、F_2 即为椭圆的两焦点，常数 $2a$ 即为椭圆长轴的长度，$|F_1F_2|$即为椭圆焦距的两倍的长度，椭圆焦距用字母 c 表示。

椭圆的第二定义：平面内到定点 F 的距离与到定直线的距离之比为常数 e 的点的集合为椭圆。（常数 e 即为椭圆的偏心率，$e=\dfrac{c}{a}$；定点 F 即为椭圆的焦点；定直线称为椭圆的准线，当椭圆的焦点在 x 轴上时，准线的方程为$=\pm\dfrac{a^2}{c}$。）

2. 极坐标系的建立

在平面内取一个定点 O，叫极点，引一条射线 Ox，叫作极轴，再选定一个长度单位和角度的正方向(通常取逆时针方向)。对于平面内任何一点 P，用 r 表示线段 OP 的长度，θ 表示从 Ox 到 OP 的角度，r 叫作点 P 的极径，θ 叫作点 P 的极角，有序数对 (r,θ)就叫点 P 的极坐标，这样建立的坐标系叫作极坐标系。点的极坐标表示如图 1.2-4 所示。

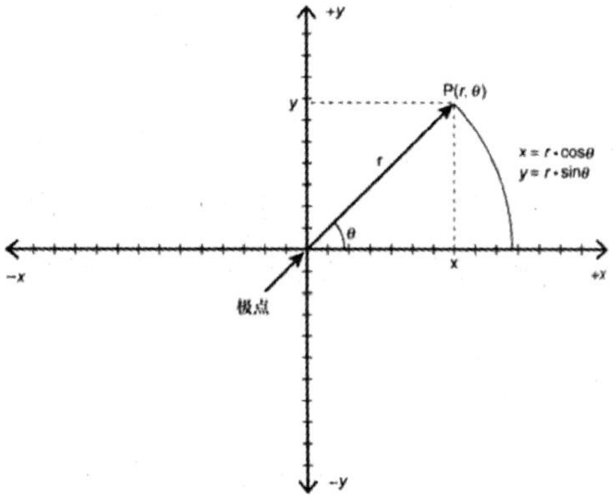

图 1.2-4　点的极坐标表示

3. 椭圆的极坐标方程

如图 1.2-5 所示，设极点为椭圆的右焦点 F_2（点 F_2 在 x 轴上），射线 F_2x 为极轴，f 为极角，线段 F_2A 的长度为 r(点 A 为椭圆上的一动点)。定义椭圆右焦点 F_2 到右准线的距离为焦准距 P，动点 A 某时刻到准线的距离为 D。根据椭圆第二定义可得：$e=\dfrac{r}{D}$

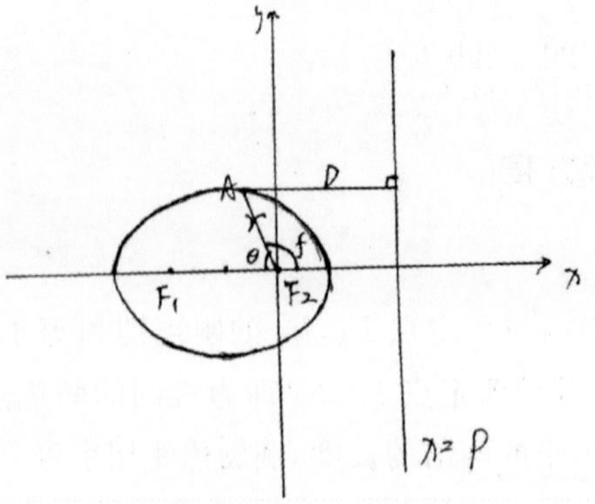

图 1.2-5　椭圆极坐标方程的推导(图为手绘)

根据图可得 $D=P+r\cos\theta$

所以有 $e=\dfrac{r}{p+r\cos\theta}$

经过数学处理后可得 $r=\dfrac{ep}{1-e\cos\theta}$，

又因为 $\theta+f=\pi$，所以有 $r=\dfrac{ep}{1-e\cos(\pi-f)}=\dfrac{ep}{1+e\cos f}$，即为椭圆的极坐标方程。

三、研究思路

(一)总思路

通过连续地对正午前后太阳所成杆影的拍摄获知每日太阳上中天的北京时间，根据连续两次所得北京时间和地球自转周期求出太阳赤经的日变化，再根据球面三角的公式推出太阳黄经的日变化，再根据极坐标系的知识尝试求出地球的轨道要素，从而建立出地球的轨道。

(二)太阳赤经日变化的获得

分多日多次测量真太阳时 12 时(即太阳上中天的时刻。这在照片上表现为太阳光照在杆子上形成的杆影最短和杆影恰好位于当地南点和北点的连线上)然后，我们根据照片上的时间信息得到当时的北京时间。

若第一天太阳上中天时间为 t_1，第二天太阳上中天的时间为 t_2，那么太阳连续两次上中天的时间间隔 $T_2=24\text{h}+t_1-t_2$。然后，我们通过拍摄星轨，地球自转一周的时间 T，设我们拍摄星轨的时间为 t，通过底片中的北极星和星轨求出星绕天轴旋转的角度 α，这即是地球自转的角度，那么：$T=\dfrac{360^\circ}{a}\times t$，根据 $\dfrac{T_2-T}{T}\times360^\circ=\beta$，$\beta$ 即为太阳赤经的日变化。

(三)太阳黄经日变化的获得(如图 1.2-6 所示)。

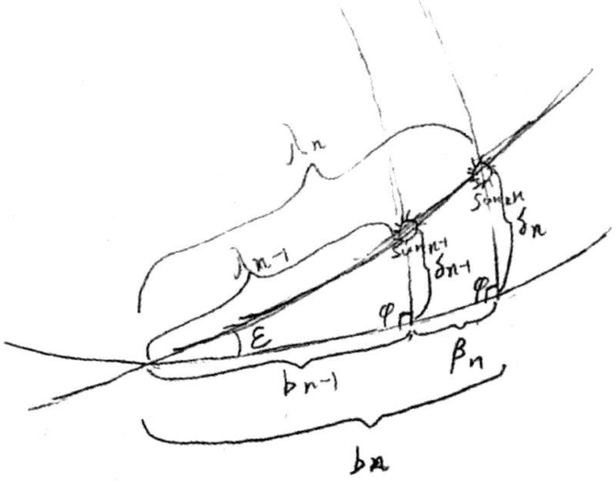

图 1.2-6　太阳黄经日变化的计算(图为手绘)

由上文求得太阳赤经的日变化角后,则有如下推导:

设黄赤交角为 ε,设太阳的赤经累积变化为 b,太阳的黄经累积变化为 λ,太阳的赤纬累积变化为

则有:$\cos\lambda=\cos b\cos\delta+\sin b\sin\delta\cos\varphi$　　(3.3.1)

因为的意义是太阳赤经的日变化角,而上式中的 b 则是太阳在某一时刻的赤经累积变化,由于我们是从春分日开始截取的值,故春分日当天的 $b=0$,所以可得:

$$b_n=\beta_1+\beta_2+\beta_3+\cdots\cdots+\beta_{n-1}+\beta_n \qquad (3.3.2)$$

根据球面三角正弦定理:$\sin\lambda/\sin\varphi=\sin\delta/\sin\varepsilon$　　(3.3.3)

又因为上述的为赤经和赤纬的夹角,所以 $\varphi=90°$,$\cos\varphi=0$,$\sin\varphi=1$

所以式(3.3.1)变为 $\cos\lambda=\cos b\cos\delta$　　(3.3.4)

式(3.3.3)变为 $\sin\delta=\sin\lambda\sin\varepsilon$　　(3.3.5)

结合式(3.3.4)、式(3.3.5)可得 $\cos^2\lambda=\cos^2 b\cos^2\delta$

得 $\cos^2\lambda=1-\sin^2\lambda=\cos^2 b(1-\sin^2\delta)=\cos^2 b\cos^2\delta$

得 $\cos^2\lambda=1-\sin^2\lambda=\cos^2 b(1-\sin^2\delta)=\cos^2 b(1-\sin^2\lambda\sin^2\varepsilon)$

$=\cos^2 b-\cos^2 b\sin^2\lambda\sin^2\varepsilon$

上式再经过移向及基本三角变换后即可得最终式:

$$\sin^2\lambda=\frac{\sin^2 b}{1-\sin^2\varepsilon\cos^2 b}\text{(黄赤交角 }\varepsilon\text{ 是 }23.5°) \qquad (3.3.6)$$

很明显,根据式(3.3.2)和式(3.3.6),我们想获得太阳黄经,则必须知道太阳的赤经,也就必须有式(3.3.2)所示的累加过程,这也解释了为何我们要高频拍摄。

当我们求出相邻两天的太阳黄经值:λ_{n-1} 和 λ_n 时,可得太阳黄经的日变化 $\Delta\lambda$ 则有:

$$\Delta\lambda=\lambda_n-\lambda_{n-1} \qquad (3.3.7)$$

(四)轨道的拟合

由于太阳的黄经变化即反映了地球绕日公转的角度的变化，而根据地球绕日公转的角度变化，我们可以测算地球在其轨道上的位置。也就是在这一步，我们利用了极坐标方程，开普勒第二定律和前述几步所得到的数据分析计算出地球的轨道根数。

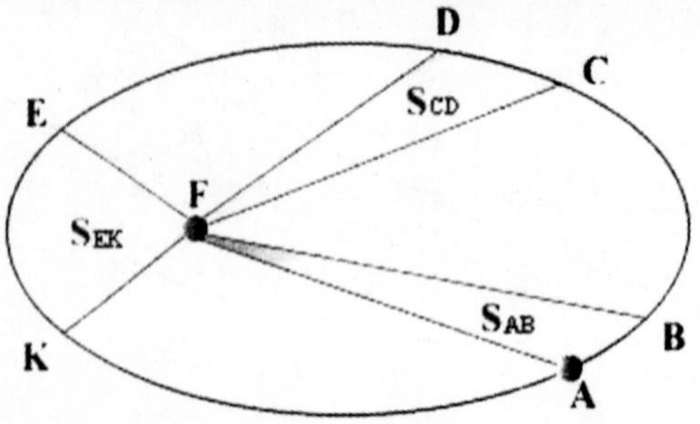

图 1.2-7　开普勒第二定律——面积定律

1. 开普勒第二定律——面积定律的利用

根据开普勒第二定律(以下简称开二)：在相等时间内，太阳和运动着的行星的连线所扫过的面积都是相等的。

在椭圆上(如图 1.2-7)，虽然线段 DF、CF 的长度是不同的，但当$\angle DFC$ 足够小时，我们可以用微元法，将弧 DC、线段 DF、CF 围成的图形近似成为一个扇形，再运用开二，则有：$\frac{1}{2}\theta r^2=s$ ，其中$\frac{1}{2}\theta r^2$ 即为扇形的计算公式，s 则是常数经过简单变形，则有 $r=\sqrt{\frac{2s}{\theta}}$

两边取倒数，得到$\frac{1}{r}=\sqrt{\frac{\theta}{2s}}$由于 s 是一个常数，所以令$\sqrt{\frac{1}{2s}}=k$，k 也是一个常数。

可得 $\frac{1}{r}\propto\sqrt{\theta}$(这里的 θ 即是式(3.3.7)中求出的 $\Delta\lambda$，而 r 表示的就是日地距离。)

2. 椭圆极坐标方程的变形运用及轨道偏心率的获得

在研究背景中，我们得到了如下公式：

$$r=\frac{ep}{1-e\cos(\pi-f)}=\frac{ep}{1+e\cos f}$$

由上式两边取倒数可得：$\frac{1}{r}=\frac{1+e\cos f}{ep}=\frac{\cos}{p}+\frac{1}{ep}$

对于一个确定的椭圆轨道，$\frac{1}{p}$、$\frac{1}{ep}$均是常数，所以我们可以得到，$\frac{1}{r}$和 $\cos f$ 之间有着线性关系

在 3.4.1 中，我们已得到$\frac{1}{r}=k\times\sqrt{\Delta\lambda}$，

联立得：$\frac{1}{r}=k\times\sqrt{\Delta\lambda}=\frac{1+e\cos f}{ep}=\frac{\cos f}{P}+\frac{1}{ep}$，

变形有：$\sqrt{\Delta\lambda}=\frac{\cos f}{kp}+\frac{1}{kep}$ (3.4.1)

k 是一个常数，所以 $\sqrt{\Delta\lambda}$ 和 $\cos f$ 间也存在着线性关系。

因此，当我们通过拍摄获得多组 $\sqrt{\Delta\lambda}$ 和与之相对应的 $\cos f$ 时，运用软件，我们可以拟合出 $\sqrt{\Delta\lambda}$ 和 $\cos f$ 间线性方程的图像并得到它的解析式，从而得到$\frac{1}{kep}$和$\frac{1}{kp}$（注：根据线性图像的性质，$\frac{1}{kep}$即为图像在 y 轴上的截距，$\frac{1}{kp}$即为图像的斜率）

最后，我们可以得到椭圆轨道的偏心率 e：

$$e=\frac{1}{kp}\div\frac{1}{kep} \tag{3.4.2}$$

四、实验过程

（一）实验操作原理

这一块内容和本课题第 3 部分“研究思路”中的理论原理不同。这一部分主要是对我们在为了获得实验数据而进行实际操作时采用的方法所涉及的基本原理和操作依据进行必要的说明。

1. 被太阳光照射的物体的影子长短和太阳位置的关系

太阳在天空中的位置和地面上物体所成的影子的长度是有关系的。这种关系具体表现为，在清晨或黄昏，当太阳刚升起或快要落下时被照物体所成的影子会相对较长；而在正午时分，太阳运动到其一天中高度角最高点附近时，被照物体所成的影子就会相对较短。很明显，在整个太阳东升西落，其高度角先变大后变小的过程中存在一个至高点（时刻）——太阳高度角在这个时刻上处于最大值，被照物体在这个时刻上所成的影子最短。而太阳高度角最高的时候，太阳上中天。只要我们知道了被太阳光照射的物体的影长最短的时刻，也就获得了太阳上中天的时刻。

2. 被太阳光照射的物体的影子指向和太阳位置的关系

同样的，太阳在天空中的位置和被照物体所成影子投在地面上时所指的方向也有密切的联系。因为光在均匀介质中沿直线传播，所以我们可以从中得出：太阳在天空中的位置和被照物体的影子指向是“相反的”。比如，当太阳位于天空的东南方时，被照物体的影子就会指向西北。而我们知道，太阳上中天时，太阳会位于我们实验地天空的正南方。因此，此时我们实验地的被照物体的影子会指向正北方。所以，我们通过这个依据构思出了新的实验方法，即当我们知道了被照物体投在地面上的影子指向正北方的时刻就等同于获得了太阳上中天的时刻。

3. 确定实验地正南北方的方法——漂移法的操作原理

在研究背景中，我们已写过漂移法精确对极轴的效果。而在我们的实验操作中，我们正是利用“精确对极轴”来寻找实验地的正南正北。因为地轴是一条贯穿南北天极的直线，以地轴为直径的大圆经过地平面上正南正北。而校正好的赤道仪极轴应和地轴完全重合，所以以赤道仪极轴为直径的大圆也就会经过地平面上的正南北方。

此时，我们只需在刻度板上补画一条标记线，使标记线与极轴指向（实际表现为赤道仪本体的赤经轴）在地面上的投影重合就可以指示正南正北了。由于极轴是假想的直线，我们在校准前并不能直接感觉出它的偏差。所以我们要借助望远镜观测某颗亮星，借助星点的移动来确定指向。

我们知道当指向与极轴完全重合时，只要赤道仪启动跟踪功能，那么亮星在望远镜的视场中的位置应是固定不动的。相反，当极轴指向不准时，亮星就会在视场中发生“漂移”。这也就是漂移法名称的来源，即通过星点在视场中的漂移来判断极轴偏差并加以修正。简而言之，漂移法是一种将通常比较微小的极轴误差可视化放大化从而更好地加以修正的过程。并且，为了更好地判断星点在望远镜视场中的漂移方向，我们采用十字丝目镜将圆形视场等分为四份。我们在阅读专业天文摄影书籍《星野摄影》后总结出了“星点位置”“星点漂移方向”“极轴修正方向”三者的关系如下：

表 1.2-1 “星点位置”“星点漂移方向”“极轴修正方向”三者关系

目标星位置	星点漂移方向	极轴偏向	极轴修正方向
子午线与天赤道交点附近	往北	偏西	向东
	往南	偏东	向西
东方地平与天赤道附近	往北	偏高	向下
	往南	偏低	向上

我们在进行实验时，就根据这张总结表并结合实际漂移情况进行极轴修正。

（二）实验准备

1. 确定极轴和正南北方

（1）望远镜的选择

为了让恒星在视场中的微小偏移更加明显，我们要选择一支焦距足够大的望远镜。同时我们还需在望远镜上加装十字丝目镜，这可以帮助我们能更准确地将星点移到视场的中央，同时也可以让我们看出星点偏移的方向并由此判断出赤道仪指向和地轴出现了怎样的偏角并加以修正，从而找出观测所在地的正南和正北。

考虑以上原因，我们认为如下设备能很好地为漂移校准提供所需的精度。

表 1.2-2　适合的望远镜

望远镜型号	望远镜光路	口径(mm)	目焦距(mm)	物焦距(mm)	放大倍率
Celestron C8HD	施密特—卡塞格林系统	203	15	2000	=80

图 1.2-8　Celestron　C8HD

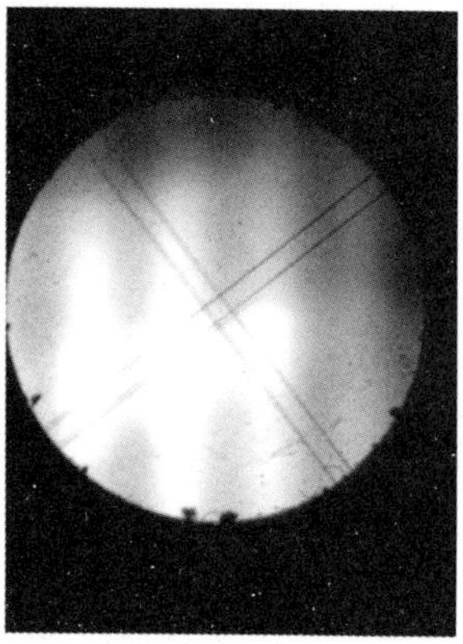

图 1.2-9　十字丝目镜内部

(2)赤道仪的选择

由于我们要通过赤道仪电动跟踪才能进行漂移法对极轴找到地理的正南方和正北方，因此，符合我们要求的赤道仪首先必须要具有电动跟踪的能力。再之，因为我们选用的望远镜 Celestron C8HD 整体体积较大，重量也较重，所以为了让赤道仪能稳定地搭载这款望远镜进行跟踪，我们要求赤道仪具有较大的载重额度。结合上述两个主要理由，加之操作便捷性等因素，我们选用了如下赤道仪：

表 1.2-3　适合的赤道仪

赤道仪型号	Celestron CGEM 赤道仪
赤道仪基本信息	• 赤道仪重量：18.6kg • 三脚架重量：17.71kg • 平衡锤：1×7.71kg • 总重量：36.3kg(不含平衡锤) • 载重 18.14kg

图 1.2-10　Celestron CGEM

图 1.2-11　设备组装完成后照片

2. 真太阳日的测定

(1)制作刻度板

在本课题中,我们根据4.1.1"实验原理"中所提的原理,利用影子长短和指向,采用直接拍摄的方式获取太阳上中天的时间数据。为了便于进行更精确的测算,同时让太阳照在杆子上所成的影子足够清晰,我们自行用白色硬塑料板制作了一块刻度板。刻度板上面印有数个同心圆(最大的圆半径为1m,最小的圆半径为5cm),同时在找准南北方后还在上面标注了指示正南北的线。

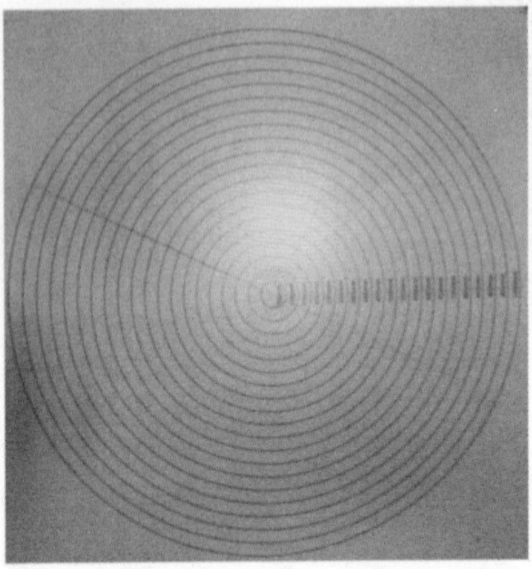

图1.2-12　我们制作的刻度板(手机拍摄)

如上图所示,同心圆上的半径刻度可以让我们在众多照片中找到杆子影子相对最短的部分,而指示正南北的红线则可以让我们更精准地确定代表太阳上中天时杆影的照片。

(2)拍摄设备的准备

由于在拍摄前我们并不知道太阳在某一天上中天的精确时间,唯一能肯定的只是一个时间范围——即太阳一定会在正午12:00前后上中天,所以我们每次都必须在正午12:00前后拍摄大量的照片以确保我们尽可能地抓拍到代表太阳上中天时杆影的照片。这也意味着我们不可能人工按快门进行拍摄,而需要通过三脚架支撑相机并用快门线预设好拍摄模式再进行拍摄。

(三)实验操作

1. 通过杆影长短测定太阳上中天时间

在早期的几天时间中,我们通过寻找在北京时间12:00点前后拍摄的诸多照片中杆影最短的一张来获得太阳上中天的时间。这种方法的可行性在于当太阳上中天之时,物体的影子便缩短至一天当中最短这一特点,即当日物体的影子最短的时刻等同于当日太阳上中天的时刻。

我们操作的步骤如下：

①将“实验准备”中我们自行制作的刻度板平放于地面。

②然后将重锤(一种很重且中间穿孔的圆柱形铁块)压于刻度板中心，确保其圆孔的圆心与刻度板的圆心相对准(这样既可让刻度板放置更为稳定，也能确保直杆立于刻度板正中，以消除位置偏斜对影子长短造成的影响)

③将直杆正插入重锤中央的圆洞中并放稳。

安放好后的效果如图：

图 1. 2-13　器材安装完成图

通过上图，可以看到，太阳照在直杆上所形成的影子清晰地投影在刻度板上，而根据刻度板上已经注明的各个同心圆圆圈的半径，我们可以读出直杆影子的长度。

④组装好拍摄器材并进行给定时快门线设置合适的参数，在太阳上中天时间段附近，间隔一秒的高频拍摄影子。

在对照片进行对比并找出影长最短的那张照片的过程中，我们采用如下方法：

①根据刻度板上的刻度，我们先可以删去一些影长明显较长的照片，从而筛选出一段时间，在这一段时间中拍摄的照片影子均较短，无法通过板上刻度直接比对。

②我们将那段时间中的照片在电脑上放大后再进行比较，效果如下：

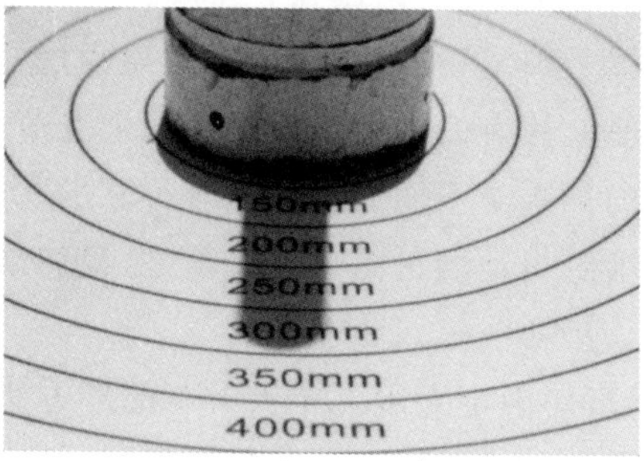

图 1. 2-14

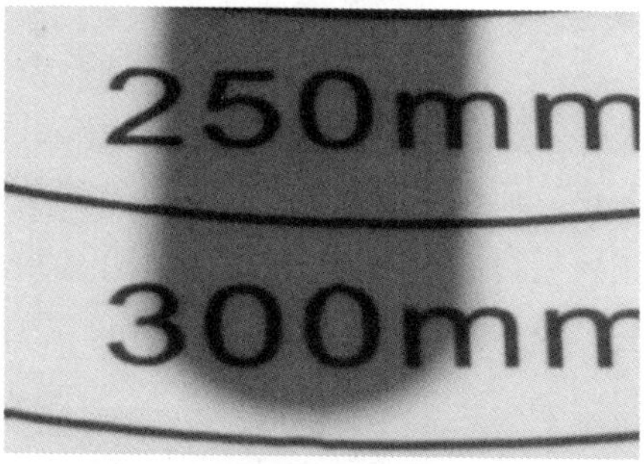

图 1. 2-15

图 1.2-16

图 1.2-17

上面四幅图均是在 2015 年 3 月 24 日拍摄的，图 1.2-14 和图 1.2-16 是原图，而图 1.2-15 和图 1.2-17 则分别是图 1.2-14 和图 1.2-16 经过软件放大后的图，两者的原图中直杆影子均长于 250mm，而略短于 300mm。它们的长短直接不易观察，但经过放大后，可以明显看出，第四幅图中影子末端和 300mm 圈差距较图 1.2-15 更多，即图 1.2-16 拍摄时直杆影子更短。两张照片杆影虽指向不同，但放大后的差异还是比较明显的。在本课题早期，我们便利用这种删去明显不满足条件的图片减少对比量，再用软件放大筛选出的图片对比进一步精确的方法确定太阳上中天的时间。

2. 通过杆影指向测定太阳上中天时间

在图 1.2-13 即早期的数据获得过程中，我们通过放大对比的确获得了较为准确的数据。但我们渐渐发现，放大对比的过程较为烦琐，且在最后几张照片时极为不便，由于相邻两张照片拍摄时间比邻，即便放大也很难分辨长短。因此，我们想出了全新的方法——利用直杆影子的指向获得太阳上中天的时间，很好地解决了问题。

这种方法的可行性依据是：当太阳上中天时，我们的实验地杭州的纬度决定了太阳必定在当地的正南方。因此，此时的阳光照在直杆上所形成的影子投影在地上后必定指向当地的正北方。而这种新的方法较之旧法的最大优点就在于我们只需能够在前期准备时准确地找出当地的正南正北后，再在刻度板上画好记号线指示南北，就可以直观地通过杆影指向判断太阳是否上中天。很明显，当杆影覆盖于指向正北的标记线时，太阳上中天，我们同时通过拍照记录当时的北京时间。这样，我们不需要通过放大对比，而是直观地通过原照片获得太阳上中天的时间，效率更高而且可以做到更加精确。

运用新方法的第一步，也是最重要的一步就是确定正南正北，这对后期数据的精确度起决定性的作用。但是，由于地球磁极和地理上的南极北极之间存在一个夹角（也就是磁偏角），而且对于不同的地方，磁偏角带来的影响是不同而且相当难推算的。因此，为了让数据更为准确，就不能简单通过指南针确定当地的正南正北。于是，我们采用了漂移法。我们确定正南正北的过程记录如下：

我们决定在 2015 年 3 月 25 日为改用影子指向确定太阳上中天时刻的新方法做准备。我们在前一天通过天文常用预测软件晴天钟发现 3 月 25 日天气晴朗，傍晚云量较少，且大气视宁度较佳，我们选择在其中一名成员居住小区一楼的空旷平台(120.161°E，30.297°N)处进行新方法的准备工作。首先，在傍晚 6:30，我们开始安装 C8HD 和 CGEM 以通过漂移法寻找实验地的正南正北。我们先通过指南针大致找出了北方，这个"粗北"并不准确但可以让我们后续的精确修正在一个较小的范围内进行降低操作难度。晚 7:50 分，器材搭设及粗对北方完毕，连上电源，我们以南河三(此时高度角 60°左右且在在子午圈与天赤道的交点附近)为第一颗目标星进行漂移法对极轴，对准目标星后连续观察一段时间，我们发现其在视场中沿着十字丝目镜的十字赤纬方向向北移动，于是我们向东调整赤道仪的方位角使其能长时间保持在视野中央，方位角的确定初步完成。晚 9:20，我们选择以东方的明亮的大角星(高度角 30°左右即位于东方地平线与天赤道附近)为第二颗目标星进行高度角的确认。我们对准目标星后，同样地连续观察了一长段时间。我们发现这次目标星在视场中沿着十字丝目镜的十字赤纬方向向南移动，但移动速度较之前而言移动缓慢，所以我们向上微调赤道仪的高度角螺丝将其调至视野中央。晚 10:30，我们将轩辕十四作为我们漂移法极轴校正效果的检验星，我们将星点移动至视场中的十字丝目镜中央，并发现在将近 200s 内星点无法用肉眼察觉到的移动。由此证明我们的极轴已经达到较高的精度，漂移法对极轴的工作也落下帷幕。

此时之前的努力操作与检验表明，我们已经精确地找到地轴的南北指向，于是我们在自己定制的日影盘上，沿用之前的结果用红线标出精确的正南北方指示线。

在运用漂移法相当精确地确定了正南正北之后，我们对先前的刻度板进行了简单的改进。我们先将刻度板在地上固定确保其不发生移动后，根据刚刚通过漂移法确定的正南正北方向，用红色记号笔画出一条清晰的且指向正南和正北的标记线。当太阳照在直杆上形成的影子恰好完全投影在这根标记线上时，我们便能推断太阳此时上中天，并由此得到太阳上中天的时间。

我们运用新方法进行实验的步骤如下：

①将刻度板用重锤固定住后不再移动，并扔一个重锤置于刻度板中心。

②再将直杆插于重锤中央的圆洞中，并调整使其竖直。

③然后我们安装好拍摄设备，并进行拍摄。

我们拍摄所得的结果如下：

图 1.2-18

对比图 1.2-18 中的三幅图，我们可以明显地观察到杆影在刻度板上发生了移动。第一幅图中，太阳还未上中天(即位于我们实验地正南偏东方向)，所以直杆的影子位于标记线的左侧，即正北偏西方向。而在第二幅图中，太阳恰好上中天，位于正南方，所以直杆的影子便指向正北方，直杆影子的中轴线恰好与红色的标记线重合。太阳继续西偏，在第三幅图中，太阳移过上中天位置，到了实验地的正南偏西方向，因此，直杆影子位于标记线右侧，即正北偏东方向。

通过这样的方法，我们可以更直观地得到太阳上中天的时间——即直杆影子的中轴线和红色标记线重合的时刻。用这种方法进行几次实验后，我们认为这种新方法的优势是明显的，这主要表现在如下方面：

①相较于早期的比较长短，杆影的指向的变动有固定红色标记线作为参照，判断更为方便也更为准确。

②运用这种新方法，我们可以大大减少拍摄的照片数量并缩短时间跨度。因为我们可以直接观察出杆影指向，因此当杆影明显偏离红色标记线时，我们不需拍照。只有当杆影中轴线离红色标记线相当近后，我们才需进行拍照以进一步精确太阳上中天时间。由于中午阳光强烈，特别是在暑假时的拍摄不得不在高温下进行，减少拍摄的照片数量并缩短时间跨度可以保护较为精密贵重的器材（比如实验中用于拍摄的单反相机）。

五、数据处理

在经过了相当长时间的拍摄过程之后，我们终于得到了较为完整准确的数据。于是，我们对获得的数据进行了数学分析。

得益于微软公司开发的 Office 套件中的 Excel 2010，我们得以对获得的大量数据进行统一而全面的整理和计算

（一）太阳上中天的时间和相邻两日的时间差

我们截取了 2015 年 3 月 21 日至 7 月 15 日的观测实验数据。之所以我们要从 3 月 21 日开始截取数据，是因为作为一个天文上的规律，节气中“春分”的日期是每年的 3 月 21 日。由于天气的影响（比如 6 月份长时间的梅雨天气），我们不能每天都通过拍摄杆影来获得太阳上中天的时间。所以遇到阴雨天时，我们通过星空模拟软件 Stellarium 模拟出当日我们实验地太阳上中天的情况，从而获得当日太阳上中天的时间以弥补天气造成的数据缺失。我们模拟时的情况如下图：

图 1.2-19 Stellarium 模拟太阳上中天

最后，我们得到了丰富而准确的数据(详细数据表格略)。

这里我们任取两天作为例子来说明：

表 1.2-4　4 月 22 日和 6 月 21 日数据对比

日期	太阳上中天的时刻	时刻差
4 月 22 日	11:58:00	12.0s
6 月 21 日	12:01:01	−13.0s

例如表 1.2-4 中，4 月 22 日和 6 月 21 日表示数据对应的日期，年份均是 2015 年。在第二列中的数据对应的是太阳上中天的时刻。在第三列中，"12.0s"表示 4 月 22 日和 4 月 23 日两天间太阳上中天时刻之差比 24 小时短 12s，而"−13.0s"则表示 6 月 21 日和 6 月 22 日两天间太阳上中天时刻之差比 24 小时长 13s。表 1.2-4 中所列各数含义均如上所述。

(二)太阳的黄赤经变化

首先，我们通过"3.2 太阳赤经日变化的获得"中写的方法求出了地球自转一周所需的时间大约为 23h56min4s，将单位统一为 s 后，为 86164s。根据(3.2)中的计算方法，由于(5.1)中"0.120"表示 12s，所以在计算时我们将"5.1 太阳上中天的时间和相邻两日的时间差"中数据表第三列"相邻两次太阳上中天时间差"的数字乘 10，才得到实际的时间。

在 Excel 2010 中，我们进行计算时在软件中写下如下运算模型计算太阳赤经的日变化角 β: $F(x)=(86400-\text{F6}-86164)/86164\times360$

【运算模型中的 F6(即第 F 列，第 6 行)可指上一章中数据表第三列"相邻两次太阳上中天时间差"的任意数据在 Excel 2010 表格中的坐标。】

计算出太阳赤经的日变化角之后，我们再通过 Excel 2010 中的自动求和功能，求出太阳赤经自 3 月 21 日以来的累积变化 b。

我们自动求和的计算模型为：$F(x)$＝SUM(I6:J6)

【运算模型中的 SUM()为自动求和函数，J6 仍表示任意数据在 Excel 中的坐标。而美元符号 $ 则表示"绝对引用"——在 Excel 2010 的数据加上 $ 意味着在运算过程中引用数据位置将保持不变。此处的 I6 是春分当天的赤经移动，公式表示从春分起累加每一天的赤经移动】

我们同样运用 Excel 2010 计算了太阳黄经自 3 月 21 日以来的累积变化，我们的计算模型如下：$F(x)$＝ASIN(SQRT(SUSQSIN(K6 * PI()/180))/(1－SUMSQ(SIN(23.5 * PI()/180)) * SUMSQ(COSK6 * PI()/180))))) * 180/PI()

这里的计算模型相对复杂，因为涉及的三角函数、平方开放运算较多，用软件中特有的函数表示才显得十分复杂，但其原理就是本课题的(3.3.6)式：

$$\sin^2\lambda=\frac{\sin^2 b}{1-\sin^2\varepsilon\cos^2 b}\text{(黄赤交角 }\varepsilon\text{ 是 }23.5^\circ\text{)}$$

由于地球轨道必然是一个封闭的轨道，因此满足封闭轨道同时也满足力学和能量守恒等物理法则的轨道形状有两种：圆轨道和椭圆轨道。

若地球轨道是一个圆轨道，那么地球每天绕太阳公转的角度应该是相同的，也就是说太阳黄经的日变化应该是相同的。但根据上表的第五列数据，我们可以明显地发现，太阳黄经日变化是不同的。

为了研究这一变化，我们进一步对数据进行了处理。通过 Excel 2010，我们绘制了关于日期和太阳黄经日变化角折线图：

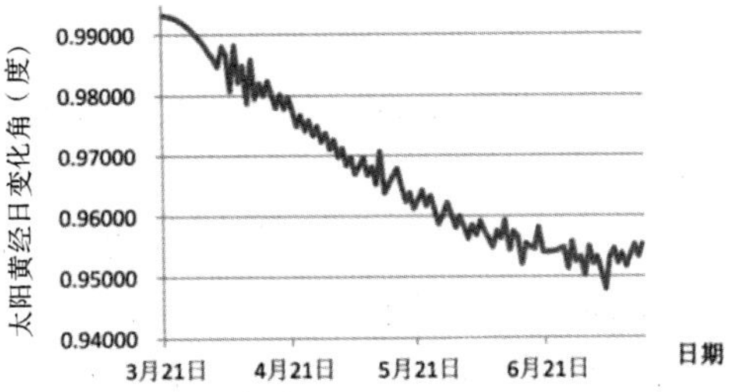

图 1.2-20　日期和太阳黄经日变化角折线图

通过结合分析上示的折线图和前文表格中的第五列数据（太阳黄经的日变化一列），我们发现，太阳黄经的日变化角度从春分日（即 3 月 21 日）起往后有着明显的减小趋势，到了 7 月 5 日时变化至最小值，随后又呈现缓慢增大的趋势。这种变化在我们绘制的折线图中得到了明显的展现。如上折线图中所示，虽然折线图数值存在着较小的震荡和波动，但自春分日后总体呈现下降趋势，并且明显存在最低点。

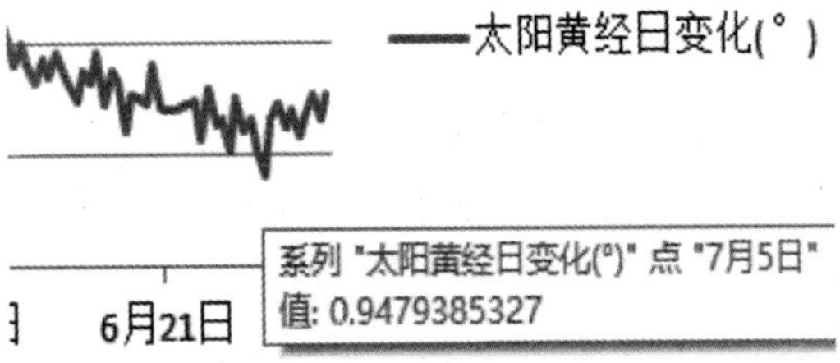

图 1.2-21　折线图的数据分析

如上图，该最低点反映的数据就是 7 月 5 日太阳黄经的日变化角。自此，我们确定了先前得到的结论：

7 月 5 日中太阳黄经日变化有最小值，即是地球绕太阳公转日变化角有最小值。

而且我们还可以明显地得到地球每天绕太阳公转的角度是不同的，并且有着自大减小再由小变大的变化规律，这显然不能通过圆轨道的性质来解释，因此我们得出：地球轨道是一个椭圆轨道。

得到地球轨道是一个椭圆轨道之后，再根据本课题 3.4.1 部分，我们曾自己推导出如下公式：

$$\frac{1}{r}=k\times\sqrt{\Delta\lambda}$$

式中的 r 表示日地距离，k 表示一个和地球每日绕太阳公转所划过面积有关的常数（详细论述在 3.4.1 中，此处不再重复定义），$\Delta\lambda$ 则表示太阳黄经的日变化角。所以我们得到，当 $\Delta\lambda$ 最小时，r 最大，即日地距离最大。所以我们可以进一步得出结论：

7 月 5 日，日地距离最大，地球过远日点。

在得到上述结论后，我们开始利用获得的数据推导出地球的轨道要素。

（三）轨道根数的推导

根据本课题第 2 部分知识背景中关于行星轨道要素的定义，我们发现可以利用所获得的数据求出地球的所有轨道要素。

由于太阳系中行星的轨道要素均是以地球作为基准的，经过我们的分析，我们认为这对我们的推算有相当大的帮助。因为我们的实验所获得的数据可以很好地用于推算出地球椭圆轨道平面（即二维层面）上的几何结论，但地球是在空间中运行的，它的椭圆轨道不仅具有平面上的几何特性，同时还具有空间上的几何特点，而后者在地球上是无法通过基本器材观测到的。因此天文学上将地球作为定义其他行星运动轨道的基准以直接解决地球轨道的空间特性而无须进行复杂的观测。

因此我们可以直接确认的地球轨道要素有如下三个：

①地球轨道倾角 i：由于以地球为基准，根据轨道倾角 i 的定义（本文第二部分“研究背景”中有详细定义），地球的轨道倾角 $i=0°$

②地球升交点黄经 Ω：由于仍以地球为基准，根据升交点黄经 Ω 的定义，地球升交点黄经 $\Omega=0°$

③地球轨道半长径：天文学上做出规定，定义地球轨道半长径 a 为 1 天文单位。天文单位是用以描述太阳系内天体距离的基本长度单位，所以有地球轨道半长径 $a=1\text{au}$（即 1 天文单位）

我们根据轨道要素的定义直接得出上述三个以地球为基准的轨道要素后，继续利用已获得的详细完整的观测数据推导剩余的轨道要素。

1. 近日点角距 ω 的推导

此前，我们已经得出结论：

7 月 5 日，日地距离最大，地球过远日点。

我们将 7 月 5 日太阳的黄经赤经的有关数据从总数据表中单独列出如下：

表 1.2-5　7 月 5 日太阳的黄经赤经的有关数据

日期	太阳赤经日变化(°)	太阳赤经累积变化(°)	太阳黄经累积变化(°)	太阳黄经日变化(°)
7 月 5 日	1.0236293580	104.8196462560	103.6383539492	0.9479385327

由于我们的数据是从春分日(即 3 月 21 日)开始累积的,根据天文学上对于春分日的定义,我们可以知道:3 月 21 日即春分日当天太阳位于黄道和天赤道的升交点,在那一天,太阳的黄经。而根据上表,从 3 月 21 日到同年的 7 月 5 日,太阳的累积黄经为 103.6383539492°,且地球过远日点。因此,在地球过远日点时,太阳的黄经。又因为,我们已经证明地球的轨道是一个椭圆,因此椭圆的几何性质适用于地球轨道的定量计算,于是我们绘制了一幅草图:

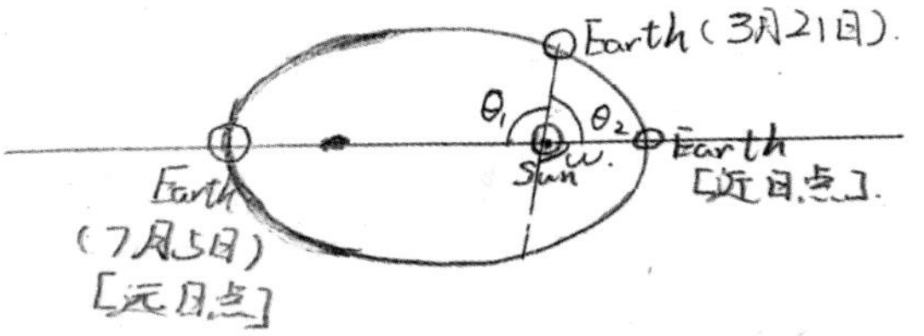

图 1.2-22　近日点角距 ω 的推导图　(图为手绘)

如图 1.2-22 所示,我们已经证明地球绕太阳在一个椭圆轨道上运行。我们所截取的数据从 3 月 21 日(春分日)至同年的 7 月 5 日(地球过远日点日),而且已经获得在地球过远日点时,$b=103.6383539492°$(b 表示太阳黄经)。而太阳黄经的变化累积,其实质所反映的就是地球绕太阳公转所转过的角度。

因此我们得到了图中 θ_1 的值即为:$\theta_1=b=103.6383539492°$,再根据椭圆的几何特征,我们已得地球轨道近日点、太阳和地球轨道的远日点应该在一条直线上,且太阳在近远日点之间,因此我们可以得到地球轨道近日点与地球运行到春分日点间的夹角,即为:

$\theta_2=180°-\theta_1=180°-b=76.3616460508°$

再根据近日点角距 ω 的定义,我们可以求出地球的近日点角距 ω:

$\omega=180°-\theta_2=\theta_1=103.6383539492°$

2. 地球轨道偏心率 e 的推导

在研究思路中,我们推导出太阳的黄经日变化 $\Delta\lambda$ 和极角 f 之间有如下线性关系:

$$\sqrt{\Delta\lambda}=\frac{\cos f}{kp}+\frac{1}{kep} \qquad (3.4.2)$$

(注:式中各字母表示的意义在本课题第三部分“研究思路”中已有详述,此处不再做重复定义。)

我们将地球轨道的近日点和太阳的连线作为我们建立的极坐标系的初始边来计算

地球在其轨道上各个点时的极角(极角的数值就是普通的角度值,用角度值来表示)。然后结合我们已获得的在3月21日至同年的7月5日间每日的太阳黄经日变化角,并运用Excel 2010绘制了式(3.4.1)的线性拟合图像。

我们计算2015年3月21日至同年7月5日之间地球在各日的极角 f。因为,我们的"太阳黄经累积变化"这一数据是从2015年3月21日开始累积的,而极角的初始边则是地球轨道的近日点和太阳的连线,所以根据图1.2-22我们得到了求某一日地球的极角的计算方法:

$$f=b+\theta_2 \tag{5.3.2}$$

其中 f 表示地球的极角,b 表示自2015年3月21日开始的太阳黄经累积变化角,的意义见图1.2-22。

在Excel 2010中,极角 f 的计算模型是:

然后,我们再计算地球极角 f 的余弦值。在Excel 2010中,地球极角 f 的余弦值的计算模型是:$F(x)=\$O\$123+M6$

根据所得到的有关数据,我们运用Excel 2010绘制了 $\sqrt{\Delta\lambda}=\frac{\cos f}{kp}+\frac{1}{kep}$ 的线性函数图像,函数图像的横坐标是地球极角的余弦值 $\cos f$,函数图像的纵坐标是太阳黄经的日变化角 $\Delta\lambda$ 的开方 $\sqrt{\Delta\lambda}$,我们所制得的图如下:

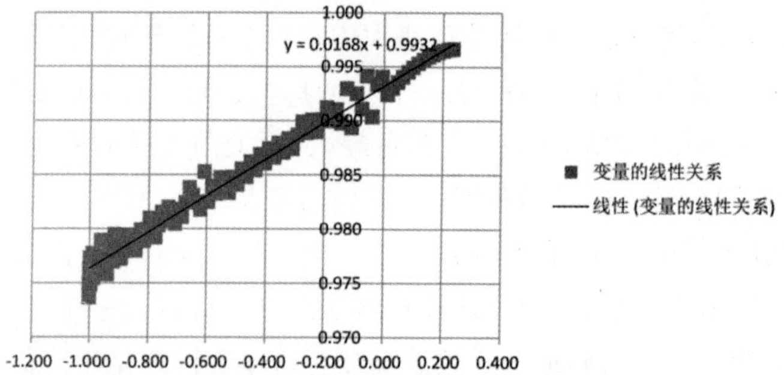

图1.2-23 变量的线性关系

图1.2-23中散点的趋势线为线性,且拟合后所得解析式为

$$y=0.0168x+0.9932$$

在研究思路中,我们还推导出式(3.4.2):

$$e=\frac{1}{kp}\div\frac{1}{kep} \tag{3.4.2}$$

结合图1.2-23中拟合图像的线性趋势线的解析式以及和式(3.4.2)我们最终求出了地球轨道的偏心率 e:

$$e=\frac{1}{kp}\div\frac{1}{kep}=\frac{0.0168}{0.9932}\approx 0.0169$$

3. 地球过近日点的时刻 τ

我们已经根据观测数据求得地球过远日点的时间是 7 月 5 日，所以我们继续通过已求得的地球轨道要素和观测数据求地球过近日点的时间。

因为我们已经得到地球的轨道偏心率：$e \approx 0.0169$

而地球的轨道半长径：$a = 1\text{au}$

因此根据椭圆的数学性质，我们可以得到地球过远日点时的日地距离 $r_{远}$：

$$r_{远} = a(1+e) = 1.0169\text{au}$$

而我们又已通过观测和运用 Excel 2010 求出了 7 月 5 日（即地球过远日点）的太阳黄经日变化角 $\Delta\lambda_{远}$：

$$\Delta\lambda_{远} = 0.9479385327° \approx 0.0165446485(\text{rad})$$

所以地球绕太阳公转每天划过的扇形面积 S 即可求出：$S = \frac{1}{2}\Delta\lambda_{远}\ r_{远}{}^{2}$

又因为地球从近日点运行到远日点，所划过的总面积恰好应是半个椭圆的面积，所以总面积 $S_{总}$ 可求：

$$S_{总} = \frac{1}{2}\pi ab = \frac{1}{2}\pi a^2\sqrt{1-e^2}$$

其中 a 是地球轨道的半长径，b 是地球轨道的半短径。

所以，地球从近日点运行到远日点所需的天数 W 可求

$$W = \frac{S_{总}}{S} = \frac{\frac{1}{2}\pi a^2\sqrt{1-e^2}}{\frac{1}{2}\Delta\lambda_{远}\ r_{远}{}^{2} \times \frac{\pi}{180}} = \frac{180a^2\sqrt{1-e^2}}{\Delta\lambda_{远}\ r_{远}{}^{2}}$$

（$\pi\lambda_{远}$ 用弧度表示）

将所得数据代入：$a = 1(\text{au})$　　　$e = 0.0169$

$\Delta\lambda_{远} = 0.9479385327°$　　　$r_{远} = 1.0169(\text{au})$

得到：$W \approx 183.6$ 天

W 的值约是 183.6 天，这说明地球从椭圆轨道的近日点运动到椭圆轨道的远日点所需的时间是 183.6 天。在先前的数据分析过程中我们已经得到太阳会于 7 月 5 日过远日点，结合我们实验得到的太阳上中天时刻的数据，将时间倒推减去 183.6 天后，我们可以得出地球过近日点的时刻 τ：

地球过近日点的时刻 τ 是：1 月 3 日 21 时 40 分 01 秒

（四）结论精度与误差分析

1. 结论精度的检验与确定

经过我们一天天不懈地拍摄和一步步严谨地推算，我们最终证明了地球的轨道是一个椭圆，并求出了地球轨道的六个轨道要素，在数学上科学地定义了地球的椭圆轨道的

特征。

我们所求得的六个轨道要素如下：

地球轨道半长径 a $a=1(au)$

地球轨道的轨道倾角 i $i=0°$

地球轨道的升交点黄经 Ω $\Omega=0°$

地球轨道的近日点角距 ω $\omega=103.6383539492°$

地球轨道的偏心率 e $e=0.0169$

地球过近日点的时刻 τ 1月3日21时40分01秒

考虑到整一个数据获取的过程包含了一段较长的时间跨度，课题组成员认为有必要设计一个严谨翔实的方案对我们的实验数据以及获得的最终结论做出检验，从而更好地支持它们的准确性。通过学习以及我们自己的分析，我们制定了“制作星历”这一方案。

(1)制作星历的原理

星历的核心，是一个天体位置关于时间的函数。计算出了天体的星历，我们就可以实现在任意时刻获知天体对应的位置，或者通过天体在其轨道上的位置求出对应的时间。经过严谨的思考，课题组成员认为可以利用星历的这一特性，对结论的精确度做出完善的检验。

我们了解到星历表的基础是开普勒方程的应用。通过学习，我们理解了开普勒方程的推导，下面给出开普勒方程的推导过程：

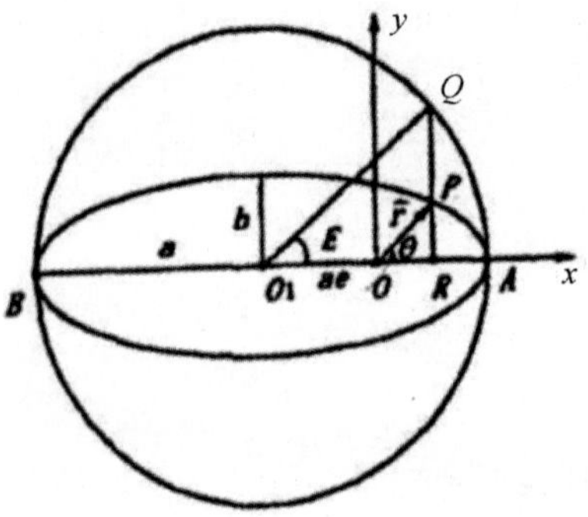

图 1.2-24 开普勒方程的推导(图自《开普勒方程的推导及其意义》)

在“研究背景”板块中，我们已呈现出了椭圆轨道极坐标方程的图例。而上图的绘制过程如下：

① 在原有椭圆轨道极坐标方程图形上添加一个以为 O_1 圆心，椭圆轨道半长径(即 O_1A)为半径的圆；

② 设某一时刻行星的位置为点，则过点做垂线垂直于 x 轴于点 R，并交圆 O_1 于点 Q；

③ 连接 PO 和 QO，分别与 x 轴形成$\angle E$ 和$\angle\theta$ 两个夹角，其中$\angle\theta$ 被称为真近点角

即是地球的极角，$\angle E$ 被称为偏近点角。

观察上图，我们可以得到，线段 PO 的长度 τ 即为真实的行星到太阳的距离，本课题中即为日地距离。根据已得到的极坐标方程的原始公式，我们可以得到：

$$r=\frac{e\times\left(\frac{a^2}{c}-c\right)}{1+e\cos f}=\frac{a(1-e^2)}{1+e\cos f}=\frac{Q}{1+e\cos f} \tag{5.4.1}$$

其中，推导式中的为椭圆的半通径。

在本课题“研究思路”板块中，我们已论述过可以用微元法对行星单位时间内在其公转轨道上扫过的面积进行计算，可以写出如下表达式：

$$\mathrm{d}s=\frac{1}{2}\mathrm{d}\theta\bar{r}^2 \tag{5.4.2}$$

上式给出的是“单位时间”对应的“单位面积”。那么，对上式进行积分之后，我们就可以相应地得到“一段时间”对应的“总面积”，同时结合开普勒第二定律，我们可以进一步推导出如下公式：

$$\frac{\pi ar}{T}\times(t-\tau)=\frac{1}{2}\int_0^\theta\bar{r}^2\,\mathrm{d}\theta \tag{5.4.3}$$

式中 t 为一年中的任意时刻，τ 在本课题中则为地球的一个轨道要素，即地球过近日点的时间。通过分析，式中的 θ 就是地球的极角 f，而“总面积”则是从地球过近日点，也就是 $t=\tau,\theta=f=0$ 时开始累积。将式(6.2.3)中的日地距离 r 用式(5.4.1)代入可以得到：

$$\frac{\pi ar}{T}\times(t-\tau)=\frac{Q^2}{2}\int_0^f=\frac{\mathrm{d}f}{1+e\cos f} \tag{5.4.4}$$

注：由于 θ 就是地球的极角 f，因此为了便于理解与计算，已经将式中 θ 的改写为 f。

进一步观察利用图 1.2-24，设图中的线段 $OR=L$，所以有：

$$\cos f=\frac{L}{\bar{r}}$$

$$\cos E=\frac{L+c}{a}=\frac{L+ae}{a}$$

将上面两个式子进行一定的代入与变形，可以推导出：

$$\bar{r}\cos f=a\times(\cos E-e)$$

进而得到：$\bar{r}=\dfrac{a(1-e^2)}{1+e\dfrac{a\times(\cos E-e)}{\bar{r}}}=a\times 1-e\times(\cos E)$ (5.4.5)

再将式(5.4.1)代入式(5.4.5)中，则有：$\dfrac{Q}{1+e\cos f}=a\times(1-e\times\cos E)$ (5.4.6)

将得到的式(5.4.6)两端微分，可以进一步得到：$\dfrac{Q\sin\mathrm{d}f}{(1+e\cos f)^2}=a\sin E\mathrm{d}E$

最终我们可以得到：$\dfrac{\mathrm{d}f}{(1+e\cos f)^2}=\dfrac{a^2}{Qb}(1-e\cos E)\mathrm{d}E$ (5.4.7)

将此式回代入(5.4.4)式中,则可以得到:

$$\frac{\pi ar}{r}\times(t-\tau)=\frac{Qa^2}{2b}\int_0^E(1-e\cos E)\mathrm{d}E=\frac{ab}{2}\times(E-e\sin E) \qquad (5.4.8)$$

也就可以得到:$\frac{2\pi}{T}\times(t-\tau)=M=E-e\sin E$ (5.4.9)

该式就是开普勒方程的表达式,式中出现的物理量 M 被称为平近点角,正如字面上所表示的那样,它是一个随时间均匀增加的角度。这点从式(5.4.9)本身也可以看出,地球在其公转轨道上绕行完整一周的总角度用弧度来表示总是 2π,而则是地球公转完整一周所需的总时间,那么两者相除得到的,就是地球在其轨道上单位时间平均公转过的角度。

推导出了开普勒方程,我们就可以通过迭代的方法实现地球在其公转轨道上的位置与时间之间的互推。具体地说,我们最初知道的是地球在其轨道上的极角,那么就可以将其带入地球的椭圆轨道极坐标方程求出日地距离,再利用这两者求出地球在该位置的偏近点角。最后,将偏近点角代入开普勒方程,求出一段时间间隔,这段时间间隔表示地球从近日点开始运动的时间,又因为我们已求出地球过近日点的时刻,那么我们也就可以求出地球在该极角位置时对应的时刻。同理,若最初知道的是时刻,那也可以经过逆运算求出对应的位置。

(2)星历制作与检验过程

星历及其核心开普勒方程所描述的都是天体运动过程中时间与位置的一一对应关系,我们正可以运用这种一一对应关系对结论做出验证。经过分析,课题组成员认为可以利用中国传统历法——农历中的二十四节气来构建这种一一对应关系。二十四节气主要有如下优点:

① 现行二十四节气是按太阳的黄经值进行划分的,这说明二十四节气都有着对应且固定的黄经值,且这些值是按定义给定的。例如:太阳黄经值是 270°时定义为冬至,太阳黄经值是 90°时定义为夏至。从这点可以得到,在相当长的时间跨度中,二十四节气对应的地球在其公转轨道上的位置是相对固定不变而且可以由定义直接得到的。

② 二十四节气的标准日期十分容易获得,天文年历甚至是民用日历对它们都有明确的记录,这将有助于检验我们自己求得的结论的精确性。

鉴于我们采集实验数据的时间跨度是从 2015 年 3 月 21 日到 2015 年 7 月 15 日,所以我们以上文推导出的轨道要素为基本参数,对 2015 年度的二十四节气进行计算,而后将计算结果和天文台的标准数值对比。

我们在春夏秋冬各选择了一个节气进行验算,结果如表 1.2-6 所示.

表 1.2-6　四个节气数值对比

节气	自求日期	标准日期
雨水	2015 年 2 月 19 日　8:10:47	2015 年 2 月 19 日　7:50
芒种	2015 年 6 月 6 日　9:15:09	2015 年 6 月 6 日　7:58
寒露	2015 年 10 月 8 日　22:31:03	2015 年 10 月 8 日　22:43
冬至	2015 年 12 月 22 日　11:04:10	2015 年 12 月 22 日　12:48

分析 1.2-6 中第 2 列与第 3 列数据，可以发现以我们自己求得的地球公转轨道要素为基本参量求出的“节气”时刻和标准值十分接近，达到了较高的准确度，说明我们的实验结论具有相当的精确性。

为了进一步确认这一点，我们将自己得出的结论与《2015 年中国天文年历》上的标准数据进行了对比，并计算了误差。

我们的对比情况如下表：

表 1.2-7　实验数据与标准数据对比

轨道要素	课题组求出的数据	标准数据	误　差
地球轨道的轨道倾角 i	$i=0°$	—	—
地球轨道的升交点黄经 Ω	$\Omega=0°$	—	—
地球轨道的近日点角距 ω	$\omega=103.638354°$	103.20276°	0.422%
地球轨道半长径 a	$a=1$(au)	1.00000011au	10%
地球轨道的偏心率 e	e=0.0169	$e=0.0167$	1.198%
地球过近日点的时刻	1 月 3 日　21:40:01	1 月 3 日　13:57:37	

注：由于“轨道倾角 i”和“升交点黄经 Ω”的计量均以地球公转轨道平面为基准。因此对于地球公转轨道，这两个轨道要素可按定义直接给出，不具测算意义，所以没有进行比较。

2.误差分析

(1)理论及物理模型误差

这一块的误差分析重点在于指出我们自己研究出的计算方法和物理模型所存在的不足或者欠考虑之处。我们经过查阅资料和自己思考，认识到地球在宇宙空间运动的过程中和其他邻近星体或物质发生相互作用产生的复杂物理效应是这一块误差的主要来源，但消除这些误差的理论和实验方法大部分都过于复杂，超出了中学生的理论计算和实际操作能力。因此在写这一块误差时，我们主要写出误差产生的原因和一些初步分析而不写具体的消除过程。我们得出的这一块误差有：

①摄动带来的误差

在咨询专家与查阅资料后，我们发现因为一个天体绕另一个天体按二体问题的规律运动时，受别的天体的吸引或其他因素的影响，在轨道上会产生偏差，这些作用与中心体的引力相比是很小的，因此称为摄动。天体在摄动作用下，其坐标、速度或轨道要素都产生变化，这种变化成分称为摄动项。所以我们的测量中还存在日月摄动、太阳光压摄动、大气阻力摄动等误差。

分析及排除方法：在《中国空间科学技术》1996年《大气阻力摄动计算方法及误差分析》和《中国空间科学技术》1985年06期《无奇点变量表示的日月引力场摄动》详细地写有计算和解决方法，但计算方法远远超出了我们的能力范围，因此我们仅作了解并未解决太阳系内天体（如月球、巨型气态行星木星）等对地球轨道要素造成的变动和影响。

②地轴进动带来的误差

"进动"一词，是物理学的术语，是指转动物体的转动轴环绕另一根轴的圆锥形运动。地轴进动是指地轴绕黄轴的圆锥形运动，这会导致黄道平面与赤道平面的（升降）焦点（即春分点和秋分点）的位置不断发生移动。而春分点是黄经读数的原点。也就是说春分点处的黄经为0°。因此当春分点因地轴进动而发生移动时，黄经读数的原点也同时发生改变。那么天球上各个点的黄经也随之发生改变。这种具有漫长周期的进动变化天文学上称作岁差。因此，岁差会对地球的轨道要素测算等造成一定的影响。

分析及排除方法：由于地球岁差的周期十分的漫长，周而复始的整个过程历时可达将近26000年，而我们所采集的实用数据仅是从2015年3月21日至同年7月15日将近4个月的时间跨度，这段时间相对于岁差周期的26000年来说是微不足道的。也就是说，岁差在这段时间内给本实验的结论带来的影响是存在但是非常微小的。因此我们没有进一步讨论研究这一误差。

③地球自转速度变化带来的误差

通过阅读数据和参看有关研究报告，我们发现地球自转速度在一年四季中是存在变化而非固定不变的。在本课题中，我们是通过测量星轨的照片来读出地球自转一周所需的时间的，这种方法本身的精度就是有限的。并且，我们是在2015年初的寒假中拍摄星轨并测得地球自转一周所需的时间的，但我们所截取的实用数据则是在2015年3月21日至7月15日之间，在此期间，地球的自转速度已发生了一定的变化。这种变化会在我们计算"太阳赤经的日变化"这一数据时造成影响，最终导致我们的实验结论存在一定误差。在学习这方面专家对于地球自转变化的分析的过程中，我们总结出了下述影响地球自转速度的原因：太阳光压激发地球自转轴摆动，地球自转轴摆动引起转动惯量变化和转动惯量变化最终引起地球自转速度的季节性变化。这三步是一个连续激发的过程。

分析及排除方法：由于我们所掌握的数理运算方法还不能使我们充分理解这方面专业研究报告中诸如太阳光压、转动惯量等因素的理论计算和误差消除，因此我们难以通过理论方式消除这些因素造成的误差。但我们认为，我们可以通过在观测过程中的不同时段，拍摄多张星轨从而读出一年中不同时期地球自转周期长度的方法，尽可能地减少实验误差。不过，地球自转速度在一年内的变化是相当微小的，该因素对实验结论有影响但是微乎其微。

(2)实验及操作过程误差

这一块的误差分析与上一块的不同之处在于,这一块分析主要在于指出我们在进行实际操作过程中慢慢想到的可能引发误差的问题,以及我们亲身操作并不断改进过程中的心德体会。因此这一块分析不仅会写出误差的来源及原因,同时也会写出我们的具体改进方法和效果。我们得出的这一块误差有:

①相机快门开合时产生震动和摁快门的动作

相机快门的震动和摁快门的动作会使相机产生震动,这会导致我们拍摄时的拍摄方向(视角)发生变化,而视角的变化则会让我们(特别是在早期通过判断杆影长短来读取太阳上中天的时间)时产生错误的结果。

分析及排除方法:拍摄时将相机固定在稳固的三脚架上,并采用快门线或者用电脑控制相机,以最大限度减少操作带来的震动。

实际执行情况:结果令人满意。通过实验,我们能保证单反相机在拍摄一固定物体时单张曝光 15s 无抖动的痕迹,影像清晰。

②测量工具的限制造成的误差

由于测量工具的局限性,我们获得的数据精度有一定局限。比如,早期实验中我们是通过观察杆影的长短来获得太阳上中天的时间的,这种方法不便于判断且精度有限。又比如:照片中的时间信息只能精确到"s"并且由于相机是不连接互联网的,无法自动校准北京时间所以少量照片的时间信息也会出现不准确。

分析及排除方法:我们在实验过程中采用了新的方法——利用杆影指向获得太阳上中天的时间,并且我们会经常将相机中的时间信息与授时软件中的标准北京时间参照并修正相机中的时间信息。

实际执行情况:新方法的采用让我们获得的时间数据更加精确且操作起来更为方便,而经常校准时间信息也让我们可以确保所获得太阳上中天时间的准确性,结果令人满意。

六、课题结论与实际运用

经历了长时间的观测测量以及严谨的理论分析和验证,我们自主地求出了具有较高精度的地球公转轨道的轨道要素,它们的数值最终确定为:

表 1.2-8　地球公转轨道要素各数值

轨道要素名称	数　值
地球轨道半长径 a	$a=1$(au)
地球轨道的轨道倾角 i	$i=0°$
地球轨道的升交点黄经 Ω	$\Omega=0°$
地球轨道的近日点角距 ω	$\omega=103.638354°$

续 表

轨道要素名称	数 值
地球轨道的偏心率 e	$e=0.0169$
地球过近日点的时刻 τ	$\tau=$1月3日21时40分01秒

明确而精准的轨道要素数值将地球公转所在的那条椭圆轨道清晰地描述了出来，让我们得以更加全面而细致地了解地球的运动状态。也正是从这一个角度出发，课题组成员决定充分利用上面呈现的6个轨道要素，以它们为基础，解决生活中的一些问题，将纯粹的数值化结论运用到实际当中。

(一)地球公转轨道要素的应用方向

求出了地球公转轨道要素意味着什么？在制定结论的实际运用方案之初，我们从这个问题入手分析可行的方向。求出地球公转轨道要素意味着我们可以求出某一时刻地球在其运行轨道上的位置。这一点至关重要，因为得到这一数据，我们就可以进一步分析得到地球与太阳之间的相对关系。经过思考，我们认为将得到的地球在其轨道上的位置数据与球面三角的计算法则结合，可以得到太阳的赤纬数值，也就是地理学中所讲的"太阳直射点的纬度"。

生活常识告诉我们：在夏天，一天中白昼的时间将长于黑夜；而在冬天，一天中黑夜的时间又将长于白昼。而这一生活常识的本质和"太阳直射点的纬度"密切相关。比如：(北半球)夏至日，太阳直射北回归线，那天，北半球会经历一年中最长的白昼，同时，纬度越高白昼时间越长；反之，(北半球)冬至日，太阳直射南回归线，那天，北半球又会经历一年中最长的黑夜，同样的，纬度越高黑夜越长。这表明，"太阳赤纬""地理纬度"和"白昼时间"三者间存在直接的联系。这也意味着，以地球公转轨道根数为基础，可以建立关系，求出一年中不同日期的"白昼时间"。

上面所说的"白昼"指的是太阳的高度角从东方的$-6°$点变化至西方的$-6°$点的过程，而这两个点被称为"民用晨光始点"和"民用昏影终点"，即生活中常说的"太阳升起"和"太阳落下"。类似的，在航海与天文两大领域中，也有对应的"晨光始点"和"昏影终点"，在航海中这两点指太阳高度角达到东西方$-12°$，而在天文中这两点指太阳高度角达到东西方$-18°$。

课题组成员认为，利用测得的地球公转轨道根数对"民用""航海"和"天文"三大领域的"晨光始点"和"昏影终点"的时间进行计算，是将研究结论推向实际运用的良好方向。这主要有如下理由：

①计算出民用"晨光始点"和"昏影终点"，也就是计算一天中日出日落的时间。这可以弥补常规日历中的不足，特别是对于农业领域，获得日出日落的信息可以更好地规划不同作物在一年中的播种及收割时间。因为白昼时长对不同植物(注：生物学中可以将植物按"长日植物"和"短日植物"进行分类)的生长成熟有重要的影响，因此更好的种植

规划能对作物增产起到相当的帮助。

②计算出航海“晨光始点”和“昏影终点”，就可以设计更合理的航线与航行计划，提高远洋航运的效率。

③计算出天文“晨光始点”和“昏影终点”对天文研究及天体拍摄至关重要，因为阳光会在较宽的电磁波谱范围上严重掩盖暗淡的遥远天体。因此知道上述两者，就能让天文摄影及研究人员制订更完善的观测计划，更好地利用夜晚的时间进行研究。

因此，“晨光始点”和“昏影终点”与生活的各个领域息息相关，但获得这两者数值的渠道却少之又少，值得我们利用研究结论进行补充和完善。

（二）计算“晨光始点”和“昏影终点”的基本原理

确定了实际运用的方向后，我们对计算的原理进行了严谨地构思和设计。这一块独立的“原理”部分与前文“研究思路”不同，它主要叙述“实际运用”中涉及的基本原理，特与前文中用于数据处理的原理做出区别。

由于我们首先需要建立时间与地球位置之间的关系，因此第一步我们仍须利用开普勒方程，开普勒方程的推导在前文对结论的检验中已有详细论述，此处给出其中需要用到的核心公式：

与“结论检验”中相反，我们首先需要确定某一日期（具体为该日期的00:00）和地球过近日点时刻间的时间差：$\Delta t=t_1-\tau$

然后，利用这一时间差，我们可以用如下公式获得地球在时刻的平近点角 M：

$$M=\frac{360^{\circ}}{T}=\Delta t$$

（注：式中的 T 表示地球绕太阳公转一周所需的时间）

之后，根据开普勒方程中平近点角 M 与偏近点角 E 间的关系式：

$$M=E-e\sin E$$

我们就可以求出地球在时刻的偏近点角 E。

在推导开普勒方程时，我们曾得到如下公式：$\bar{r}=a\times(1-e\times\cos E)$

式中的 $\bar{r}$ 表示日地距离，e 即为地球公转轨道偏心率，a 即为地球公转轨道半长轴。这样我们就可通过偏近点角 E 求出地球在 t_1 时刻的日地距离。

在“研究背景”板块中，我们写到过椭圆轨道的极坐标方程，该方程为：

$$\bar{r}=\frac{ep}{1+e\cos f}$$

利用该公式，我们就可以求出地球在时刻的极角，并转化为该时刻的太阳黄经 b。

在天球坐标系中，“太阳黄经值 b”“太阳赤纬值 δ”以及“黄赤交角 ε”间有如下关系：

$$\sin\delta=\sin\varepsilon\times\sin b$$

因此，我们可以将太阳黄经值 b 转化为太阳赤纬值 δ。

最后，通过对“研究背景”板块中提到的球面坐标系中“边的余弦公式”赋上具体的物理意义并进行一些三角恒等变换处理后，我们可以得到如下公式：

$$\sin h=\sin\varphi\sin\delta+\cos\varphi\cos\delta\cos t$$

式中的 h 表示太阳的高度角，δ 表示太阳的赤纬，φ 表示观测者的地理纬度，t 表示该纬度上太阳运行至高度角时的时角。

由于“民用”“航海”和“天文”三大领域的“晨光始点”和“昏影终点”所定义的太阳高度角已知，而地理纬度则可根据使用者实际情况获取，而太阳赤纬可用上述的步骤推得。因此我们也就可以运用上式求出对应的时角 t，也就可以进一步求出“民用”“航海”和“天文”三大领域的“晨光始点”和“昏影终点”的时间。

(三)地球公转轨道要素的应用方案

这一块内容将讲述我们在制定完应用方向并设计好应用原理之后，对这一实际应用进行具体设计的过程。

首先我们对这一实际运用的设想进行了应用需求的分析，并得出了如下的核心要求：

①足够的精确性和科学性，因为这一方法的最终目标是让人们获知“民用”“航海”和“天文”三大领域的“晨光始点”和“昏影终点”的相对准确的时间，以提高相应领域工作的效率，因此就需要将误差控制到足够小。

②良好的操作性和便捷性，它需要提供一种一目了然的运作方式，让每一个使用者都能轻易地获得需要的结果。

③广泛的适用性和普及性。换言之，人们可以在学习生活中接触它使用它，正如我们用日历或者手机查找日期一样。

基于以上三项要求，我们决定运用了 Microsoft Visual Basic 6.0 程序制作一款小巧的软件，充分利用当今发达的计算机技术实现课题结论的实际运用。我们进行软件设计的情况如下图：

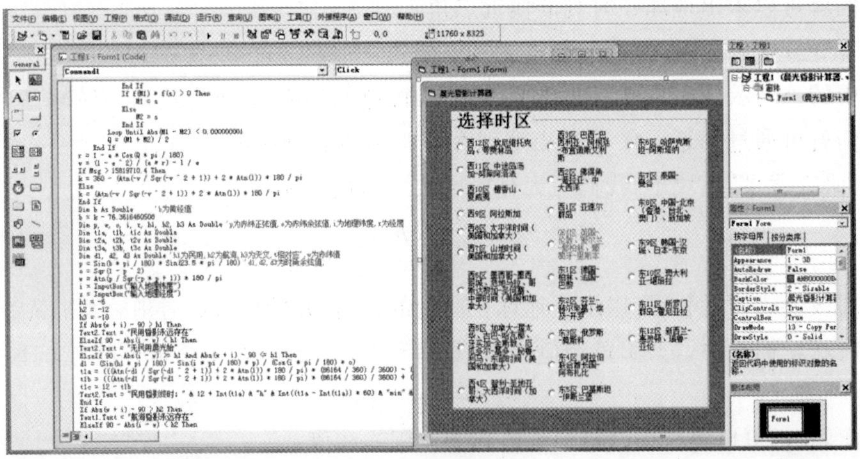

图 1.2-25　“民用”“航海”和“天文”三大领域的“晨光始点”和“昏影终点”较为准确的时间

上面所展现的程序经过我们的多次测试检验，可以让人们快捷地得到某一日期“民用”“航海”和“天文”三大领域的“晨光始点”和“昏影终点”的较为准确的时间，对提高相关领域的工作效率具有一定的帮助意义。

至此，我们的课题研究结论成为了我们自主设计编写的软件的核心，并最终以一款可以被广泛运用的小巧软件的形式呈现，具备了能在实际生活中发挥更大作用的潜力和价值。

七、课题总结

（一）创新点

1. 理论创新

在推导定义地球轨道的轨道要素时，面对大量的观测数据，本课题设计了一种“双边倒数线性拟合法”的数据处理解决方案。它的独特之处在于它成功地构建起了变量之间的线性关系，化解了处理过程中涉及三角函数等较为复杂的数学运算的不易操作性，使大数据处理的简洁度和精确度都有了相当的提升。

2. 实验创新

观测数据的获取是本课题的一项特色。研究“地球公转轨道”这样一个相对长周期的宏观概念时，我们将在地面上不易测量的地球自身的运动转换为对太阳相对位置变化的测量。相比于前者，后者不仅可以在地面上实现观测，而且其所需的观测工具也更为生活化。我们通过自行设计的刻度板，以及日常生活中常见的单反相机等设备便获得了具有较高准确度的原数据，让生活资源有效地整合进入较专业的观测工程中。

3. 技术创新

本课题在整个制作过程中充分利用了计算机软件带来的准确度和便捷性，大大提升课题数据分析的效率和研究结果的精准度。其中，我们用自己建立的计算模型实现了大数据的批量分析；在进行应用设计时，我们也通过设计计算机软件的途径，很好地实现了数值化结论的实际运用。

（二）课题结语

至此，本课题《中学生地球轨道的全新测定方法》的研究和编写工作进入了尾声。回想建立课题项目之初还是 2015 年的寒假，而转眼间已是 2016 年的 2 月。在这近一年的研究过程中，我们在脑海中绘制项目的蓝图，将地球轨道的物理模型从一个模糊的雏形一步步变得丰满和清晰。椭圆的数学性质、极坐标方程，这些构建起本课题的核心架构中的很多是我们课堂中所学的数学教材没有叙写到的。怎样运用它们，怎样将它们进行数学变形以符合我们的总体思路，这些都曾让课题小组感到迷茫和疑惑。但我们的思维从来没有松懈和放弃过，正如这八个月中，我们的笔尖从未离开过那张张蕴含了线索和思路的纸张；正如这漫漫八个月后，相机的快门声仍回荡耳畔记录着我们所期盼的宝贵的数据。整个过程中，我们充分发挥课题小组中每个成员的能力，克服了理论和计算方法的困难，提出了新的数据获取方法，利用了专业软件处理数据带来的便利。在我们的努力之下，我们自己设计并制作了标准刻度板，在后期的实验中，我们利用它获得了丰富而准确的数据。在我们的努力之下，原本陌生而复杂的极坐标方程成为本课题最大的亮点和创新点。我们将有关的极坐标公式进行了充分合理的数学变形后，使之成为一个关于“地球极角余弦值”和“太阳黄经日变化角的算术平方根”的线性函数，并以这个线性函数为根基，通过拟合出这个线性函数的图像从而得出其解析式，进而求出地球椭圆轨道偏心率。再以地球椭圆轨道偏心率为基础求得其他地球轨道要素。我们自己创造的这种全新方法和计算模型可以让操作者运用简单的器材对地球轨道进行精确地测定，这可以说是别具创意并具有实际效益的。而本课题中运用专业软件进行大数据批量处理的操作方法经检验具有非常令人满意的高效性和准确性，这可以为其他需要计算大数据且得出精确结论的研究提供经验和参考。

制作一个完整而充实的课题是不容易的，基础的原始数据转变为精确的最终结论的背后是复杂的运算，旧的观测方法孕育出新的实验思路的基石是不断的反思。研究探索的过程，不仅仅是数理运算思维风暴的过程，也是一个滴水穿石砥砺意志的过程。整个课题的制作，让课题小组中的每个人都受益匪浅，它加深了我们数学运算的功底，培养了我们物理思维的严谨，更磨炼了我们艰苦探索的精神。可以说是很幸运，点滴的积累和始终的严谨收获了准确的结论。在上帝的星辰花园中，我们依靠自己，发掘出了新的奥秘……

专家点评

同学们运用的测定方法较为有效，且有一定的创新性，数据来源真实，但数据样本偏少，完整性欠缺。虽然科学分析能力略显欠缺，但总体来说是比较优秀的研究成果。

柚子皮精油的提取及其对番茄采后病害的防治效果的研究

杭州市公益中学　叶于诚　指导：陈　琦

摘　要：本研究从常见的废弃物柚子皮引发开来，探索通过从中提取植物精油，用于果蔬采摘后的保鲜贮藏，既能变废为宝，又减少人工合成化学防腐剂在对果蔬贮藏保鲜的影响，实现更加天然、环保、无公害。

根据实验资源和条件，本研究内容主要包括柚子皮精油的提取，以及精油对造成番茄采后损失很主要的一种病害（黑腐病）的病原菌（链格孢）抑制效果的探索性研究。

关键词：柚子皮　植物精油　保鲜　贮藏　链格孢

一、研究背景

柚子又名文旦、气柑，是很常见的一种水果。平时我很喜欢吃柚子，它有一股特有的清香，甜甜的味道中带着一点点苦味，非常好吃。而且柚子清热解毒，富含维生素C，是一种营养又健康的水果。但每次看到妈妈买来一个大大的柚子，吃的时候却瘦身不少，因为要先去掉厚重的一层“黄金衣”——柚子皮，我觉得挺可惜的。因此，我就想，怎么能将这层厚厚的柚子皮利用起来，变废为宝，让柚子皮能够发挥更大的作用？

据了解，目前绝大多数柚子皮都是被丢弃的，只有少量的用来生产蜂蜜柚子茶等食品，利用率非常的低。其实柚子不光好吃，有独特的芳香，清爽的口感，而且还有消炎防菌、化痰止咳、下气消食等功效。同时，我国柚子资源丰富，销售遍及全国各地。而柚子皮占整个柚子质量的30%以上，我国每年产生近百万吨的柚子皮，如果直接丢弃，不仅浪费资源，而且污染环境。

同时，我了解到现在市场上植物精油很受人喜欢。如玫瑰精油能美容养颜，茶树精油能消炎抑菌，薰衣草精油能帮助睡眠等，绝大多数的植物精油都有很好闻的味道，作为熏香能够改善环境气味。我就想，能不能把柚子皮也加工成柚子皮精油，既利用它的香味，发挥它的功效，又减少污染，这不是一举多得的好事吗？

那么，如果提取了柚子皮精油以后，又能有什么用处呢？除了作为芳香剂以外，我还想看看柚子皮精油能不能在其他的领域起到一些作用。通过查阅文献资料，特别是向浙江大学食品科学与工程系食品生物技术实验室、实验室的师长们请教讨论以后，发现很多柑橘类水果的表皮，比如柠檬、橙子，都有一定的抑菌能力，有报道能有效地控制水果采后的病害，很有可能是果皮里面的精油发挥的作用。我想那柚子也属于柑橘类的水果，柚子皮精油应该也会有抑菌的作用！

那么，柚子皮精油能够防治什么水果的采后病害呢？柑橘类水果的采后病害应该防治不了，因为这些病菌对柑橘类水果表皮肯定有抵抗力了。很多资料上说番茄采后黑腐病是番茄采后损失的很主要的原因之一，番茄又是一年四季都有，消费量也很大的一种大众水果或蔬菜，如果能控制番茄的采后病害，一定能减少很多的经济损失。于是我向浙大的老师和研究生哥哥请教学习，设计了这个实验，来看看柚子皮精油是否能够防治番茄的采后病害。

二、实验目的

由病原微生物侵染导致的腐烂是造成果蔬采后损失的主要原因之一。目前，化学防腐剂在果蔬采后贮藏保鲜中的应用已十分广泛，但许多人工合成的化学防腐剂存在诱癌性、致畸性和易引起食物慢性中毒等不安全问题，因此，研究开发天然食品安全的食品防腐剂显得尤为重要。本实验用废弃的柚子皮来提炼精油，并用于易腐的番茄的保鲜，减少损耗，既实现废物利用，变废为宝，而且天然、环保、无公害。

三、实验步骤

（一）从柚子皮中提取精油

1. 实验材料

柚子皮

从超市购买柚子，将柚子用清水冲洗后，用食盐搓洗表皮，除去柚子表面可能有的食用蜡，然后再用清水冲洗干净后自然风干至表皮没有水滴，然后削皮用于提取精油。

2. 实验设备

挥发油提取器：江苏盐城有限公司（图 1.3-1）

粉碎机：MJ-25BM04B 型，广东美的精品电器制造有限公司（图 1.3-2）

电子天平：JJ1000 型，常熟市双杰测试仪器厂（图 1.3-3）

调温电热器：上海苏进仪器设备厂（图 1.3-4）

图 1.3-1

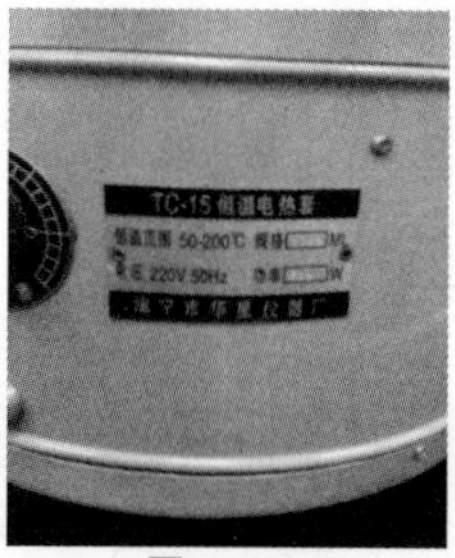

图 1.3-2

图 1.3-3

图 1.3-4

3. 实验方法

采用操作简单的水蒸气蒸馏法提取柚子皮精油。

将一定质量的柚子皮打碎后加入一定比例的蒸馏水，放置于蒸馏烧瓶中，连接上蒸馏装置，使用电热套加热，收集蒸馏液体，分层后上层就是柚子皮精油。

4. 精油提取率

为优化工艺，我们采用了正交法对提取的某些参数进行优化。先用少量材料做预实验，确定整个工艺的优化参数后，再开始做量大的实验。

下表为通过采用正交法，对精油提取的加热温度、提取时间和料液比等参数进行优化，从而得到最大的精油提取率。

表 1.3-1 柚子皮精油提取工艺优化正交表

	加热温度(℃)	提取时间(h)	料液比	精油得率(%)
1	120	2	1∶1	0.48
2	120	3	1∶2	0.85
3	120	4	1∶3	0.90
4	150	2	1∶2	0.79
5	150	3	1∶3	0.74
6	150	4	1∶1	0.65
7	180	2	1∶3	0.45
8	180	3	1∶1	0.91
9	180	4	1∶2	0.51

由表 1.3-1 可以看出，加热温度、提取时间和料液比都对精油的获得率有一定的影响，最佳的工艺组合是加热温度 120℃，提取时间 3 小时，料液比 1∶3，最高的精油得率为 0.92%。

(二)对小番茄采后病原菌的抑制实验

1. 实验材料

小番茄

从市场购买小番茄，挑选大小一致，表面没有机械损伤的小番茄，用 0.1%次氯酸钠水溶液浸泡 2min，杀灭水果表面病菌，再用清水冲洗三遍，自然风干至表面没有水滴，用于体内侵染实验。

病原菌

实验中用到的一种病原菌，致黑腐病的主要病菌——链格孢，来自浙江大学食品生物技术实验室，病原菌分离自当地腐烂的小番茄上，并保存在 4℃的冰箱中。

培养基

培养基是用于对病原菌链格孢的培养与保存。本实验用到的是 PDA(马铃薯葡萄糖琼脂培养基):200g 马铃薯浸提物,20g 葡萄糖,20g 琼脂,1000ml 蒸馏水。

2. 主要实验设备

打孔器:直径 6mm

移液枪:Eppendorf, 20~200μl, 100~1000μl

超净工作台:Airtech VS-840K-U

高压灭菌锅:Sanyo MLS-3750

光学显微镜:Olympus CX22

摇床:上海知楚仪器,ZQLY-18F

恒温培养箱:MMM

直尺等

3. 实验方法

(1)体外抑菌效果测定

将柚子皮精油添加到 PDA 培养基中,使得在培养基中,柚子皮精油的浓度为 1000μg/ml,不添加柚子皮精油的 PDA 培养基作为空白对照。

用直径为 6mm 的打孔器取已经在培养基中培养了 7d 的链格孢,放在含有精油的培养基中央,置于 27℃的环境中培养一周,使用十字交叉法每天测量菌斑扩散的直径。每个处理做 5 个平板(培养皿),实验重复三次。

(2)体内抑菌效果测定

使用直径为 6mm 的打孔器在小番茄表面挖去直径 6mm,深度为 2mm 的圆形小孔。将 30μl 事先配制好,含有链格孢孢子浓度为 1×104 的孢子悬浮液加入小孔中,等自然风干后加入 30μl 浓度为 1000μg/ml 的柚子皮精油,对照组(T:treatment)则加入等量的无菌水。

将小番茄放入塑料盒子中,用保鲜膜封口后保存于 25℃,每天观察伤口发病情况,观察 5d。每个平行做 10 个小番茄,每次实验 3 个平行,实验重复 3 次。

图 1.3-5　给小番茄表面打孔

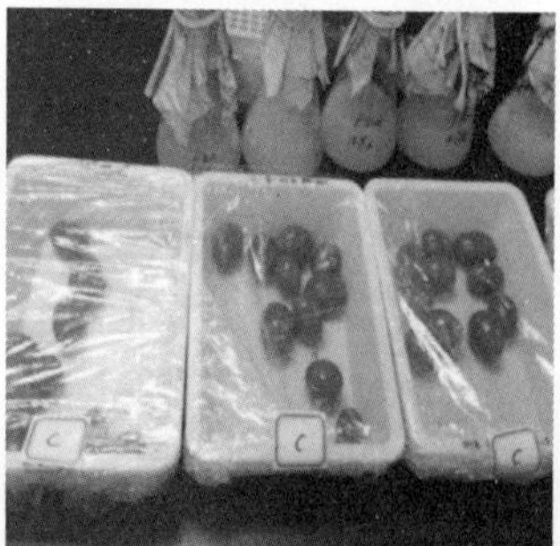

图 1.3-6　C:control 控制组

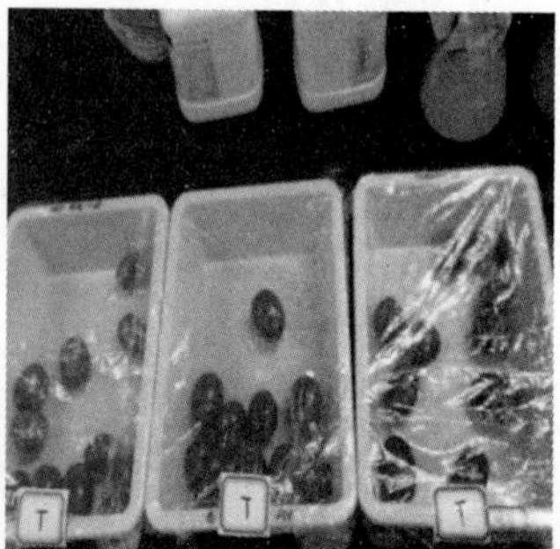

图 1.3-7　T:treatment 对照组

（注：平行相当于实验的重复，因为生物学的实验会有很多不确定性，比如培养条件，番茄的个体差异，微生物接种活性等，需要多个平行取平均值以保证数据的可信度。）

(3)孢子萌发抑制测定

在培养了7天的链格孢培养基上刮取链格孢的孢子，配成1×10^7的孢子悬浮液。取5ml孢子悬浮液放在试管中，加入柚子皮精油，使精油浓度为1000μg/ml，对照组为加入等量的无菌水。将试管放在摇床上，在150rpm(Revolutions Per minute，转/分钟)，27摄氏度的条件下培养18h，然后在显微镜下观察孢子萌发情况。每个平行至少观察100个孢子，每个处理有3个平行，实验重复2次。

a　　b　　c

图1.3-8

四、实验结果

（一）体外抑菌效果

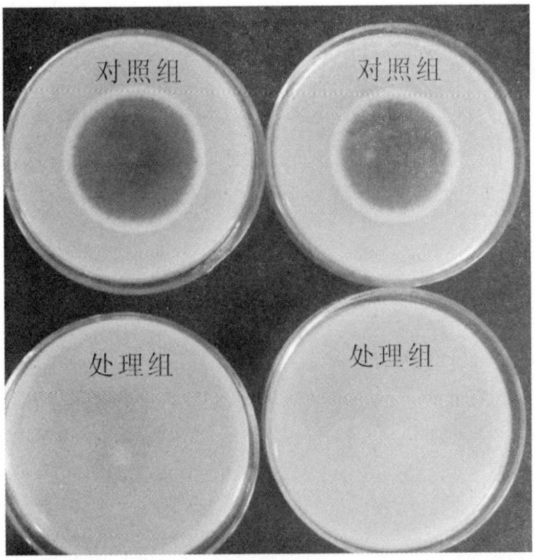

图1.3-9　柚子皮精油体外抑菌效果图

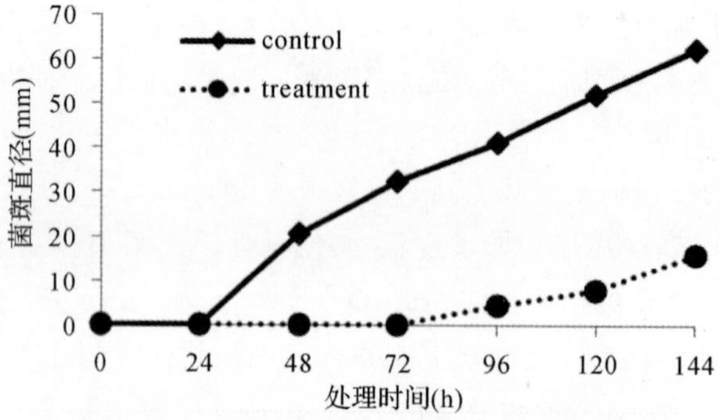

图 1.3-10 柚子皮精油体外对菌斑直径影响变化图

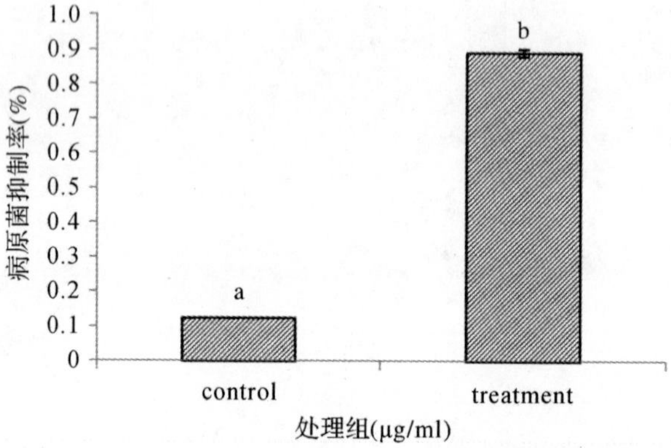

图 1.3-11 柚子皮精油处理 96 h 后病原菌生长抑制率

柚子皮精油的体外抑菌效果见图 1.3-9，这是培养了 5d 的培养基，从图上可以明显地看到：不加精油的培养基上（对照组）的链格孢生长非常迅速，而添加了柚子皮精油的培养基上（处理组），链格孢完全不能生长，说明柚子皮精油对链格孢生长有很明显的抑制作用。由图 1.3-10 可以看出，未添加柚子皮精油的病原菌生长从接种后的第 24h 开始。柚子皮精油处理的组在第 72h 才开始缓慢地生长，而且生长速度也明显慢于对照组。在接种后的第 6d，可以看出对照组菌斑的直径是处理组的近 4 倍，说明柚子皮精油能显著地抑制链格孢的生长。

（二）体内抑菌效果图

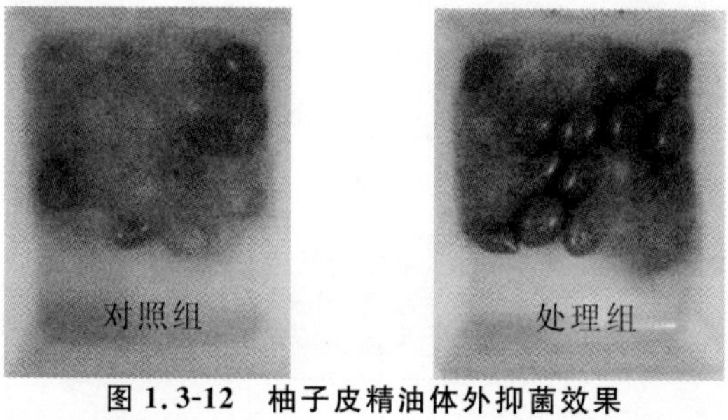

图 1.3-12 柚子皮精油体外抑菌效果

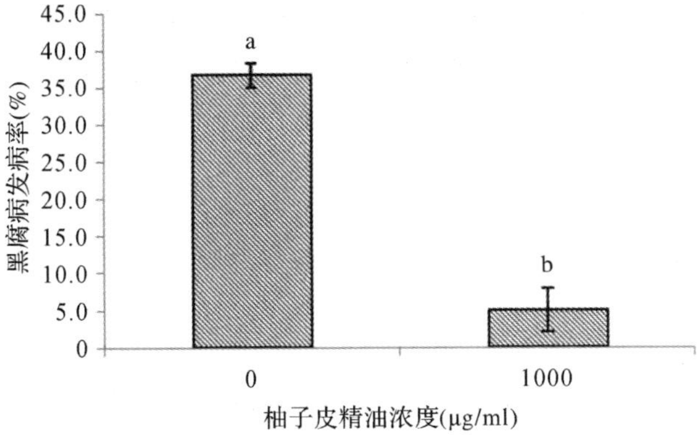

图 1.3-13　柚子皮精油对黑腐病发病率的影响

由图 1.3-12 和图 1.3-13 中可以看出，对照组黑腐病的发病率达到 37.2%，而经柚子皮精油处理过的小番茄发病率仅为 5.4%，柚子皮精油处理组的小番茄发病率明显低于对照组，仅是对照组的七分之一。说明在水果体内，柚子皮精油同样具有非常优秀的抑菌效果，可以有效防治小番茄采后的病害，并将病害的发病率控制在非常小的范围内。

(三)孢子萌发抑制效果图

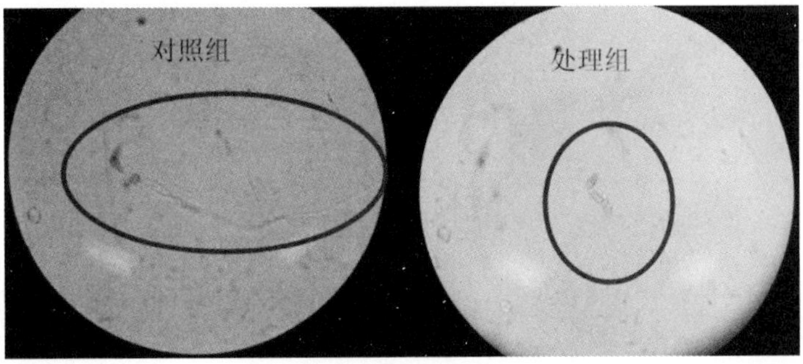

图 1.3-14　孢子萌发图

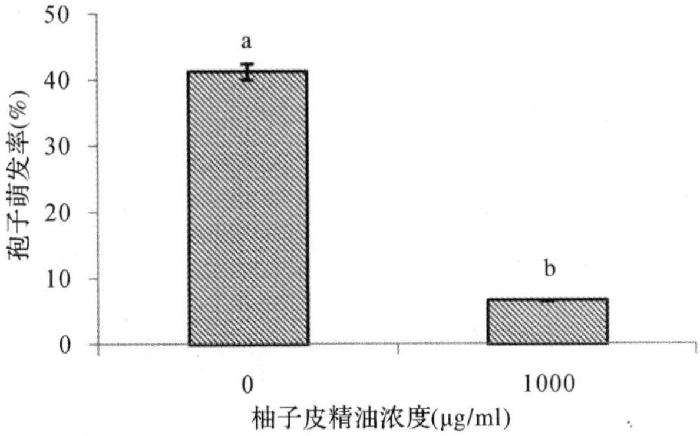

图 1.3-15　柚子皮精油对链格孢孢子萌发的抑制效果

图 1.3-14 和图 1.3-15 中显示，经过柚子皮精油处理的链格孢孢子萌发率低于 10%，

而未经处理的孢子萌发率达40%，柚子皮精油能够显著地降低链格孢孢子的萌发率，说明柚子皮精油是通过抑制病原菌孢子萌发的方式来控制水果采后病害的。

综上所述，可见柚子皮精油对抑制病原菌具有明显的效果，对于延长小番茄采后病害的防治效果明显，实验结果理想。

五、体会与感想

①灵感来源于日常生活中的观察和思考。本实验中最初的想法就是从吃柚子开始的，从被浪费的柚子皮引发开来，结合自己的感受，通过查阅资料、向师长请教。要做生活的有心人，积极去尝试、学习、探索，寻找感兴趣的点子勇于实践。

②研究开发天然的食品防腐剂是很有意义的。本实验最大的难点是：寻找一种常见的果蔬采后主要的致病菌(本实验选取的是黑腐病的链格孢)，再利用提取的精油开展抑制实验。寻找该致病菌的过程并不容易，需要学习不少内容，但这也正是实验的创新所在。据查新资料，该方面的研究还很少。这次实验可以说是做了一次新的尝试。从废弃的天然产物中提取安全的食品防腐剂，既实现废物利用，而且天然、环保、无公害，开发前景乐观。

③切身体会了实验过程的艰辛和严谨。从提取精油到病原微生物培养，从给小番茄表面打孔到每天测量菌斑扩散的直径，深切感受到“严谨、细致”的内涵。让我印象最深刻的是，在给小番茄表面打孔的过程中，刚开始我怎么都打不到达标的要求，不是手重了把小番茄打糊了就是打不出圆孔，在哥哥的耐心示范下，我才慢慢地摸出门道。因为被我“打”得不符合条件的小番茄多，我感到很不好意思，就自己入口“消费”，现在想来还记得当初的囧样。炎热的暑期，很多老师和哥哥姐姐是不休息的。我看到在实验室的黑板上写着这样三行字：“复杂的事情简单做，简单的事情重复做，重复的事情用心做”。我想，这就是“成功”的修炼课吧！在那段辛苦的日子里，这几句话，尤其是实验室里大家紧张忙碌而又勤恳投入的学习氛围深深地感染了我，激励着我坚持把实验做完。

④感受到了研究结果带来的欢乐和成就感。

在实验结果出来以前，我的内心是忐忑的，不知道这样的尝试是否会成功。不知道柚子皮精油对小番茄中的致病菌链格孢是否能有抑制作用，不知道对比的效果是否明显，等等。但当看到对照的实验结果清晰地呈现在自己眼前时，我仿佛看到自己找到了一种对抗小番茄致损的元凶链格孢的秘密武器！感受到了辛苦劳作后丰收的喜悦和成就感。

六、展望

本实验利用生活废弃物柚子皮提取植物精油，其精油对小番茄采后黑腐病具有很好的抑制作用。然而，以现在的生产水平，精油的提取工艺能耗较大，相对于传统的化学农药成本较高，目前很难直接投入实际生产。但是，同手机、电脑一样，任何一个新事物的发展都有一个从无到有，再从繁到简的过程，目前植物精油的成本虽然还较高，但随着工业水平的提高，随着人们环保意识的逐渐增强，利用植物废弃物提取的精油一定能发挥出它的作用。

本实验的研究，也为新型绿色化学防腐剂的研究开拓了新的方向。植物精油往往含有至少 40 种成分，一旦证明柚子皮精油具有良好的抑菌作用，就可以进一步探究其发挥抑菌作用的有效成分，从而进一步进行人工合成，降低其生产成本。

同时，随着实验的深入，可以进一步研究柚子皮精油与水果采后病原菌的互作机制，了解精油抑制病原菌生长的机理，为水果采后病害的防治提供理论基础。

专家点评

实验设计科学，观点有创新。但结论部分稍有欠缺。

基于互联网技术校园饮水水质检测装置研究和设计

杭州市文澜中学 何文骏 指导：徐 俊

一、研究背景及意义

记得有一个很热的夏天，我在上完体育课之后，回教室发现饮水器里只有热水，为了解渴只能跟同学一起去学校小卖部买冰水喝，喝完当时是降温舒服了，但是后来的反应是肚子疼，很难受。后来询问了医生才知道，人在出汗的时候，不能直接喝冰水，最好的降温方式是喝温水。但在学校里，没有家里常用的饮水机，也没有净水装置，只有热水，没有选择的余地。如何保证饮用水的安全，确保青少年学生的身体健康呢？

卫生部调查结果显示，76.8%的学校建立了卫生组织和管理制度；10.7%的学校配备水质消毒设施，取得卫生许可证；17.9%的学校蓄水池定期清洗消毒；94.6%的学校能够供应充足的饮用水，但水质较差，合格率仅为60.7%。由此可见，我国学生饮用水的卫生状况令人担忧。

那么，我们每天喝的水是否安全？我是不是可以利用学校《科学》课程里学到的酸和碱、溶液离子浓度等知识，去检测一下我们饮用水的pH、浊度、重金属含量是否达标呢？如果检测出来不达标，是否能让它自动报警，并及时通知学校供水老师？于是我萌发了设计一种能实时监测又能进行温度控制的装置，确保校园饮用水安全的念头。

有了这个想法后，我就向学校老师请教，老师认为这是一个可行的很好的想法，并愿意指导我开展相关的研究工作。在得到老师的支持后，我开始收集相关资料，设计和组合水质检测系统。在研究过程中碰到了很多的专业问题和难题，得到了浙江大学朱利中教授、浙江工业大学刘宏远博士的指导和帮助。

二、研究过程

（一）现状调研

通过网络、电话、邮件、面谈等多种方式，开展本项目的市场调查，寻找真正的需求。

图 1.4-1 现状调研

1."客户"的需求

学生:饮用水设备较少、排队现象严重,对于使用开水器的学校,还有水温过热,无法立即饮用等问题。他们希望下课能马上喝到水;想喝不要过热的水;想喝干净的水。

老师:不希望出现安全事故,如烫伤、拥挤、滑倒等;保证课间要喝上温开水。便于管理,杜绝不卫生的饮水方式,杜绝各种饮料。

家长:不惜一切代价保障孩子饮水安全。

校领导:安全,卫生,节能,不要增加运营经费。同时,对水质也提出了一定的要求,要保证饮用水的水质安全,不要影响学生的身体健康。

2. 饮水方式

目前,学校的饮水方式主要有直饮水、开水器、桶装水、纯净水等(如图 1.4-2 所示)。目前,城市学校主要以前两种饮水方式为主,农村学校一般以后几种为主。从表 1 我们不难看出,各种饮水方式都有利弊,但其水质均无法得到很好地保证,这给学生的饮水安全带来了一定的安全隐患。

图 1.4-2 主要饮水方式

表 1.4-1 各种饮水方式安全问题分析表

饮水方式	问题分析
直饮水	采用的过滤膜极易被二次污染,且无法及时管控。
开水器	水源质量无法保证
桶装水	桶装水成本高;饮水装置极易污染;水桶重复利用,导致合格率低
纯净水	缺少微量元素和矿物质,呈弱酸性,影响人体电解质酸碱平衡

3. 校园饮用水现状

学校饮水装置的水是否安全，我对在杭某高校 6 个出水口进行了取样检测（如图 3 所示），检测结果如表 1.4-2。我国饮用水的国家标准 pH 的范围是 6.5～8.5，TDS 的范围是 0⩽TDS⩽50。由此可见饮用水终端出水水质还是存在比较严重的问题。

表 1.4-2　校园饮用水取水口水质检测表

取水口	pH	TDS
A1	6.92	100
A2	9.02	115
A3	7.75	96
A4	7.99	93
A5	7.69	90
A6	8.56	118

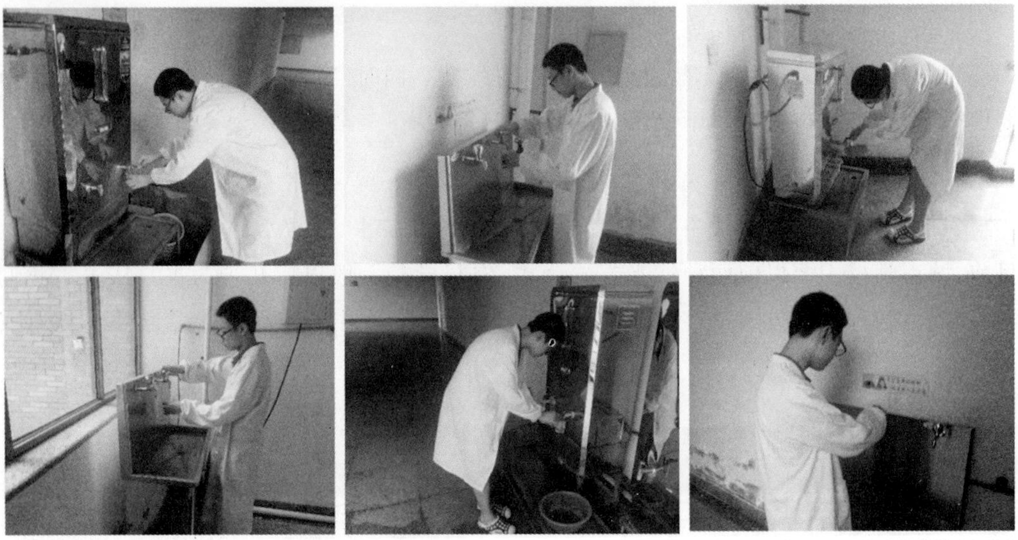

图 1.4-3　实验取水

(二)研究思路

通过对以上调查结果的分析，得出了我们的研究思路，具体如下：

①饮用水呈现出过酸或过碱等特性，都将严重影响人们的身体健康。所以有必要在目前饮水设备的后端，增加一个 pH 检测装置，出水水质不符合饮用水酸碱度要求，则自行停止出水等。

②饮用水的温度对人体健康也有一定影响。学校里将水烧开，有利于减少水中可挥发性有机物，杀灭细菌。但是饮用水的温度保持在 25℃～40℃是最合适的。因此，在装置的设计中，还必须考虑到出水的温度符合最佳饮用温度。

③在自来水输送中，管道内壁溶出的金属物是其最主要的污染源。所以有必要在出水时进行检测，若发现异常，则应立即进行过滤，直至水质符合饮用安全。

④目前的饮水设备往往都是定期消毒，包括清洁管路，更换过滤装置等。最科学的方法应该是按照使用频率进行消毒和更换。若可以实现自动消毒，则可以在很大程度上确保水质的安全。

⑤目前的饮水装置缺少对饮水出现的问题进行实时干预的综合控制系统。因此，我们采用互联网＋技术，在装置中设计报警提醒装置，从而对饮水装置进行实时控制。

综上所述，我们只需对原有饮水方式的“后端”进行研究，设计出一种水质监测装置，它可以与任何一个饮水设备进行对接，则可以很好地解决目前校园饮水水质因二次污染而导致不合格、无法饮用的问题，从而确保饮水安全。

三、技术方案

（一）系统设计

校园饮水水质监测装置主要由检测、处理、控制三大模块构成（如图 1.4-4 所示）。本设计将充分利用传感器、自动控制、消毒灭菌以及工程机械等多种技术对饮用水质进行检测，包括检测 pH、TDS、精密过滤以及温度控制等、同时利用无线传输技术进行远程控制，从而实现了对校园饮用水质全自动检测和管控，从技术上确保校园饮水安全。装置外形设计为圆柱体如图 1.4-5 所示，内部效果如图 1.4-6 所示。

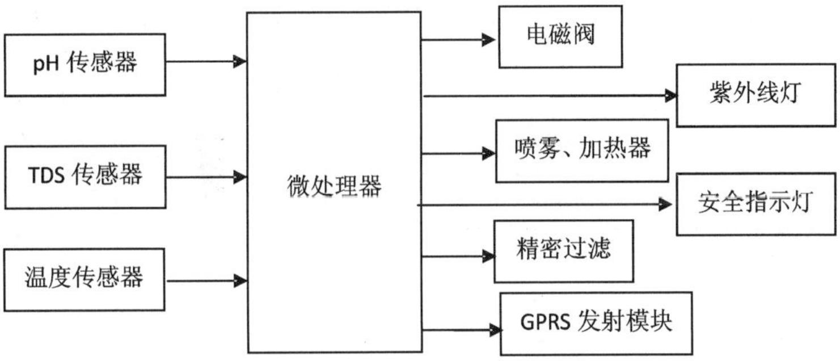

图 1.4-4　控制系统示意图

图 1.4-5　装置外观效果图

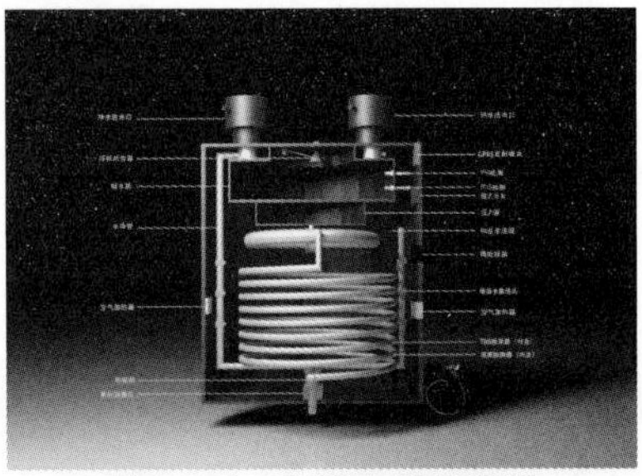

图 1.4-6　装置内部效果图

(二)工作原理

如图 1.4-7 所示,从上至下,依次为冷热水进水口、万能接口、浮标闭合器、GPRS 发射模块、出水温度控制装置(电磁阀)、储水箱、传感电路(pH、TDS)、三通电磁阀、精密过滤装置、蛇形铜管、安全指示灯、温度传感、喷雾冷却装置、空气加热器、微处理器、紫外线灯、电源、电磁阀及出水口。装置连接较方便,只需将进水口与现有饮水设备进行连接即可使用。装置运行流程如图 1.4-8 所示。

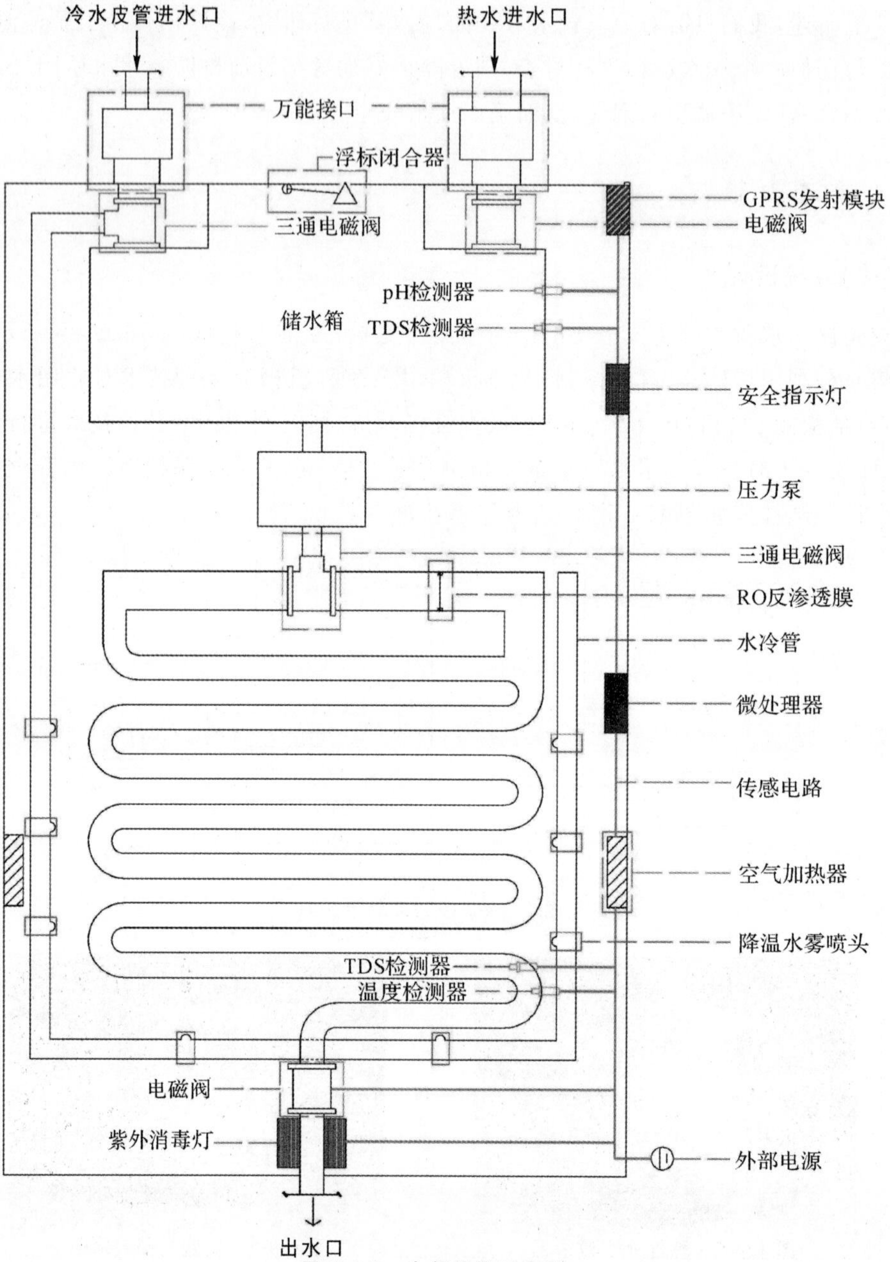

图 1.4-7　内部结构示意图

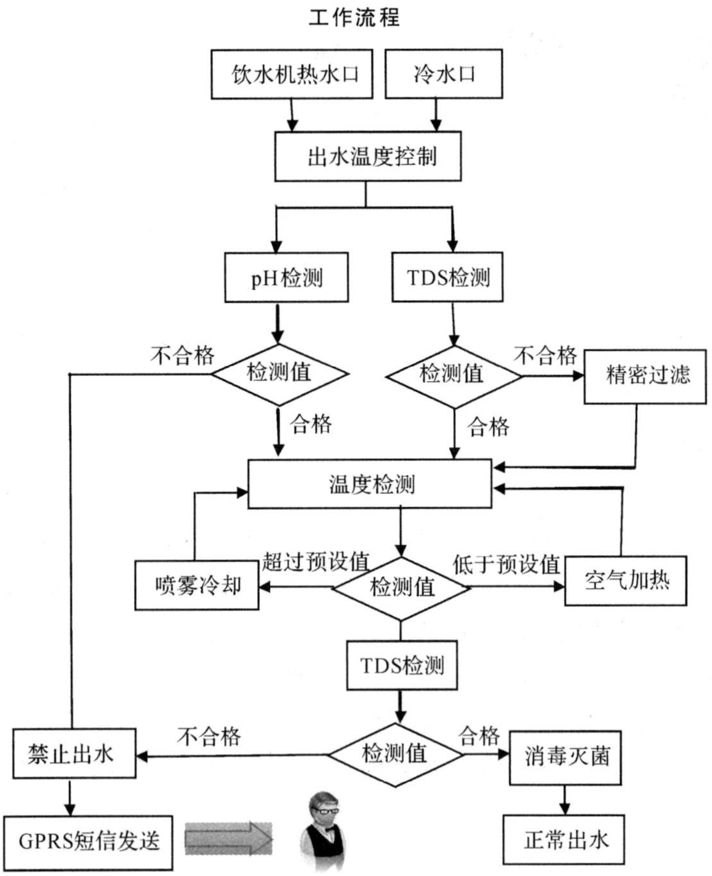

图 1.4-8　工作流程图

(三)技术指标

1. 万能接口

如图 1.4-9 所示,它由两个小圆筒组成,上方圆筒较下方圆筒粗,其外侧均匀设置三个螺杆,底部设有一个橡胶垫圈;下方圆筒可套在上方圆筒内。使用时,将原饮水设备的水龙头塞入上方圆筒内,并与垫圈充分接触并压牢;分别旋转三个螺杆,牢牢固定住,确保水不会外溢。通过该万能接口的设计,实现了本装置与任意饮水设备的连接。

2. 浮标闭合器

如图 1.4-10 所示,它采用了一个跷跷板结构,左侧固定在装置的顶端,右侧为一个倒置漏斗结构。初始时,由于重力作用,倒漏斗结构是无法塞入排气孔的,当水位持续上升后,由于浮力的作用,倒漏斗装置开始慢慢上升,直至堵住排气孔,水停止进入;反之,水可以继续灌入。通过浮标闭合器的设计,实现了本装置在出水口闭合的情况下,进行初始状态的设置功能。

图 1.4-9　万能接口

图 1.4-10　浮标闭合

3. 温控系统

该部分由热水和冷水管组成，通过控制两个管路的流量来实现温度控制。即检测每个管路的水流量，到达一定数值后，控制(关闭)电磁阀。即通过调节进水口的两个电磁阀流程来实现的。控制阀门则可选用一般的水流量电磁阀。为了更好地进行水温的控制，本系统采用了冷热水混合的方式来控制水温，即通过调节进水口的两个电磁阀流程来实现的。热水温度：95℃，冷水温度：15℃。通过物理比热原理可以计算得出 $Q=cm\Delta t$。$CM_1(95-30)=CM_2(30-15)$，因此 $M_1/M_2=15/65$，即 3∶13。

经过多次实验，整理实验数据。最后确定冷、热水的比例在 3∶13，则出水温度可以基本停留在 25～30℃。

4. 检测装置

它由 pH 传感器、TDS 传感器组成，分别检测装置中水质的酸碱度、离子浓度情况，实现了对水质的综合测定。检测装置多由网上直接购买，具体型号参数参见图表。(其中表 1.4-3、图 1.4-11 为 pH 传感器；表 1.4-4、图 1.4-12 为 TDS 传感器。)

表 1.4-3　pH 传感器型号参数

电极型号	pH 测量范围	测量温度(℃)	pH 零点	误差(mV)	PTS	响应时间(min)	内阻(MΩ)	重复性
E-201	0～14	0～80	7±0.5	＜15	＞98	＜2	＜250	＜0.017

表 1.4-4　TDS 传感器型号参数

TDS 型号	测量范围	电导率	分辨率	准确度
TDS-039	0～9999ppm	0～999μc/cm	1mg/l	±2%

图 1.4-11 所示的 pH 传感器测量原理：由 pH 玻璃电极和银氯化银参比电极复合组成，通过测量电极和参比电极，将化学能转化为电能，从而测量溶液的 pH。

图 1.4-12 所示的 TDS 传感器测量原理：通过在两个或多个电极之间施加电压。带

正电的离子(如钠离子、钙离子、镁离子、氢离子等)向负电荷的电极移动,带负电荷的离子(如氯离子、硫酸根离子、碳酸氢根离子等)将向正电荷的电极移动。离子的移动形成了电流。仪表通过检测离子的移动确定电流。从而得出水的电导率。

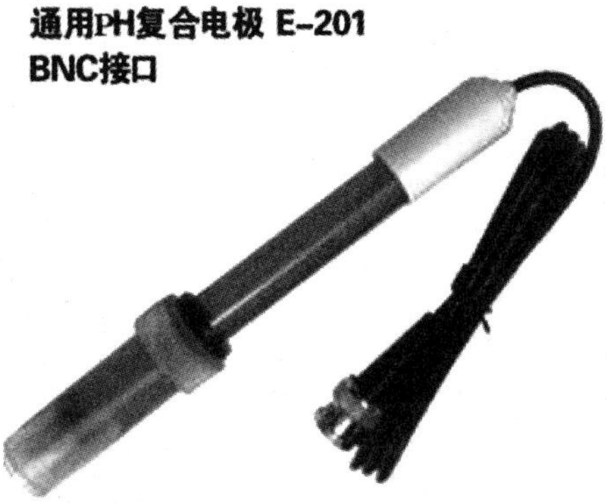

图 1.4-11　pH 传感器

图 1.4-12　TDS 传感器

考虑到水温高于室温,是否会影响传感器的性能和寿命,我们做了相关实验。实验从室温 30℃至 80℃,实验数据如表 1.4-5 所示,显示传感器的误差≤1%,在正常范围内。

从实验数据还发现,水的温度升高,pH 略呈上升趋势。但根据化学原理,温度升高,水的电离度加快,水中氢离子浓度增加,水的 pH 应该减小。因此我们又额外增加了一组实验,在蒸馏水的情况下,测量水温与 pH 的相关性。实验数据见表 1.4-6,显示温度升高,水的 pH 减小,与原理分析相符。

表 1.4-5　水温与 pH 及 TDS 相关性实验表

温度(℃)	pH	热电偶电压(V)	TDS 值(mg/L)
30	7.39	0.44	88
40	7.32	0.82	92
50	7.27	1.44	95
60	7.33	2.1	97
70	7.31	2.72	98
80	7.42	3.38	96

表 1.4-6　蒸馏水水温与 pH 的相关性实验表

水温(℃)	30	40	50	60	70	80
pH	7.49	6.95	6.5	6.12	6.05	6.03

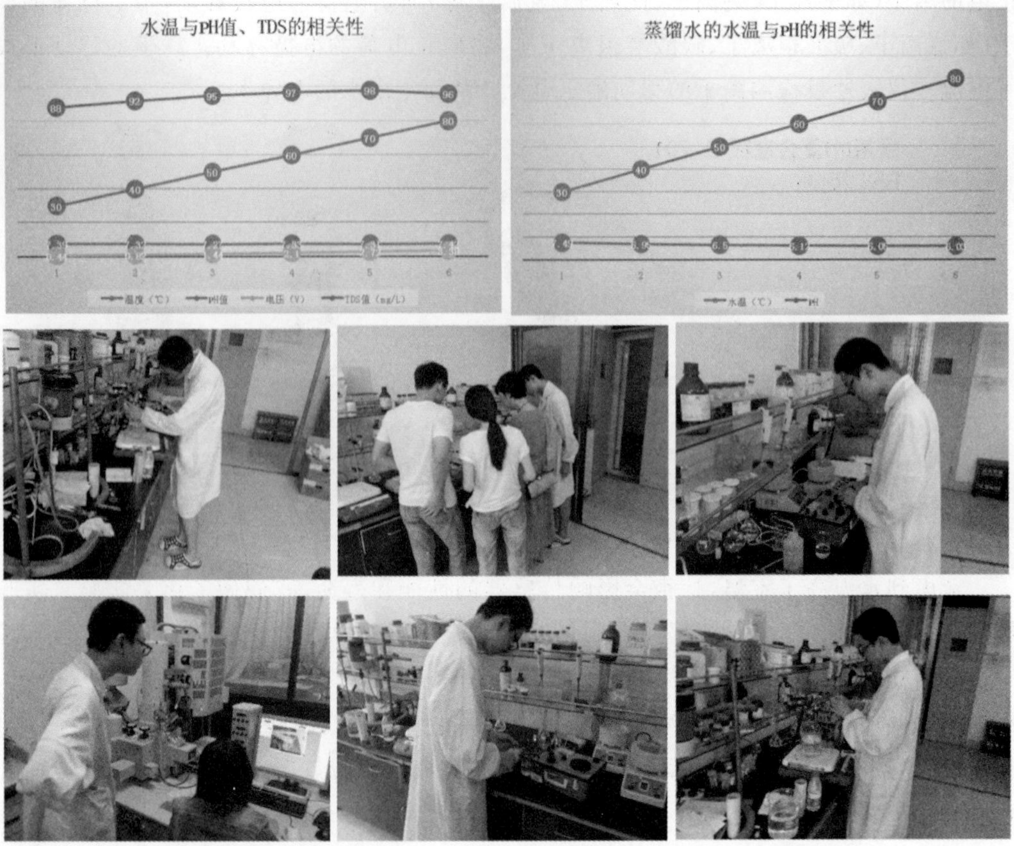

图 1.4-13　检验方法

5. 精密过滤装置

考虑到若水质本来已经达到饮用要求，则无须进行过滤，我们在过滤装置前端设置三通电磁阀。若水质无须过滤，则可直接进入蛇形管，反之则需要进行过滤后进入。RO 反渗透装置如图 1.4-14 所示。

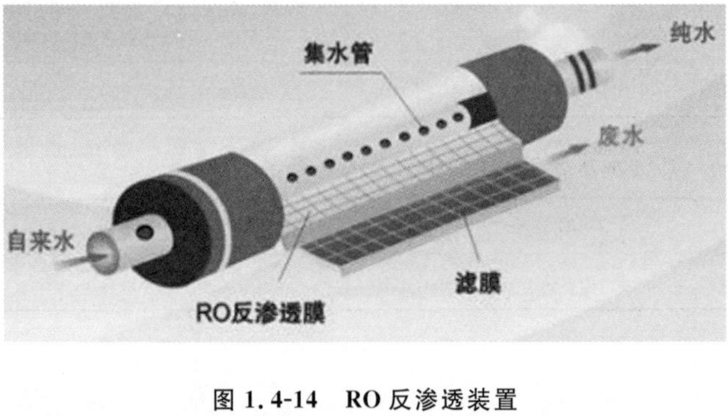

图 1.4-14　RO 反渗透装置

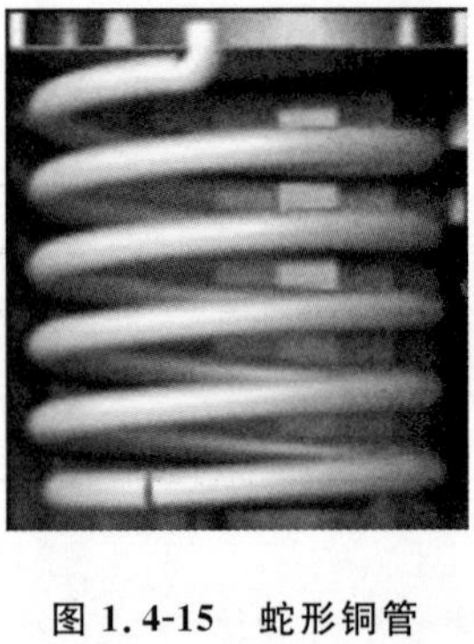

图 1.4-15　蛇形铜管

6. 蛇形散热铜管

在装置的中端，设置一个蛇形散热铜管（如图 1.4-15 所示）代替传统水管，一方面通过增加长度来增加储水量，另一方面利用金属管路加快水散热速度，提高装置的散热效率。

7. 二次温控

在装置的出水口增设温度传感器（如图 1.4-16 所示），实现对水的温度监测。温度值一旦超出指定范围，则通过二次温控，直至水温符合要求。散热蛇形管的对应位置，分别装有水雾喷头和空气加热器（如图 1.4-17、图 1.4-18 所示），当温度不在预设范围（25～30℃）时，启动相应的装置，进行物理干预，直至温度在预设范围内。

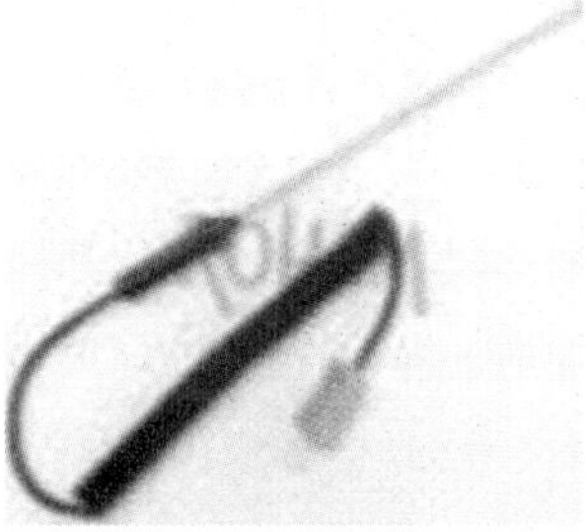

图 1.4-16　温度传感器

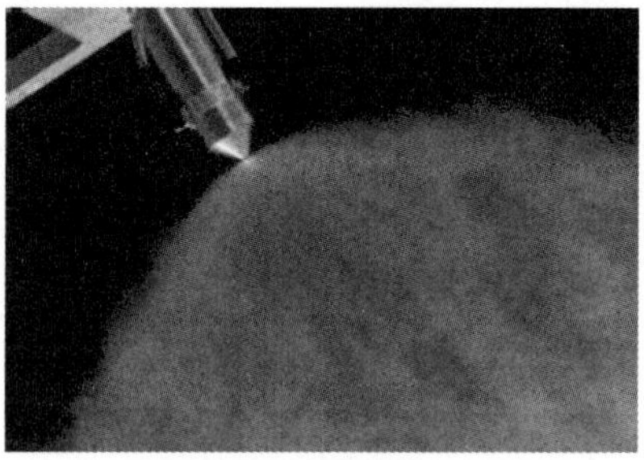

图 1.4-17　水雾喷头

图 1.4-18　空气加热器

8. 紫外线灯

在出水口的两侧，设置一对微型紫外线灯管（如图 1.4-19 所示），当出水完毕后，控制系统启动紫外线灯，与此同时，出水管打开，以便对管路进行充分的消毒。经 15s 消毒时间后，出水管路关闭，紫外线灯关闭，完成一次消毒。

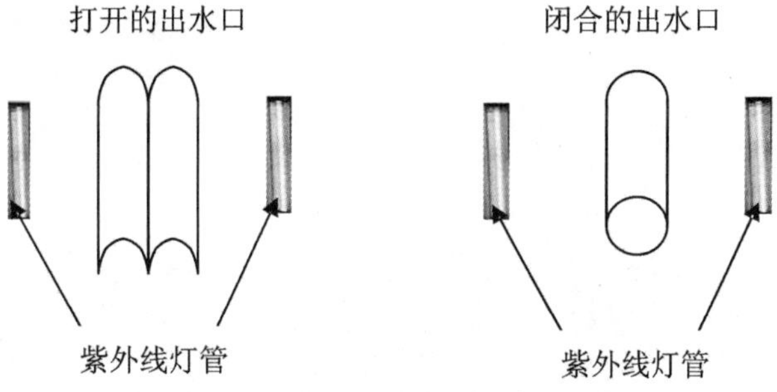

图 1.4-19　紫外线消毒示意

9. 互联网＋模块

在装置上设置一个微型 GPRS 发射模块来实现信息的无线发送。该模块实现远程控制功能。具体的流程、算法、程序均是通过编程预先“烧入”芯片当中。同时，考虑到过滤时，若水质较差，多次过滤仍无法达标的情况，系统设置了时间限制，即一分钟无法出水，则直接禁止出水，并进行远程提醒。

10. 临界值设定

根据查阅相关资料，以及咨询了浙江大学朱利中教授、浙江工业大学刘宏远博士，我们对相关临界值做出了如下界定：

温度：25～40℃；pH：7.0～8.0；TDS：小于 50。

图 1.4-20　与浙江大学朱利中教授探讨后合影

图 1.4-21　与浙江工业大学刘宏远博士探讨后合影

四、样机制作

（一）制作准备

1. 人员联系

考虑到本项目的技术复杂程度，以及需要的工具较多，故在制作时，通过专业机构来辅助完成制作。

图 1.4-22　模型制作装配

2. 器件采购

通过网络以及实体店采购了样机制作的所有器件，具体包括纯铜电磁阀水阀、水质电解器测试仪器、pH 测试器、有机玻璃透明塑料板、电线、水管、不锈钢管、紫外线灯管、水雾喷头、空气加热器等。

(二)制作过程

1. 部件制作

首先我们对购买来的器件,按照使用要求进行拆解,使用相关工具进行重新加工和性能确定,然后开始各个部件的制作。主要制作部件有储水箱、无线传输装置、万能接口、浮标闭合器、蛇形散热铜管、降温冷水管、出水口及相关购买零件。

2. 部件组装

完成以上部件后,按照模型设计图,依次将以上部件组装起来,包括每个部件的硬连接(采用胶水固定相关器件、利用水管接头连接管路),相关电路的软连接(微处理器、多个电磁阀、空气加热器、pH 传感器及 TDS 传感器、喷头、紫外线灯以及无线传输装置)等。

3. 程序编写

为了保证样机的正常使用,需要进行微处理器的程序编写功能,实现系统的自动化工作,功能包括电磁阀的控制、传感器数值的获得与判定、空气加热器及喷头的启动与关闭、紫外线灯的打开与闭合等。

(三)第一轮制作

1. 建模理念

采用市面上成熟的零部件,既能降低制作特定零部件的难度,又能使得装置在以后的工业化批量生产过程中,降低成本,提高效率。以便于装置更快的速度投放市场,达到设计初衷。

综合以上的设计理念,我们于 6 月初开始了第一轮的模型制作,最后成品如下图所示:

图 1.4-23　第一轮自制模型

2. 问题分析

通过模型的制作以及反复印证自己的设计思路，我们发现其中存在很多问题，主要表现为以下两大方面：模型的组装验证了最初的设想能够实现。同时，各个组件也非常直观易懂。但是模型比例与设计图纸不符，使得模型虽然直观，但是失真。与设计的效果图差距较大。另外，模型各零部件之间的连接杂乱，使得整个模型不够干净。因此，在时间充足的情况下，我们决定进行第二次的模型制作。

(四)第二轮制作

1. 建模理念

针对问题，我们重新确定了模型完整的尺寸图纸并制作了模型的各个组成部分。同时，我们增加了相关的零部件，使得方案的设计及模型的制作能够更加完善，从而体现自己的设计理念。我们在 8 月份完成了第二轮的模型制作，成品如下图所示：

图 1.4-24　第二转自制模型

2. 问题分析

第二轮模型的成品，与第一轮相比功能结构更加完善。零部件尺寸参照设计图纸从而使得模型整体比例达到设计要求。显得真是客观。

由于采用了真实的零部件使得模型整体的色彩效果不够协调。同时，经过咨询我们发现，RO 反渗透膜需要一个动力装置才能运行。所以我们决定在修改完善设计方案的基础上，进行第三轮模型制作。

(五)第三轮制作

根据前两次模型制作的经验，针对出现的问题，我们对建模理念进行了调整：

①增加 RO 反渗透膜的动力装置

②零部件采用模型制作，而不是真实零件，讲解时模型结合真实零件进行讲解。

③整体色调用喷漆进行修饰。

在 10 月份，我们完成了第三轮模型的制作，同时又对装置进行了调试，直至程序符合要求，最后封装成品。如图 1.4-25 所示：

图 1.4-25　模型成品图

(六)微处理器的实现方式

本装置的实时监测部分主要由传感器、处理器、通信装置跟平台终端构成。通过传感器将 pH 等数值转化成电信号，经过处理器的采样放大，来判断是否符合设定值，从而将数据传输到平台终端，实现对水质的远程实时监测(如图 1.4-26 所示)。微处理器运行过程如下图所示：

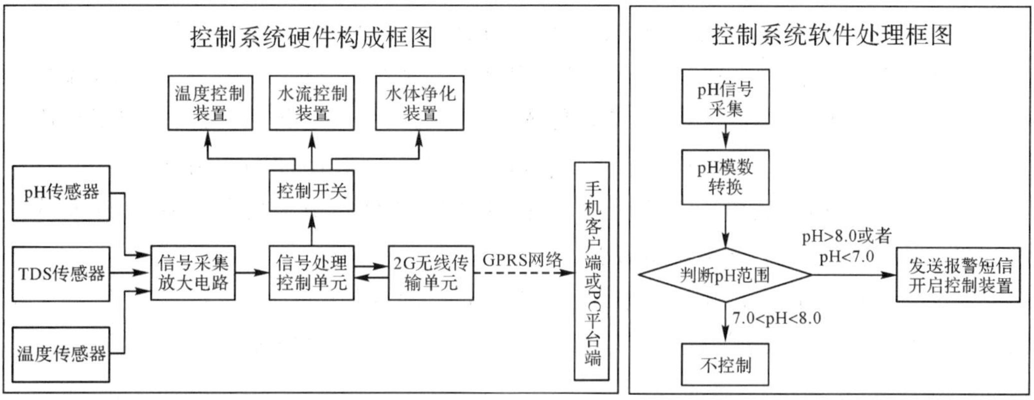

图 1.4-26　微处理器装置及实现过程

五、主要创新及效益分析

(一)主要创新

本项目在老师的指导下,经过调查并利用中学《科学》课程中所学的酸与碱、溶液离子浓度、温度测量、信息技术等知识,得出了基于互联网+技术的饮用水水质检测装置的研究方案,并获得以下创新性研究成果:

①选型搭配了 pH 传感器、TDS 检测传感器、温度传感器,实现了对水质酸碱度、重金属离子浓度、温度的自动检测,确保饮用水水质安全。

②选型搭配了精密过滤装置,利用最新的 RO 反渗透技术对水中的金属离子进行过滤,最大限度防止重金属对人体的伤害。

③选型搭配了紫外消毒灯,设计了紫外消毒的出水管路,实现了使用一次消毒一次的功能,避免因管路污染造成的微生物的滋生,保证了使用人员的身体健康。

④选型搭配了温度传感器,自行设计了温度控制系统,实现了水的即刻饮用,即在不影响水质的情况下,使用温度控制(流量传感器及电磁阀的完美搭档)及水冷和制热技术对出水进行冷却和加热处理,使得出水温度适宜饮用,防止过烫,保护饮用安全。

⑤自行编制软件,利用 GPRS,将"故障信息"实时无线传输至指定终端(管理人员手机),便于及时处理,保障学生饮用需求。

⑥本作品在设计时,已充分考虑其应用范围,选型搭配万能的接口,使该装置可与任何一个拥有水龙头的饮水设备进行对接,无须任何改装,适用性较强。

(二)效益分析

从经济效益上来说,本装置制作成本较低,模型的制作成本约为 350 元,如果进行工厂量产化生产,整体成本能够控制在 200 元以内。且不改变原饮水方式,故推广费用也较低。能很好地解决校园饮水安全问题,并且也是有一定的社会和经济效益的。

表 1.4-7　单个装置费用列表

材料	电磁阀	铜管	pH 检测器	TDS 检测器	温度检测器	控制模块
价格(元)	20	10	15	45	15	120
数量	4	1	1	2	2	1
总价(元)	80	10	15	90	30	120
共计(元)	—	—	—	—	—	345

六、结论及建议

本项目研发的校园饮水水质监测装置是在不改变原有饮水设备及方式的基础上设

计的，它充分利用现代水质检测技术，结合互联网＋技术，通过技术集成与创新，很好地解决了目前校园饮水水质无法实时检测控制的问题，保护了学生的饮水安全，具有一定的社会和经济效益。

同时，本项目的研究，已经形成了一个较为成熟的产品设计方案和图纸。在此，我也建议，在条件成熟时，相关部门可委托相关企业投入模型的开发和产品的试制作，尽快在本市校园内推广应用。

七、致谢

通过本次项目的研究，从选题、功能设计到方案形成，以及撰写论文，使我掌握了很多知识，也让我体会到了如何作为一个社会人，它应该担负的责任。当然，在项目研究过程中，我得到了很多人的帮助，包括我的学校、老师、同学等，我要向他们表示感谢。同时，我还代表全中国的学生感谢为我国校园饮水做出贡献的人！谢谢！

专家点评

作者细心观察，仔细分析，从 pH、温度等几个方面设计了自动检测系统，可以有效地管控校园饮水安全。值得鼓励继续完善在校园进一步使用测试。

蠕动驱动双向全能型配药装置

杭州市采荷实验学校　何中天　指导：胡曼婷

摘　要：本科技创新项目能适应不同药瓶、安瓿以及输液瓶、输液袋的静脉药物溶解液配制，通过蠕动驱动、封闭回路、高速脉冲等方式提高了工作效率、减轻了医务人员工作强度，是一套能减少药物浪费、简化配药过程、降低药物污染和被污染概率的配药装置。选题背景是目前静脉药物溶解液的配置方法容易造成妈妈和护士阿姨们手部、肩部的肌肉、关节劳损。研究思路是既能解放妈妈和阿姨们的双手，又符合医用要求并且具有较广泛的适应范围。项目的研究经历了从驱动、泵头、电动机、回路到双向等多环节的分析和测试，最终取得了较为满意的成果，并提出了在实际使用中需要完善的方面。本人愿向相关部门无偿转让本装置，最大限度地发挥其经济和社会价值。

关键词：蠕动　配药　装置

一、研究背景

我的妈妈是一位白衣天使，一名在静脉药物配置中心工作的护士。妈妈所在的医院是浙江省最大的三甲医院，每天都有数以万计身患重病的人慕名前来就医。很多患者需要通过静脉输液进行治疗，因此妈妈和护士阿姨们每天都要配置几千袋的静脉药物溶解液。日复一日、年复一年重复、忙碌、机械式的工作使妈妈经常发腱鞘炎、肩周炎、关节炎……每次看到妈妈下班后常用热敷和膏药缓解手腕和肩膀的疼痛时，我就很心疼。于是我就想，能否发明、制作一套配药装置帮助妈妈和护士阿姨们减轻负担呢？

我从小就喜欢看有关科学方面的视频和图书，喜欢思考和动手制作。很早我也就注意和观察过妈妈和护士阿姨们的配药。但现在要帮妈妈解决问题，我还是请妈妈认真地讲解和仔细地示范了一回：对于粉针剂药物，先用注射器抽吸输液瓶或输液袋中的液体注入药瓶。如果药瓶中压力太大，还需要进行排气。然后拔出注射器，频繁地挥臂摇动药瓶使药粉溶解。有些药粉是很顽固的，不肯那么轻易地溶解到液体中去。这时，就需要将药瓶放置在医用振荡器上加速溶解。用注射器再回抽溶解液，这时如果药瓶中气压低还要注入一些气体。最后将溶解液注入输液瓶或输液袋中。还有一种水针剂药液相对简单些，用砂轮割开安瓿口后，用注射器抽取药液注入输液瓶或输液袋中。

这种现行的、传统的药物配置方法，除了医务人员反复操作容易造成手部、肩部的肌肉、关节劳损，还存在以下弊端：

(一)药物浪费

由于注射器只能抽取较少量液体，盛装粉针剂的药瓶内部空间也很小，每次只能注入较少的液体去溶解药粉，高浓度的药溶解液即使在药瓶和注射器内残留很少(0.2～0.3ml)也会造成患者药物剂量的不足和药物的浪费。

(二)药剂污染

由于配药过程中注射器针头反复插入拔出和暴露在空气中，并穿刺药瓶、输液瓶或输液袋瓶塞，加之有可能还要注入空气，溶解液被污染机会加大。

(三)危害健康

同样是注射器针头重复操作，许多挥发性的药剂不断散布至操作间的空气中。“是药三分毒”，尤其是化疗药物，将会严重危害妈妈和护士阿姨们的身体健康。

(四)速度较慢

如果需要向输液瓶或输液袋中配置多只或多种药品，那么这个过程就需要重复进行。如果药粉溶解速度较慢，则配药时间还将延长。

二、研究思路

通过观察分析，我设想发明、制作的装置需达到以下几个要求：

①使用外力驱动溶解液的移动，解放妈妈和阿姨们的双手。

②尽可能将溶解液控制在无菌、封闭的环境中流动，以减少污染与被污染。

③因生产厂家、药物剂量和保存材质不同，药物放置的容器大大小小品类繁多，这就要求装置的适应性要强、适用范围要广，即全能型。

三、研究过程

(一)驱动的选择

说到驱动液体，很自然想到了泵。通过网购我很快买回了依靠12V直流电源提供动力的隔膜、活塞和磁力等三种形式的微型泵(如图1.5-1所示)。将这些泵一只只拆开分解、再组装还原、测试实验后，我发现了两个问题：

①静脉输入的溶解液要求无菌，但对这些泵进行腔内无菌消毒可是个难题；

②配置不同病人的不同药物，不能使用同一泵体，以防药物混淆。

这样一来，这几种泵不成了一次性耗材，成本也要比注射器大很多了。

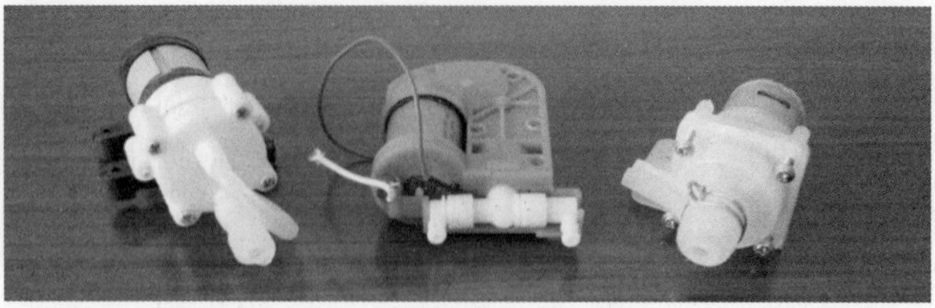

图 1.5-1　三种微型泵

正在犯难时，我无意中查到一种叫蠕动泵的产品。有关资料显示：蠕动泵由电动机、泵头和软管三部分组成。就像用手指夹挤一根充满液体的软管，随着手指向前滑动管内液体也向前移动。蠕动泵也是这个原理，只是由滚轮取代了手指。通过对泵的弹性输送软管交替进行挤压和释放来使泵送液体流动。蠕动泵一系列优点中包括：a. 无污染：流体只接触软管，不接触泵体；b. 密封性好：具有良好的自吸能力，可空转，可防止回流；c. 脉冲流：运行时产生周期性脉冲流。这些特点正是我所需要的，真可谓"柳暗花明又一村"！

（二）泵头的选择

于是，我有了买台蠕动泵做实验的设想。上网查过才知道转速在 0.1～100rpm、转速可调、正反转可调、最大流量 380ml/min 的蠕动泵要 1500 元以上。虽然能满足设计要求，但要推广应用价格偏高。价格便宜在 400～600 元的蠕动泵最大流量仅 200ml/min，用在配药装置中速度太慢了些。失望之余，我认真研究了这些泵的结构和功能。发现为了提高泵的液体转送精度，蠕动泵普遍使用了价格较高的步进电机及控制器。而我的配药装置对单位时间的流量精度要求并不高。改装价格便宜的直流电机及控制器也能达到设计要求。因此我先花 180 元买了一个泵头。而且为提高软管内流速和脉冲强度，我自已动手将 6 转子泵头改装成 3 转子。

（三）电动机的选择。

由于泵头间隙的限制，蠕动泵软管只能选择容许最大的 16＃（3.2×6.4）或（4.0×6.0）软管。同时，泵头接口对直流电动机匹配要求是：D 轴、轴径 Φ5 和转速 2000 rpm。网上几乎没有同时满足这三个参数的宝贝。最终只好买回满足后两项条件的圆轴电机，价格仅 60 元。收到宝贝后，用锉刀把圆轴锉成 D 轴，组装起来恰好（如图 1.5-2 所示）。连接上 18 元的 24V 直流电机调速控制器通电测试，最大流量竟达到 400 ml/min。仅花 258 元就满足了设计要求，达到了 1500 元设备的效果，真有成就感！

图 1.5-2　改装后的蠕动泵

(四)回路的选择

驱动的问题解决了，接下来尝试用多根两头带穿刺针的连接管将药瓶或安瓿与输液瓶或输液袋连接起来，通过验证模型(如图 1.5-3 所示)测试适应各种药剂的可行性。

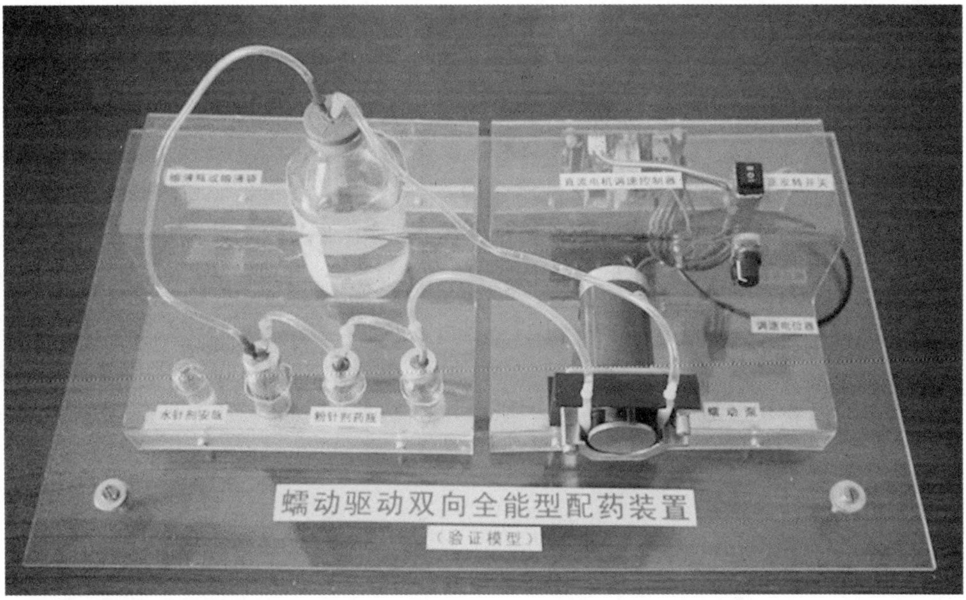

图 1.5-3　验证模型

最终，选出较成功的回路方案有：

1. 粉针剂药瓶回路

通过蠕动泵 U，将粉针剂药瓶 B 中的药粉溶化并输送到输液瓶或输液袋 A 中(如图 1.5-4 所示)。

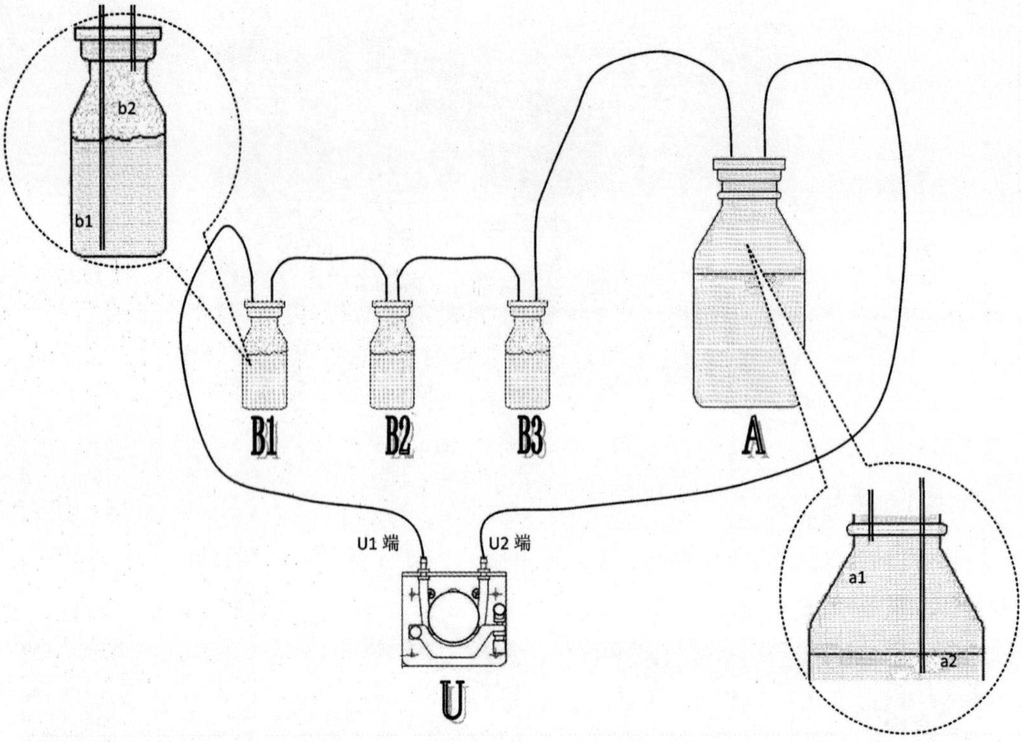

图 1.5-4　粉针剂药瓶回路

粉针剂药瓶 B 可以是单只瓶，也可以是多只瓶。如果是多只瓶，则按串联的方式相连。穿刺针 a1、b2 端口接近瓶塞，a2 端口插入液面以下，b1 端口接近瓶底。启动蠕动泵 U 按顺时针转动，液体从 U2 端进入泵体软管并从 U1 端输出，整个装置内溶液回路也按顺时针转动。由于蠕动泵 U 具有良好的自吸能力，因此空管启动时液体也能很顺利地从 a2 流到 U2 端。液体从 b1 进入粉针剂药瓶 B1 后，高速度、强脉冲、大剂量地冲刷、溶解瓶内药粉。同时将溶解液和空气从 b2 中压出，最终通过 a1 进入从输液瓶或输液袋 A。

2. 水针剂安瓿回路

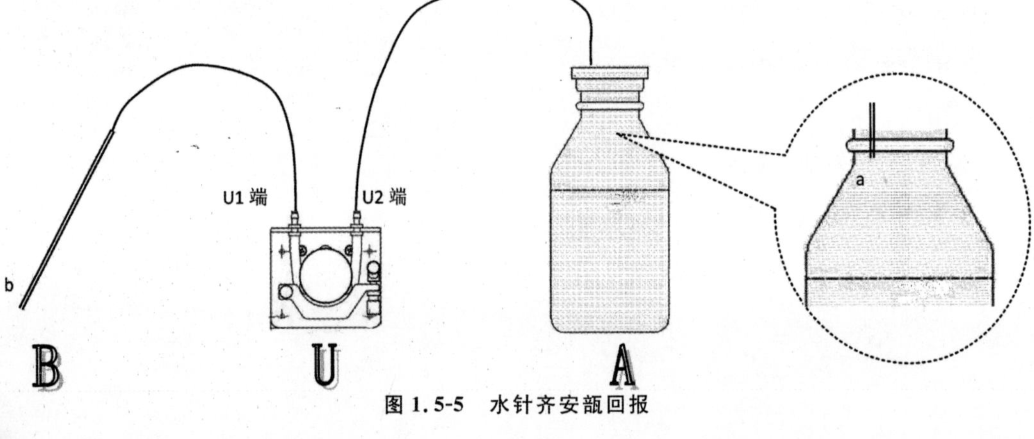

图 1.5-5　水针齐安瓿回报

通过蠕动泵 U，将水针剂安瓿 B 中的药液抽取并输送到输液瓶或输液袋 A 中（如上图所示）。穿刺针 a 端口接近瓶塞，b 端口接近安瓿底部。启动蠕动泵 U 按逆时针转动，药液从 U1 端进入泵体软管并从 U2 端输出，整个装置内液体回路从 B 到 A。由于蠕动泵 U 具有良好的自吸能力，因此空管启动时药液也能很顺利地从 b 流到 U1 端，最终通过 a 进入从输液瓶或输液袋 A。移动 b 则可对多只安瓿进行配置。

（五）双向的选择

测试基本成功，但也发现了两个意想不到的问题：

①配置粉针剂药瓶药粉时，无论蠕动泵何时停止工作，药瓶 B 中总残留着部分溶解液，会造成患者药物剂量的不足和药物的浪费。

②配置水针剂安瓿药液时，因输液瓶或输液袋 A 中气体压强过大而无法再输入溶解液。这种情况尤其会经常出现在对少数容积较小或瓶内气体体积较少的输液瓶的操作中。

如果这两个问题得不到解决，这套蠕动驱动的配药装置就缺乏实用性。

经过反复的分析、调试，终于发现可以通过手动控制直流电机调速控制器的正反转开关，使动蠕动泵 U 及整个回路反转的方法解决这些难题。

1. 粉针剂药瓶

待粉针剂药瓶 B 中的药粉充分溶解后，停止蠕动泵 U。反转直流电机使蠕动泵 U 按逆时针转动，液体从 U1 端进入泵体软管并从 U2 端输出。粉针剂药瓶 B 中残留溶液最终通过 a2 进入输液瓶或输液袋 A。

2. 水针剂安瓿

从水针剂安瓿 B 中取出 b，反转直流电机，使蠕动泵 U 按顺时针转动，使输液瓶或输液袋 A 中空气形成负压。再将 b 放回安瓿 B 中，反转直流电机，使蠕动泵 U 按逆时针转动，抽净药液。

四、创新与完善

本科技创新项目的主要创新点在于：蠕动驱动双向全能型配药装置能适应不同的药瓶、安瓿以及输液瓶、输液袋，通过蠕动驱动、封闭回路、高速脉冲等方式提高了工作效率、减轻了医务人员工作强度，是一套能减少药物浪费、简化配药过程、降低药物污染和被污染几率的配药装置。

配药装置创新项目的研究结束了。回头再看，这套配药装置其实很简单，却使我品尝到思路陷入困境的纠结、四处搜寻材料的辛劳、溶液终于注入输液瓶中那一瞬间的喜悦。通过参加这次科技创新大赛，活动使我明白完成一件好的科技作品不是一件容易的事，更深深懂得了要获得哪怕是小小的成功，也要付出辛勤的努力。

蠕动驱动双向全能型配药装置也存在一些不足，在今后实际应用中还需要完善的方面有：

①尽管该装置减轻了医务人员工作强度，但还是有许多需要使用手来辅助的操作，如插拔穿刺针、整理连接管、调整药瓶角度等。为进一步发挥手的作用、提高工作效率，可考虑将直流电机调速控制器的正反转开关由手动式控制改进为脚踏式控制。

②该装置中“穿刺针 a1 端口须接近瓶塞而 a2 端口插入液面以下”的要求，这对于自然放置的输液袋较难做到。因此，实际使用中，最好相应配备必要的输液袋支架或挂钩。

③少数容积较小或瓶内气体体积较少的输液瓶通过反转直流电机形成的空气负压较小，可能无法抽尽药瓶或安瓿中的药液。遇到这种情况，可在输液瓶盖上插入无菌的穿刺针或针头，使其端口接近瓶塞并确保不在液面以下即可。

（启稿于 2015 年 5 月 10 日/母亲节，特将此文作为献给亲爱母亲的礼物。）

专家点评

作者设计的蠕动驱动全能型配药装置结构合理，大大提高了配药的自动化程度，是贴近实际的好作品，每一个细节都描述得很真实，建议作者进一步完善，继续挖掘新的构思。可以参与和成人共同研究，为妥。

家用自制浸泡液去除农药残留效果PK赛

杭州市学军小学　李哲轩　指导:许春莲

摘　要:本文根据五种网络上常见的去除农残的浸泡方法,自制成去农残浸泡液(分别是淘米水、酵素水、小苏打水、白醋水、淡盐水),浸泡含农药以及被农药灭死害虫的蔬菜,通过与清水组的对比,以证实这些浸泡液的环保健康效能。通过实验得出,五种自制浸泡液的去除农残效果比清水组好;对有机磷类农药的毒死蜱的泡浸灭除效果来说,淘米水最好,酵素水第二;对氨基甲酸酯类农药的斩青蛾的泡浸灭除效果来说,酵素水最好,明显优于其他浸泡液。这两组结果也证实了经过改良后的常见去农残浸泡法是有效的。我提供了去除农残的新方法。同时发现,泡浸液浓度和泡浸时间的不同会对农残去除效果有一定影响;浸泡温度的改变对农残去除效果也有明显关联。温度越高,农残去除效果越明显。

关键词:浸泡　去除　农药残留

一、课题来源和探究意义

(一)课题来源

在日常生活中,通过长期的经验积累,人们常常会巧妙利用家里现有的食材或厨余废料,创造出各种厨房小妙招。尤其是在去农残方面,为了吃得健康,人们常用各种方法浸泡,以求获得比清水清洗更好的效果。比如,我常看到妈妈用淘米水来清洗蔬菜瓜果去除农残;用蔬果废料做成环保酵素后又重新用来清洗蔬果;用剩的醋去泡一些蔬果……这些良好的小习惯不仅使我们的生活方式低碳环保,更使我们的健康得到保护。但是,这些五花八门的小窍门,它们到底对去除农残有用吗?如果有用,它们的作用到底有多大?这些方法中,什么方法是最好的?带着这些疑问,我决定做这个家用自制浸泡液去除农残的PK赛。

(二)探究意义

在生活中,人们常用浸泡法了处理蔬果表面的农药残留。据查资料,用浸泡法去除农残的方法原理,有的是根据农残的水溶性原理;有的是根据农药酸碱性发生的酸碱化学反应;还有一些由于酶的催化反应;等等。其中需要的一些条件在我们厨余产生的废液以及随手可取的食材余料中都有存在。如淘米水中丰富的钾、酵素中各种酶等等。希望这些经验及猜想通过实验能得到量化的证实，这样就能使我们生活中的部分厨余废料得到利用，变废为宝，也节约资源；更能巧妙利用身边方便可取的食材来替代化学洗涤剂，使我们的生活更加低碳环保健康。

二、实验方法及准备

(一)主要方法：

①观察实验：主要用农残检测仪先检测一组大小均匀、12 小时前均匀喷洒过农药的空心菜，用各种自制浸泡液不同浓度、不同时间、不同温度浸泡后，再用农残检测器检测后得出结论。

②查阅资料：主要通过网络搜索网络资料。

③走访调查：在实验过程中，请教了三墩镇种植农户、三墩镇农业生产物资部和文三路菜场农残检测室老师。

(二)实验用品

表 1.6-1　实验用品

实验用品或仪器名称	规格、厂家	数量
自种露天无农药空心菜	大小均匀	140 棵
氯吡硫磷 (商品名：毒死蜱)	宜兴兴家化工制品有限公司 1∶500 溶液(有机磷类农药)	250ml
甲氨基阿维菌素苯甲酸盐 (商品名：斩青蛾)	山东邹平绿大药业有限公司 1∶750 溶液(氨基甲酸酯类农药)	250ml
育苗盆	3×4 孔	12 个
喷壶	200ml	1 个
卡贝斯 pH 检测试纸	奥克生物工程有限公司　广范－14	1 包
农残检测仪及检测全套试剂	杭州天迈生物科技有限公司 TMYQ-116P	
实验用品或仪器名称	规格、厂家	数量
一次性手套	三副	
口罩	三个	
烧杯、吸管	若干	
淘米水	配制常用浓度 250g 大米加 500ml 水 配制减半浓度 125g 大米加 500ml 水 配制一倍浓度 500g 大米加 500ml 水	

续 表

实验用品或仪器名称	规格、厂家	数量
酵素水	配制常用浓度 20ml 酵素加 500ml 水 配制减半浓度 10ml 酵素加 500ml 水 配制一倍浓度 40ml 酵素加 500ml 水	
淡盐水	配制常用浓度 5g 盐加 500ml 水 配制减半浓度 2.5g 盐加 500ml 水 配制一倍浓度 10g 盐加 500ml 水	
小苏打水	配制常用浓度 5g 小苏打加 500ml 水 配制减半浓度 2.5g 小苏打加 500ml 水 配制一倍浓度 10g 小苏打加 500ml 水	
白醋水	配制常用浓度 20g 白醋加 500ml 水 减半浓度 10g 白醋加 500ml 水 配制一倍浓度 40g 白醋加 500ml 水	

(三)操作步骤

1. 供试品准备:

①育苗:空心菜种子,播种于室外土壤自然生长约 20d,取尺寸大约 15cm 的均匀小苗,移至 5cm×5cm 的育苗盆内;

②喷洒农药:按说明书配置农药(毒死蜱:1∶500、斩青蛾:1∶750),每植株喷壶四个方向各一喷,共四喷,露天无风处静置 12h 待实验;

表 1.6-2 农药基本情况表

	毒死蜱	斩青蛾
化学名	氯吡硫磷	甲氨基阿维菌素苯甲酸盐
配置方法	1∶500	1∶750
PH	6.5	6

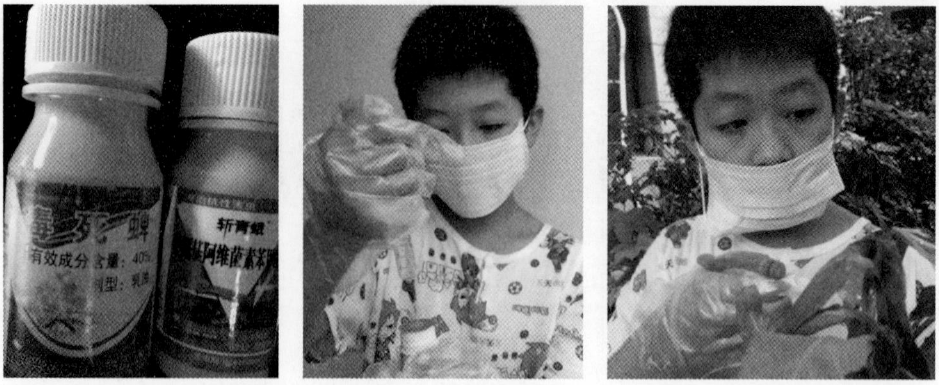

图 1.6-1　喷洒农药

③选择及配制各种浓度浸泡液，并检测 pH。

据网络查找资料，选择最常见的浸泡后能去除农残“小妙招”材料，分别有淘米水、酵素水、淡盐水、小苏打水、茶叶水、白醋水、米醋水等；

在网络查找基础上，根据实验目的，选择：a. 厨余废液的代表：淘米水；b. 厨余及食余废料制品代表：酵素；c. 厨房常见材料，分别选酸性、中性、碱性各一种：白醋、淡盐水、小苏打。

表 1.6-3　自制浸泡液配比表

自制浸泡液名称	浓度说明	原料：水
淘米水	常用浓度	250g 大米：500ml 水
	减半浓度	125g 大米：500ml 水
	一倍浓度	500g 大米：500ml 水
酵素水	常用浓度	20ml 酵素：500ml 水
	减半浓度	10ml 酵素：500ml 水
	一倍浓度	40ml 酵素：500ml 水
淡盐水	常用浓度	5g 盐：500ml 水
	减半浓度	2.5g 盐：500ml 水
	一倍浓度	10g 盐：500ml 水
小苏打水	常用浓度	5g 小苏打：500ml 水
	减半浓度	2.5g 小苏打：500ml 水
	一倍浓度	10g 小苏打：500ml 水
白醋水	常用浓度	20g 白醋：500ml 水
	减半浓度	10g 白醋：500ml 水
	一倍浓度	40g 白醋：500ml 水

表 1.6-4　自制浸泡液各浓度数据及 PH 对照表

	淘米水	酵素水	淡盐水	苏打水	白醋
常用浓度	250g : 500ml	20ml : 500ml	5g : 500ml	5g : 500ml	20ml : 500ml
	9	4	8	9	3
减半浓度	125g : 500ml	10ml : 500ml	2.5g : 500ml	2.5g : 500ml	10ml : 500ml
	7	5	7	9	5
一倍浓度	500g : 500ml	40ml : 500ml	10g : 500ml	10g : 500ml	40ml : 500ml
	8	4	7	9	4

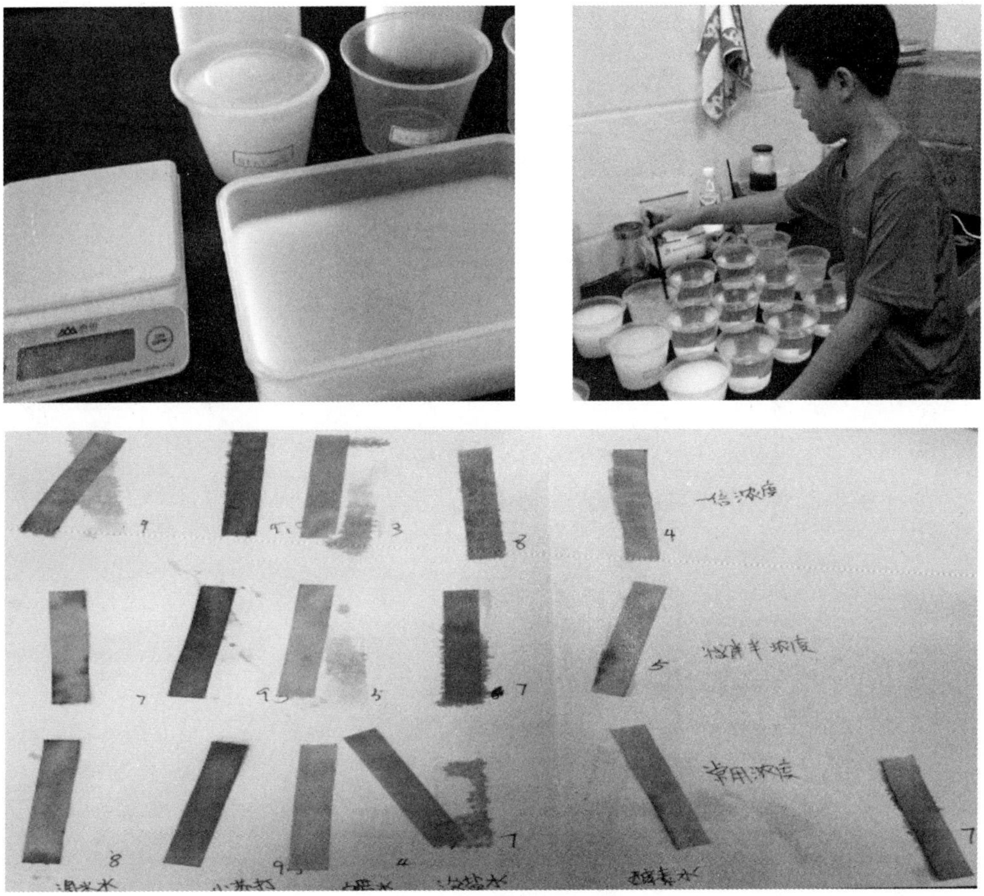

图 1.6-2　浸泡实验

2. 用浸泡法做如下实验

①研究各实验对象对去除两种农残是否有效;分别哪个浓度最有效:

分别用各自制浸泡液 500ml 三个浓度浸泡含有两种农残的空心菜,30min,用农残检测机检测出对应农残量；

图 1.6-3　浸泡后结果对比

②研究各个实验对象的浸泡时间长短对去除农残的影响：

选取实验 1 中常用浓度，分别两种农残空心菜 5min、15min、30min、1h，再用农残检测机检测出对应农残量；

③研究各个实验对象在不同农残的温度下对去农残影响：

选取实验 1 中最有效浓度的实验对象，分别在 5℃、25℃、40℃浸泡农残空心菜 30 分钟，再用农残检测机检测出对应农残量。

3. 农残检测仪操作使用步骤

(1)检测试剂(酶试剂)制备

①缓冲液：将缓冲液试剂袋中的试剂倒出，溶于 500ml 蒸馏水中，溶解、混匀。

②底物：向标有“底物”的试剂瓶中加入 2.7ml 蒸馏水，溶解、混匀即可。0～5℃环境下冷藏保存。

③显色剂：按试剂瓶上的标签说明，向标有“显色剂”的试剂瓶中加入 26ml 缓冲液，溶解、混匀。

④酶试剂：酶试剂已配成溶液可直接使用。平常要在 0～5℃环境条件下冷藏保存。

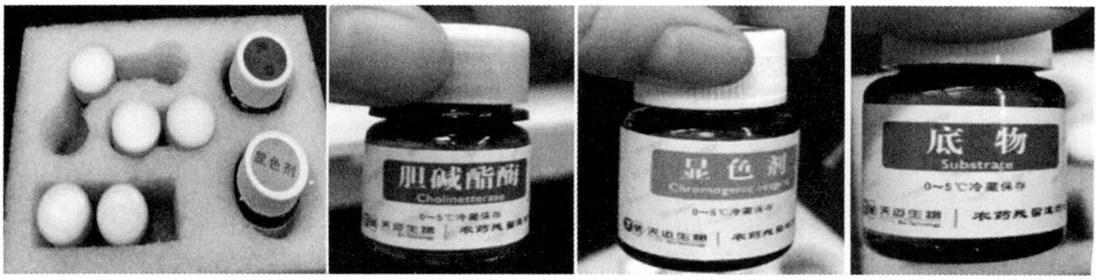

图 1.6-4　检测试剂

(2)样品前处理及对照液、检测样品液的制备

①对照液的制备：取酶 100μl，缓冲液 2.5ml，加入专用反应瓶中，混匀，再加入显色剂 100μl，底物 20μl。摇匀后立即转移到比色皿中，放入仪器进行对照测试。

②检测样品液的制备：

a. 取各种自制浸泡液浸泡的空心菜各 2g，剪成约 1cm² 的小块放入小烧杯中，加入 10ml 缓冲液，振荡提取 6min 后，吸取清液到试管内。

b. 每支试管中加入酶 100μl，待测试液 2.5ml，加入专用试管中，混匀静置抑制 10min 后，(按仪器显示的时间计时)加入显色剂 100μl，底物 20μl 。摇匀后立即转移到比色皿中。

③对照测量：

打开仪器门盖，将装有对照液和样品液的比色皿放入指定的通道中，盖好仪器门盖，按下“对照”键，屏幕下方显示测量进度；

检测结束后，仪器自动显示指定通道农药残留检测样品的检测结果，打开仪器门盖，取出对照品和样品。

④结果判断：

通过农残检测仪可以测得蔬菜样品的农药残留抑制率值。抑制率越高，农残毒性越高；抑制率越小，农残毒性越低。样品的抑制率在 50%以上，被测样品的农药残留毒性可能超过安全的界定标准。

图 1.6-5　对照测量

四、实验数据记录及分析

(一)自制浸泡液及其各浓度对去除农药残留的影响

表 1.6-5 自制浸泡液浓度对毒死蜱残留的影响

	淘米水	酵素水	淡盐水	小苏打水	白醋	清水对照	浸泡前
减半浓度	35.88	45.59	51.47	47.06	62.94	62.16	83.57
常用浓度	30.29	41.18	45.59	36.76	61.12		
一倍浓度	26.12	30.88	48.53	54.41	58.82		

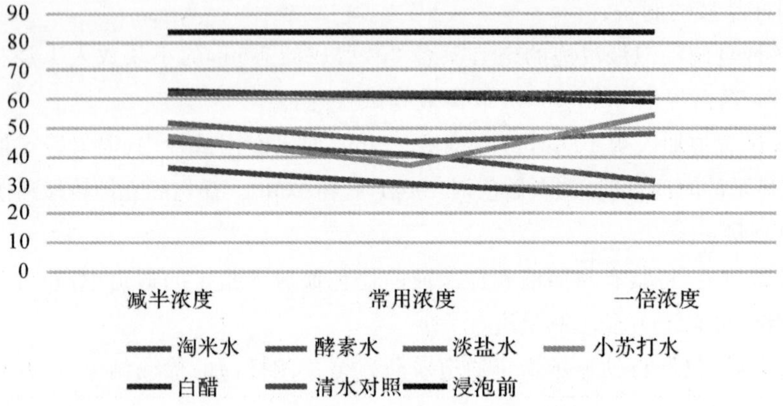

图 1.6-6 自制浸泡浓度对毒死蜱农残的影响

表 1.6-6 自制浸泡液浓度对斩青蛾农药残留的影响

	淘米水	酵素水	淡盐水	苏打水	白醋	清水对照	浸泡前
减半浓度	36.77	6.9	33.45	28.62	35.66	58.65	70.67
常用浓度	31.96	6.72	38.62	25.86	35.52		
一倍浓度	20.13	3.45	26.98	24.14	30.78		

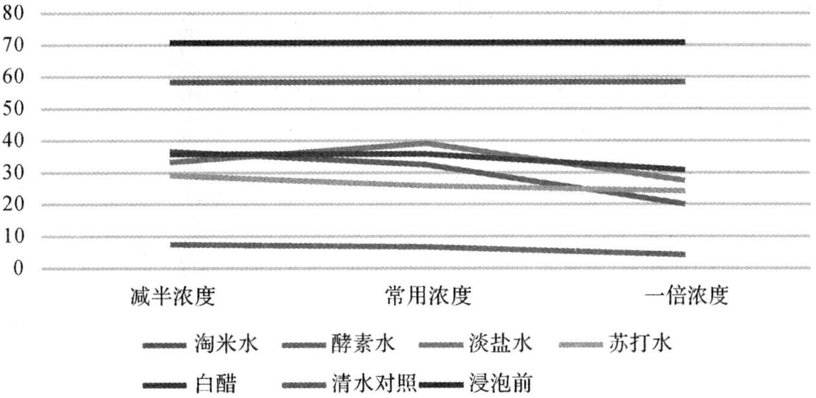

图 1.6-7 自制浸泡液浓度对斩青蛾农残的影响

数据分析：

①用浸泡的方式对去除毒死蜱和斩青蛾农药残留都是有效的。

②在去除毒死蜱实验中，白醋和清水去除效果是差不多的。而淘米水、酵素水、淡盐水、小苏打水去除效果都要大于清水。其中淘米水去除效果最好，酵素水第二。

③在去除斩青蛾实验中，白醋、淘米水、酵素水、淡盐水、小苏打水去除斩青蛾残留效果都要比清水好。白醋、淡盐水、淘米水及苏打水去除斩青蛾的效果是差不多的。酵素水对斩青蛾去除效果最好。

④我在网上查找了资料，对于这些自制浸泡液去除农残的原因进行了分析和思考：

酵素水：它具有生物催化功能，可以分解蔬果中的农药残留。

淘米水：因为米的表面含钾，可以与农药结合使它失去一定的毒性。

白醋：醋酸 pH 小于 7，用醋浸泡是去除蔬菜中含有碱性农药残留的有效方法之一。

淡盐水：当蔬菜样品被浸泡在淡盐水中时，植物细胞脱水会使农药一起析出。

小苏打水：小苏打粉其实就是碳酸氢钠粉，化学式是 $NaHCO_3$，Na^+ 是钠带正电，放到自来水里面，会跟水中带负电的氯结合变成氯化钠，也就是盐巴，这解决了自来水氯毒的问题。再就是 H^+，氢带正电加入水中会结合带负电的水分子，变成 OH^- 弱碱水，一般大部分的农药都是酸性，因此弱碱水中和酸性之外，还能加速去除附着在蔬果上的农药。

⑤根据两组实验数据，可以得出：自制浸泡液的浓度的改变对去除效果有一定影响，随着浓度的增加，淘米水、酵素水和白醋对去除效果都增强了，但是不与浓度的增加呈正比。

⑥在浸泡毒死蜱农残时，小苏打水的浓度增加去除效果居然降低了，根据这个现象，我分析了原因：在操作过程中发现一倍浓度小苏打溶液中有部份结晶没有溶解，当时考虑是否已经过饱和，但实验后查阅资料发现小苏打在 25℃ 的溶解度是 9.6g，估计是搅拌时间不够长导致溶液浓度不达要求。还有可能是由于机器故障或操作误差而导致的数据错误。

(二)自制浸泡液浸泡时间对去除农药残留的影响

表 1.6-7　自制浸泡液浸泡时间对毒死蜱农药的影响　　单位:g

	淘米水	酵素水	淡盐水	苏打水	白醋	清水
5min	44.32	50.87	0.00	51.43	71.28	67.57
15min	35.14	46.51	60.70	36.76	69.12	67.57
30min	30.29	41.18	45.59	36.76	61.12	62.16
1h	21.62	33.32	38.05	33.82	60.54	58.11

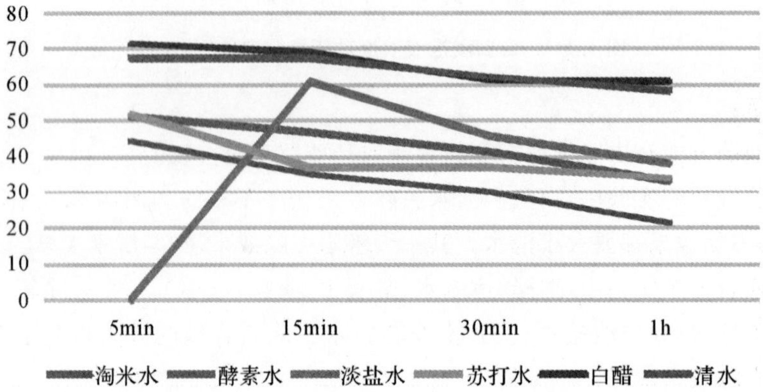

图 1.6-8　自制浸泡液浸泡时间对毒死蜱的影响

表 1.6-8　自制浸泡液浸泡时间对斩青蛾农药的影响　　单位:g

	淘米水	酵素水	淡盐水	苏打水	白醋	清水
5min	41.63	38.52	56.95	54.12	67.02	76.47
15min	34.41	25.18	0.00	55.29	54.12	71.50
30min	31.96	6.72	38.62	25.86	35.52	58.65
1 小时	30.49	0.00	39.76	20.74	35.77	52.42

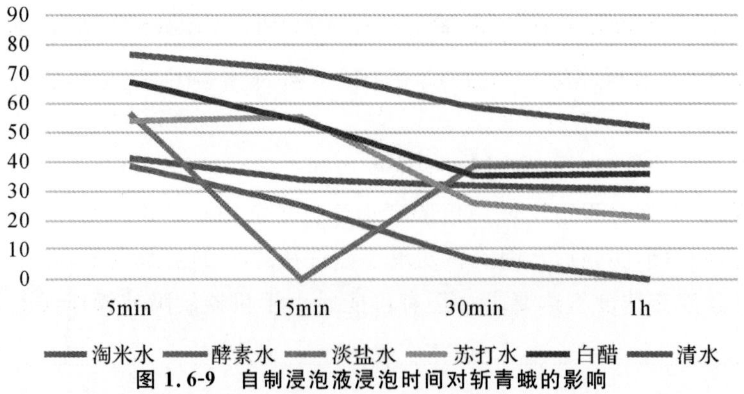

图 1.6-9　自制浸泡液浸泡时间对斩青蛾的影响

数据分析：

①随着时间的推移，五种自制浸泡液去除毒死蜱和斩青蛾的效果都有增加，特别是在 5min 到 30min 这段时间去除效果变化比较明显。30min 过后变化趋缓。

②从两张图表中看出，对毒死蜱用淘米水、酵素水浸泡时，以浸泡半小时至一小时为宜。但在斩青蛾的浸泡中，淘米水随着时间的变化效果却没有明显变化，也没有查到资料支持这个现象，原因有待再论证。用淡盐水时，虽然时间越长去除效果越好，但发现 30min 后菜叶呈脱水状，因此浸泡 15min 是最好的。用白醋水时，也是浸泡 15min 最合适。用小苏打水时，发现 30min 后去除效果变化不明显，因此浸泡 30min 左右最好。

③在两次实验中，淡盐水在毒死蜱 5min、斩青蛾 15min 时的抑制率都是为 0，数据缺乏合理性，我咨询了实验室老师，可能是由于机器或操作误差而导致的数据错误。

（三）自制浸泡液浸泡温度对去除农药残留的影响

表 1.6-9　自制浸泡液浸泡温度对毒死蜱的影响　　单位：g

	淘米水	酵素水	淡盐水	苏打水	白醋	清水
5℃	46.61	53.32	0.00	67.82	72.05	73.28
25℃	30.29	41.18	45.59	36.76	61.12	62.16
40℃	0.00	0.00	19.78	12.45	34.24	32.31

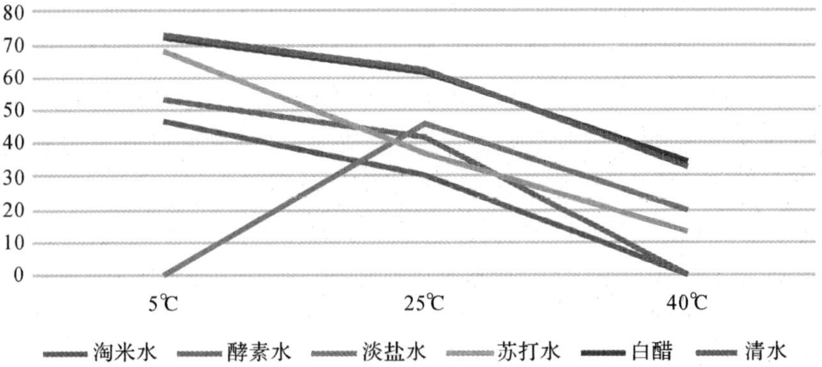

图 1.6-10　自制浸泡液浸泡温度对毒死蜱的影响

表 1.6-10　自制浸泡液的温度对斩青蛾的影响　　单位：g

	淘米水	酵素水	淡盐水	苏打水	白醋	清水
5℃	42.47	25.35	37.65	41.86	54.88	65.38
25℃	31.96	6.72	18.62	25.86	35.52	58.65
40℃	20.08	0.00	0.00	0.00	27.73	41.55

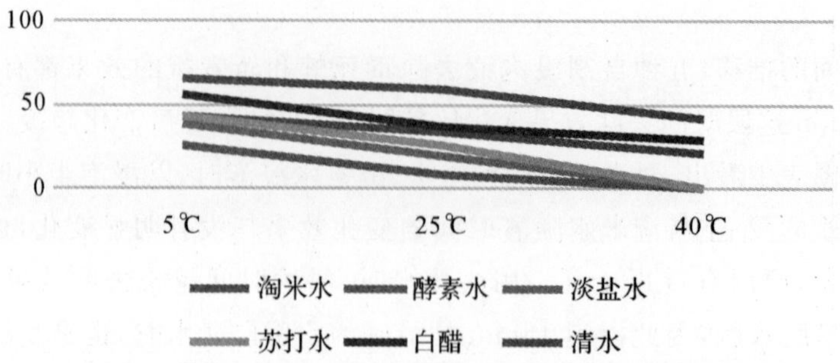

图 1.6-11　自制浸泡液浸泡温度对斩青蛾的影响

数据分析：

①对于种两农药残留，五种自制浸泡液及清水随着温度的变化，去除效果变化也很明显，在低温环境下，农药抑制率比常温高很多，随着温度的升高，抑制率直线下降，也说明温度对农残的去除有较大影响。结合网上查找的资料，原因可能是：温度越高农药在水中的溶解度越大；温度升高农药的降解率增高。

②小苏打水在这个试验中的下降较均匀且幅度大，因为随着温度的升高，那些因为因搅拌不充分没有完全溶解的小苏打因为温度的升高而溶解在水中，所以去农药的效果更好了。

五、实验结论

①用自制农残浸泡液浸泡含毒死蜱和斩青蛾的蔬菜比用清水浸泡好。

②对属于有机磷类农药的毒死蜱：淘米水效果最好，是这组 PK 赛的冠军。酵素水第二，获得亚军。毒死蜱应用非常广泛，带叶的蔬菜、水果都可以首选淘米水、酵素水浸泡。

③对属于氨基甲酸酯类农药的斩青蛾：酵素水的效果最好，获得这组的冠军。斩青蛾主要应用于十字花科蔬菜，比如西蓝花、白菜类、芥蓝等这类蔬菜可以首选酵素水浸泡。

④自制浸泡液的浓度的改变对农残去除效果有一定影响，随着浓度的增加去除效果有一定的增强，但是不与浓度的增加呈正比。因此使用自制浸泡液浸泡时，只需用常用浓度性价比是最高的，不需要特别配置。

⑤随着时间的推移，五种自制浸泡液去除毒死蜱和斩青蛾的效果都有增加，特别是在 15min 到 30min 这段时间去除效果比较明显。30min 过后变化变慢了。因此浸泡时间一般在 15～30min。

⑥浸泡液温度的变化对去除毒死蜱和斩青蛾的效果有明显影响。温度越高，农残去除效果越明显。因此在浸泡时，在不破坏营养及口感等前提下，适当提高浸泡温度，有利于农残去除。

⑦在两组实验中，厨余和食余废料发酵成的酵素水去除农残效果显著。酵素酶对农药的催化降解作用如此强大，而且环保，健康制作简单，这个结果证实了目前流行的酵素环保理念的正确性。另外，厨余废液代表——淘米水也表现抢眼，这一结果更坚定了我们更好地利用身边的厨余资源的决心。

让我们一起加油，并向身边的家人朋友宣传推广，为低碳环保的健康生活努力吧！

专家点评

选题较新颖，有一定的应用价值。是个很有示范性的科学小实验。注意数据处理时表格和图标的规范性。

中学生对月球天平动的测量及应用新方案

杭州高级中学　余亦超　赵振　曹知非　指导:储王伟

摘　要:月球的运动轨迹及其运动状态是现代天文学的重要研究课题。知道了关于月球的运动形式之后,我们就可以更好地对月球进一步探索甚至是日后在月球进行资源利用、改造、居住等利于人类生存繁衍的工作。于是,我们课题组尝试以月球的运动为切入点,通过天文观测手段,采集月球哥白尼环形山在样照的上位置变化经过数学及信息技术处理以获得月球天平动的精准数据,并以此为出发点进行了与之相关的多方面探究。本次研究中,我们选择了哥白尼环形山作为观测对象,辅助以软件 Stellarium 的数据,大致测出了月球天平动的值。这个课题的研究证实了天文业余爱好者也可以通过某种通俗易懂而且便捷的方法了解到关于月球的运动状态,让天文测量学可以更好地普及与发展。

关键词:月球　天平动　哥白尼环形山

一、研究背景

(一)月球

月球,是环绕地球运行的一颗卫星。它是地球的一颗固态卫星,也是离地球最近的天体(与地球之间的平均距离是 38.4 万 km)。月球永远都是一面朝向我们,这一面习惯上被我们称为正面。另外一面,除了在月面边沿附近的区域因天秤动而中间可见以外,月球的背面绝大部分不能从地球看见。

(二)天平动

天平动又称为天秤动。是指天文学中,从卫星环绕的天体上观察所见到的,真实或视觉上非常缓慢的周期性振荡卫星的天平动分两种形式:几何天平动和物理天平动。几何天平动又包括纬度天平动、经度天平动、周日天平动三种。同步自转的卫星相对于行星,一般都有不同程度的天平动。但是天文学中一般只用于描述月球的视运动。视运动就是我们视角不同而感觉到月球在晃动,其实是由于地月位置的上下左右变化产生的。

二、课题简介

(一)课题意义

本课题是对中学生对月球天平动的实际测量及对月球天平动应用的一些探索，完成本课题的作者为杭州高级中学高二的三名同学，课题旨在用最简单，符合高中生认知水平的数学物理知识完成天平动的研究，在研究中，我们之间密切协作，并充分利用学校天文社在这一方面积累的各种参考资料及珍贵的研究数据。通过调查数据、图片取样，再通过图像处理、数学计算、误差分析等环节，完成了本项任务。我们希望通过本课题能加深我们对天文的认识，加强我们的数理方面的能力，磨炼我们挑战困难的意志，同时给高中天文观测和教育带来一定的促进作用。

(二)创新之处：

①简单易行。这体现在 a. 数据处理用了高中应掌握的数理知识。b. 软件运用上，以科普性杂志《天文爱好者》为蓝本，在此基础上进行创新应用，符合高中生的认知水平与能力方面的要求。

②实用性强，教育意义大。我们不仅研究了天平动这个现象，更对天平动的应用做出了分析，提出的方案具有可行性，科学性，严谨性等特点。

在“测量月球天平动大小”的实验中，我们发现除了维基百科上带过一句“天文学家在月球上选取一点观测它在一个月内的运动情况”，大型学术网站上尚无一份与光学天平动有关的研究报告，我们是第一份与以高中生角度与能力，通过相关数据的采集，创新地把相关软件的动态模拟和实际拍摄相结合，把实验数据处理与误差分析相结合，把静态的图像与动态的 GIF 动画相结合，从而将天文与信息技术有机而强有力地联系在一起，大大地增强了测量方案的可行度。

三、探索的起因

我们天文社每年都会开展各种各样的天文观察活动，学校也对天文社加大投入，在天荒坪、阿克苏都建造了天文台，在社里也配备了各种高端设备，我们对天文学也非常感兴趣，平时利用业余时间积极学习天文知识，经常投身与各种各样的观测活动。我们组通过对“人类的近邻——月球”的长期观测，对“天平动”也不断研究，并通过查找资料、请教老师等途径进行了一番研究、探讨，并在不断争论中碰撞出火花。

同时，随着中国航天事业的发展，公众对月球的认识也趋于丰富，探月工程给人类带来的好处，也越来越多。月球是距离地球最近的天体，也是环绕地球的唯一天然卫星，其独特的空间位置和潜在资源，将成为人类开展深空探测的起点和基础。

四、实验简介

(一)纬度天平动

由于月球自转轴的法线与月球绕地轨道平面有少许倾角而造成的。

已知:月球自转轴相对于白道倾角为1.54°,黄道面与白道面交角为5.14°由几何关系可知,图中两位置月球可视角度为±6,如图1.7-1所示。

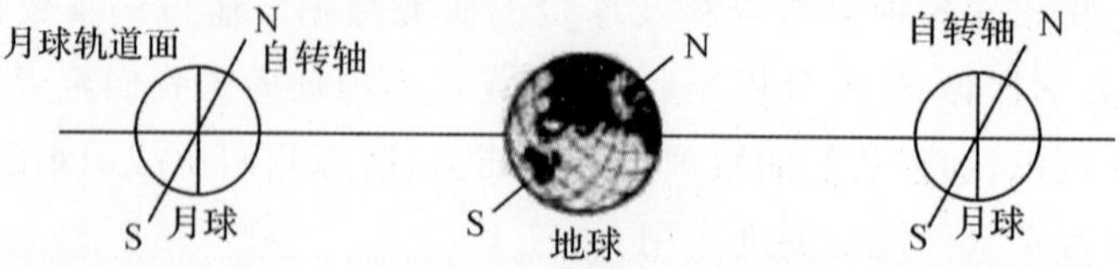

图1.7-1　纬度天平动

(二)经度天平动

由于月球绕地公转轨道由少许离心率造成。因为轨道不是正圆而导致月球公转速度不均匀,而自转速度几乎不变,所以出现月球在轨道上位置有时超前,有时落后自转速度,如图1.7-2所示。

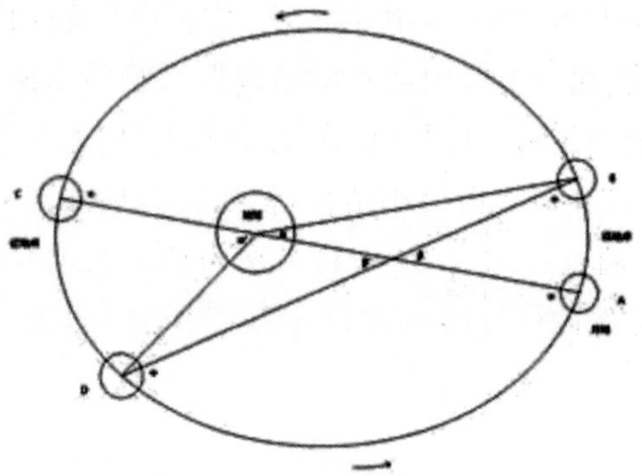

图1.7-2　经度天平动

(三)周日天平动

周日天平动影响较小,是地球自转所造成的,它使地面上的观测者从地月中心连线的西侧转至东侧,因而先多看见一些月球的东侧,然后多看见一些月球的西侧。地月的平均距离38万km,地球半径6378km,地球的自转将使观测者能在赤道的东西侧多看见约30km的区域。如图1.7-3所示。

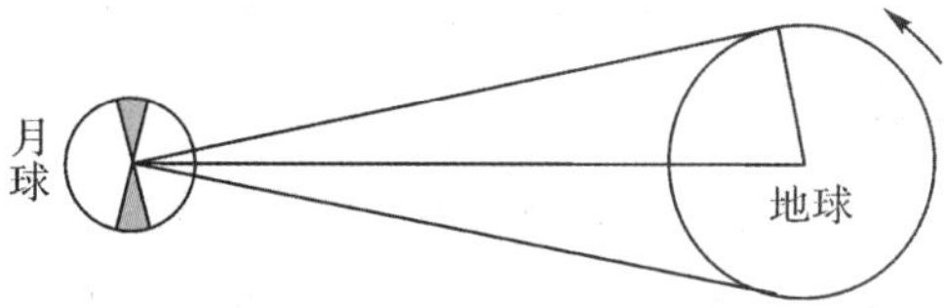

图 1.7-3　同日天平动

(四)物理天平动

物理天平动不同于前面三种几何天平动,这是月球真正的摆动。由于月球的三条主惯性轴长度不等,加上椭圆轨道造成的距离改变,在地球引力作用下,发生对平均位置的偏移。但是物理天平动比几何天平动小得多,它的摆动从未曾大于 0.04°,所以一般都忽略不予考虑。此外,月震也会影响到月球上正对地球的点。

天平动分为四块,而我们需要计算经度天平动、周日天平动。

五、中学生对月球天平动测量新方案

(一)实验设计

具体图例如下,其中两张月球图像为不同方向的月球。我们这次的测算中心需在剩下两项即经度天平动和纬度天平动上,我们应优先计算经度天平动。

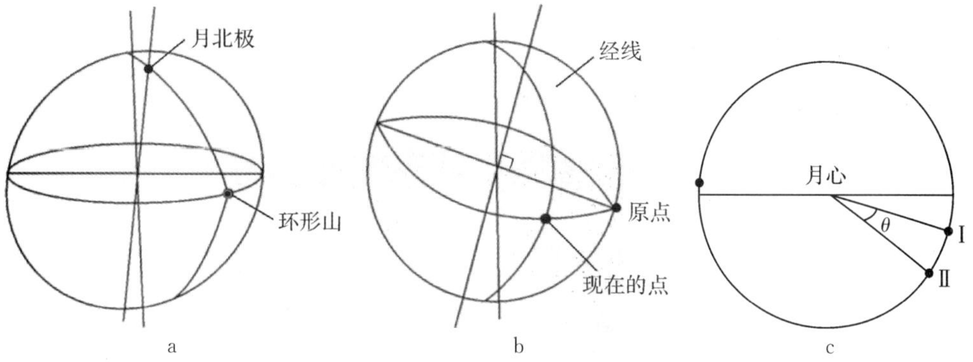

图 1.7-4　月球天平动测量

1. 推理过程

在月球上,找出北极以及过北极的任意一条线,投影出一条直径,在月球的“赤道”上找到一座环形山,将该环形山的中心点取下,如图 1.7-4 中的 a 和 b 所示,在不同的日期中,我们拍摄到的环形山并非在同一个地方,环形山运动的弧长所对应的角便是两次所看到直径的夹角,两根“直径”的夹角其实就是我们要的经度天平动。(如图 1.7-4 中的 c 所示,是月北极的俯视图,由于取的是赤道上的标志物,因此如图所示的 θ 就是经度天平动。)至于纬度天平动计算只要求经线为剖面图,方法可以以此类推。

2. 用 Photoshop 计算的过程

通过 Photoshop 将月球中心设定为原点,再在月球边缘地带取点得到月球半径和相应环形山的坐标,比较两天的月球坐标变化情况从而得出天平动。

已知月球半径 r

两次环形山坐标$(x1,y1)$,$(x2,y2)$

则由三角几何可知,

$$\cos\Theta 1=\sqrt{\frac{x1^2+y1^2}{r}}$$

$$\cos\Theta 2=\sqrt{\frac{x2^2+y2^2}{r}}$$

所以有

$$\Theta 1=\arccos\sqrt{\frac{(x1^2+y1^2)}{r}} \quad (1)$$

$$\Theta 2=\arccos\sqrt{\frac{(x2^2+y2^2)}{r}} \quad (2)$$

由(1)(2)式可得,我们要求的天平动度数 $\Delta\Theta$ 即为

$\Delta\Theta=\Theta 2-\Theta 1$

$=\arccos\sqrt{\frac{(x1^2+y2^2)}{r}}-\arccos\sqrt{\frac{(x2^2+y2^2)}{r}}$

(二)模拟实验与计算

我们使用一款可以准确模拟天象的软件——Stellarium。

图 1.7-5　Stellarium 界面

打开软件 Stellarium,输入观测对象 moon,利用截图工具将月球从初七到廿十三上中天时的照片进行截取(如图 1.7-6),在照片上选取月球哥白尼环形山作为观测对象,利

用 Photoshop 的标尺功能，将环形山的坐标测出来。部分图片参见附录：

图 1.7-6　截图画面

在软件中按住“居中”键，如图，使我们的月球正好处于屏幕中心，方便我们取坐标。

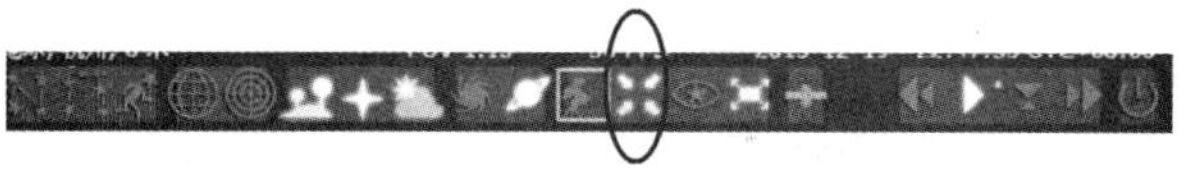

图 1.7-7　“居中”键

操作图解：

①在这些照片中找到了一张“满月”，先用工具在满月上找到圆心，按住“CTRL＋R”，弹出标尺工具(如图 1.7-8 所示)，从左上角开始拖动标尺，使原点位于满月的圆心处。

②将各张照片的尺寸通过裁剪以及适当的放缩，使月球部分大小接近一致，分别取各月球的圆心。

③将鼠标移至哥白尼环形山上，及 Photoshop 右侧读出 X、Y 坐标，每张照片都将 X、Y 值记录下来。

实验后，用 Photoshop 打开每一张图片，并在每张图片上建立平面直角坐标系，将哥白尼环形山用红色点变迹标出，注明该点坐标，于是得到十多个坐标。如图 1.7-8：

图 1.7-8

在截图时我们在 Stellarium 上将月球居中，打开 Photoshop，使用坐标功能，将坐标原点设定为月球中心，从而得到月球半径的长度和月球上哥白尼环形山的横纵坐标。(如图 1.7-9)

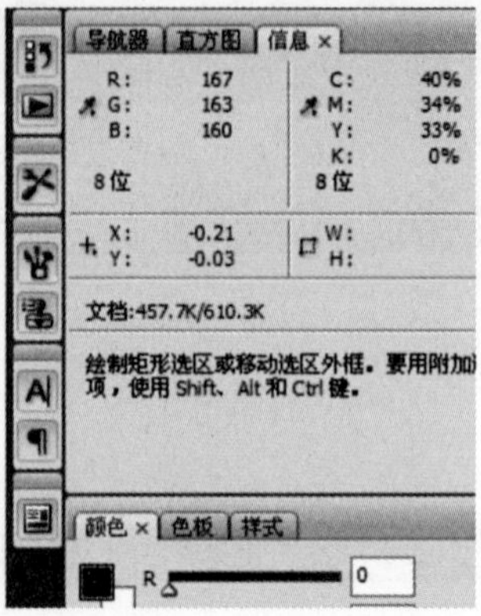

图 1.7-9 我们的 Photoshop 使用示意图

Stellarium 上：月球半径 5.22

任取两天的月球坐标(−1.54,0.82) (−1.46,0.58)

$\Delta\Theta=\Theta 2-\Theta 1$

$$=\arccos\sqrt{\frac{(x1^2+y1^2)}{r}}-\arccos\sqrt{\frac{(x2^2+y2^2)}{r}}$$

$$=\arccos\sqrt{\frac{1.54\times1.54+0.82\times0.82}{5.22}}-\arccos\sqrt{\frac{1.46\times1.46+0.58\times0.58}{5.22}}$$

$=-0.84$

表 1.7-1 模拟相对圆心距离与模拟偏转角度参数

日期	模拟相对圆心距离	模拟偏转角度
24 日	1.75	
25 日	1.58	−0.7
26 日	1.64	−0.4
27 日	1.57	−0.8
28 日	1.63	0.7
29 日	1.71	1.2
30 日	1.82	1.3
31 日	1.91	1
1 日	1.96	0.5

续　表

日期	模拟相对圆心距离	模拟偏转角度
2 日	2	0.4
3 日	2.03	0.3
4 日	2.07	0.4
5 日	2.05	
6 日	2.16	
		最大 6.9

（备注：6 月 5 日由于取点问题造成了数据错误。）

我们根据采集和分析好的数据绘制了一张折线图。

从图 1.7-10 中，我们大致获得了一些关系，与相关数据进行了比较，误差较小，证明了本套方案的可行性。

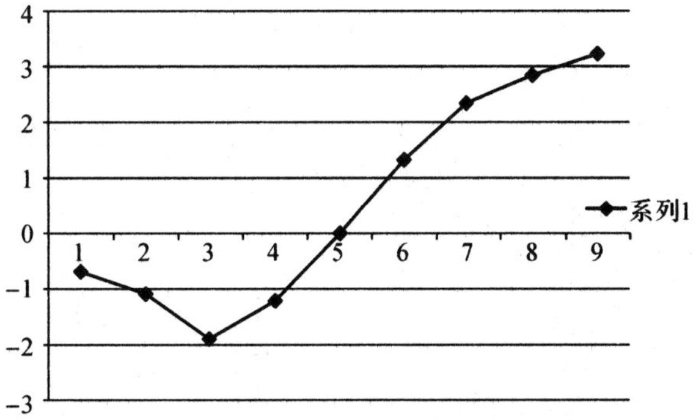

图 1.7-10　数据处理

（三）实际测量

1. 拍摄前期准备

虽然天文学主要是研究大气层以外，但地面上的大气观测也总会受到大气层的影响，因此我们通过发析卫星云图，来寻找适合我们拍摄的时间，从而制订好我们的拍摄计划，夏季有 3 个台风影响我省，届时将带来强降雨的天气，为此我们先从中央气象台网站上找到了 5 月下旬的卫星云图，利用 2014 年 11 月《天文爱好者》上对 Photoshop 在卫星图上标记观测地位置的方法成功在卫星云图上找到了杭州。

拍摄地点：杭州某高级中学校园内

相应经纬：120.178922E

30.27052N

图 1.7-11　Google earth 的显示界面

观测条件

天气晴朗，出现月球，云遮率较低的晚上进行观测，具体我们可以通过中央气象台来查询当天晚上天气。

观测地能清楚地看见月球，有较大平台，周围灯光较少，可以尽量减少周围光污染干扰。

月球每天上中天的时间可以通过 Stellarium 来查询。

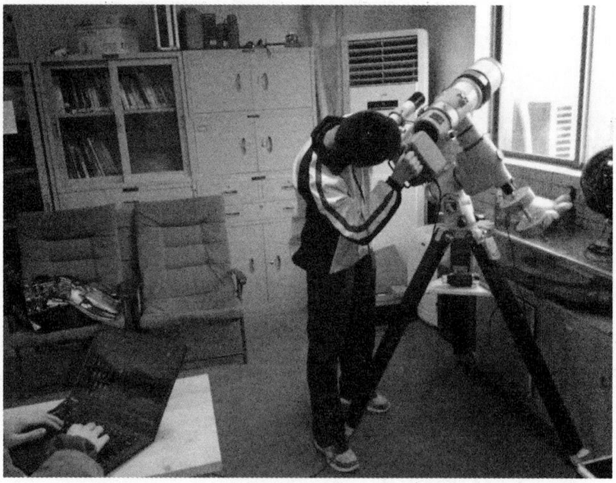

图 1.7-12　天文社同学正在练习观测

2. 拍摄相机的参数

表 1.7-2　拍摄相机的参数

实验器材	器材名称	器材参数	选择理由
拍摄器材	Canon 600d 	传感器类型：aps 画幅 有效像素：1800 万像素， 显示屏像素：104 万液晶屏	该款相机屏幕色彩艳丽，分辨率和亮度都高。塑料机身重量轻便，出游负担不大
望远镜	高桥 FSQ106ED 	镜筒口径：125mm 有效口径：106mm，全面多层镀膜 焦距：530mm 分辨力：1.09 角秒	特别设计的消光螺纹与消光光栅，确保内部消光彻底，保证观测与摄影像质
赤道仪	Takahashi 高桥 EM200 赤道仪 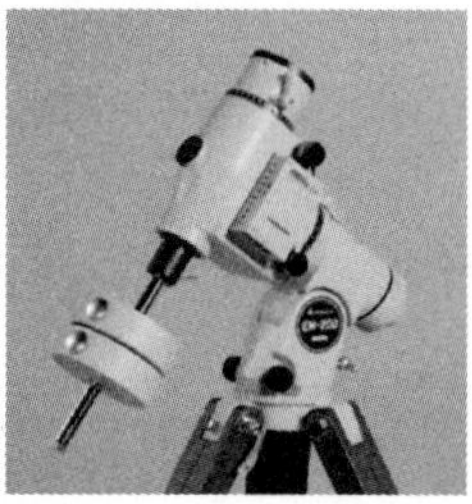	载重：约 16kg 本体重量：约 15.5kg（不含平衡重锤、镜筒箍） 极轴镜：固定内藏式，安装精度约 2 分	
电脑	Thinkpad x1 carbon	14 英寸 1600×900 Intel GMA HD 4000 内存容量 4GB	

其他准备：手表，用来方便的记录时间

3. 拍摄实况

经过接近半个月的拍摄，我们获得如下照片。

2015. 5. 24	2015. 5. 25

2015. 5. 26	2015. 5. 27

2015. 5. 30	2015. 5. 31

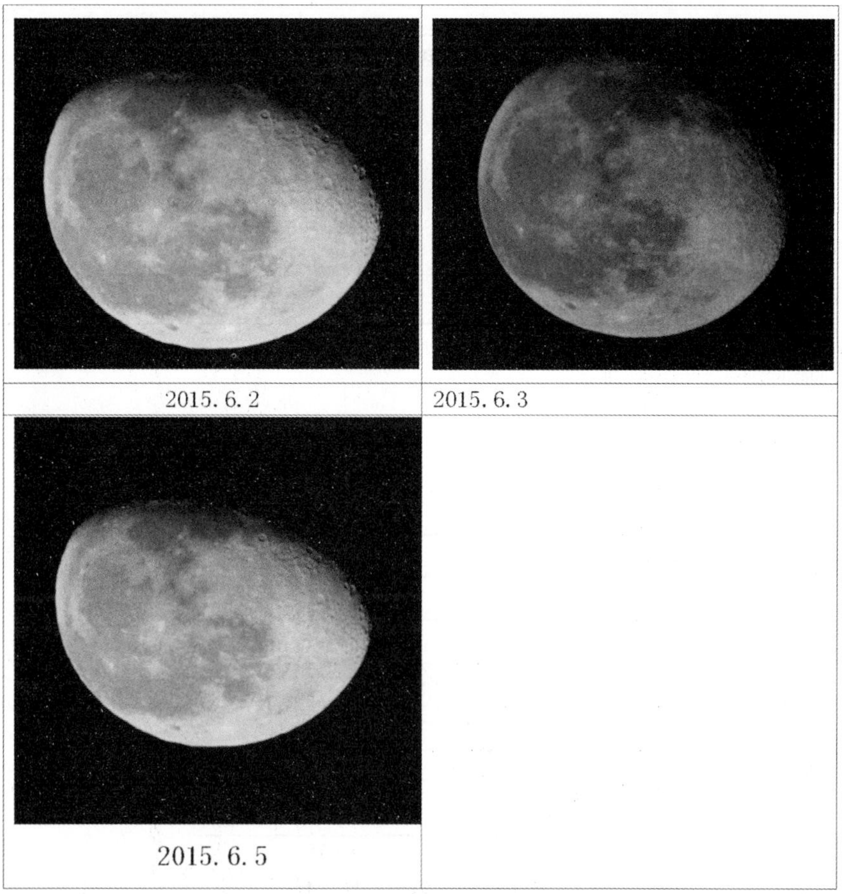

图 1.7-13　近半月拍摄实况

表 1.7-3　实际相对圆心距离与实际偏转角度参数

日期	实际相对圆心距离	实际偏转角度
24 日	3.89	
25 日	3.73	−0.8
26 日	3.7	−0.15
27 日	3.58	−0.6
28 日	—	—
29 日	—	—
30 日	4.11	2.7
31 日	4.28	0.9
1 日	4.39	0.5
2 日	4.47	0.4

续 表

日期	实际相对圆心距离	实际偏转角度
3 日	4.55	0.4
4 日	—	—
5 日	4.75	1.0
6 日	4.84	0.5
		总计 6.5

备注:5 月的杭州天气多变,5 月 28、29 日,6 月 4 日为阴雨天气,没有月亮故照片缺失。实际拍摄照片中,由于月球大小与 Stellarium 不同,故坐标不同。

Photoshop 显示半径 11.58。

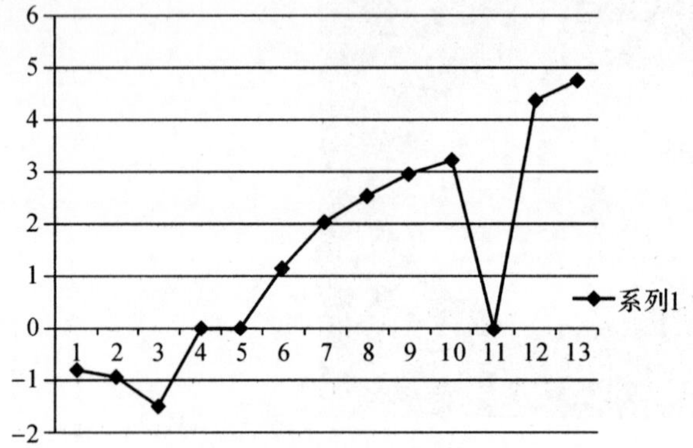

图 1.7-14 数据处理过程

通过实际观测,我们发现实际数据与模拟数据的符合比较好,并用实际数据拟合了一条函数,对于这个通过我们实际拍摄所得的结果,与相关数据比较,误差较低,对此我们很满意。

(四)实验误差

1.月球不是正球体

月球不属于正球体,我们在计算中当作它是正球体,于是很轻松地得到了半径长,而实际上它的半径要考虑长半轴、短半轴等,不是很容易观测。

2.大气干扰

大气干扰使们看到的月球环形山与实际位置产生了一定偏离,对我们造成一定影响,在模拟实验(Stellarium)中,我们采用了避免大气干扰模式,势必数据会有所出入。

而我们进行的天平动与地理位置关系的实验中,在 Stellarium 件中选取高度为 12m,然而实际高度与此有一定偏差,从而影响到视觉高度角。

3. 环形山取点

由于软件和人为原因，我们在环形山取点不可能十分精确，每次都会有一定误差，也影响最后的绘图。

4. 我们的改良措施

尽量选择天气晴朗，有月亮的晚上进行拍摄，根据学校内的安排，在期末考到暑假内是拍摄观测的绝佳时机。七八月为台风高发期，其间杭州将迎来较大降水，为此我选五月末的几天时间。

(五)GIF 动画的合成

为了更方便我们探索天平动的微观变化，我们决定合成 GIF 动画来观察。使用软件为 Ulead GIF Animator，在图像中我们可以更加清楚地看到月球环形山位置变化情况。

图 1.7-15　GIF 动画合成

六、中学生周日天平动测月地距离的新方案

(一)天平动的应用前景

天平动的主要应用前景在航空航天上，计算结果对人类未来在月球上的活动(比如建造月球基地)非常重要。月亮女神 X 号将于 2017 年发射。另据外媒 7 月 20 日报道，有研究称，美国航空航天局(NASA)可以在 5 到 7 年内把人类再次送上月球，并且在此之后的 10 到 12 年内在月球上建立永久性基地。这些探月计划可能包括月球车、月球望远镜研制以及在月球表面建立科学设备网络等内容。因此对发射的方向进行计算时，由于月球的天平动，会造成发射预定位置与实际位置中产生误差，必须要用天平动的知识进行测量分析。

在物理天平动“如果一颗行星或卫星的表层和内核是刚性连接在一起的，那么核心物质能够提供很大的转动惯量，自转晃动的幅度要比观测的小得多。这也证明了肯定存在一个液体层的海洋分离了表面与核心”。从而测定该行星或行星上是否存在液态水，这对于地外行星的研究具有重要的意义，甚至可以为远程寻找地外生命提供了可能。

这个理论已经在实践中得到了利用，例如在“卡西尼号”的最新探测结果显示：土卫二在围绕土星公转时，有一个轻微但是有规律的振荡。从而推断土卫二拥有全球性液态海洋。

(二)用天平动计算月地距离

(初步方案)

在探究经度天平动之后，我们利用月球上中天前后一段时间的照片研究了另外一种与经度纬度天平动成因不太类似的天平动——周日天平动，并且在分析上述应用后，我们结合高中生的知识积累，研究出了一种利用天平动来算月地距离的良好方法。

思路如下：

首先考虑到在现实计算中地球与月球可视作是在空间当中的三维模型，由此对一般的高中生的数学能力来说，对其进行数学分析有一定的难度，于是我们决定对其进行简化模型的处理。

①首先我们排除了黄白交角的影响。在一个朔望月内每数小时时间内引起的黄白交角变化，可以忽略不计；在整个过程分析中，黄白交角的大小较小，对结果不会有过大影响；综上所述，我们忽略了黄白交角的大小的方法。

②此时月球可看作在地球的黄道面上做椭圆轨道的运动，然后由于我们对月球周日天平动的计算，是取一个晚上内间隔数小时的月球位置的数据而得的。故在数小时内月球轴与黄道的夹角的变化可忽略不计。另外本方法直接根据周日天平动的形成机理推导出来，所以是否存在月球倾角这点对计算不会产生任何的误差。故允许了月球倾角的存在。

③此时月球可以看作圆心在黄道面上的一个球体。于是，我们开始考虑将立体的模型投影在黄道面上处理。考虑到地球的赤道相对于黄道有 23°26′的夹角，及我们所在的观察地约为北纬 30°，故我们观察地投影在赤道面上的几何形状是一个椭圆。由于我们取的是月球上中天前后的相同时间内的图像，所以地心 O(在赤道面上)到两次观测点的投影点距离相等于是可以看作在一个 R' 的圆上的两点，从而避免了在椭圆上进行较复杂的计算。

综上所述，我们得出初步的计算方案

如图 1.7-16 所示

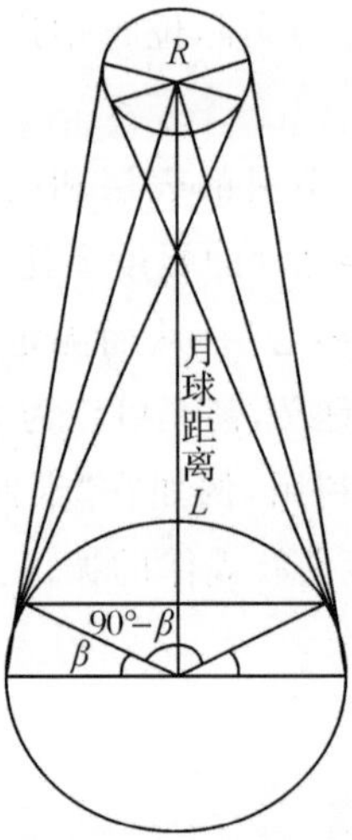

图 7-16　我们的示意图

说明：在我们的观测中，选取的月球为上中天，为每日的观测基点时间，同时拍摄了上中天前后一小时的月球照片，α 角 $=15°$。这样的话可以使图中的 α 角与角接近相同便于我们后期计算。

根据图上的绘制线构造的几何关系推导出，周日天平动的具体数值 θ。利用 $\frac{\sin\theta}{R}=\frac{\sin(180-(90-\beta)-\theta)}{L}$，可以得出月地距离。

（三）实验

为验证本方案的可靠性，我们利用天文软件 Stellarium 进行模拟实验，同时我们自己也拍了相关照片，选取了如图 1.7-17 所示。

图 1.7-17　我们的数据来源

（四）计算过程的误差分析

①地球不是正球体而是一个赤道略鼓、两极略扁的椭圆球体，而我们处于的位置不在赤道，因此所处地平半径不是 6378km。

②照相机焦距的局限与大气散射。照相机焦距的局限和大气折射、散射使得我们拍摄到的月球清晰度不够，部分轮廓出现模糊。

③大气的折射作用。由于大气的折射作用，导致月球上各点相对于观测位置发生位移，若大气均匀，则各点发生整体平移对于图像不产生影响，但是事实上由于大气的不均匀会导致拍摄到的各点相对于真实的投影发生不同程度的位移，引起图像的微小变形。更甚者，由于大气随时处于扰动状态，严格来讲每个时刻得到的图像都是不一样的。而图像的形变对于定点测距会产生一定的影响，从而影响到后续的角度计算以及月地距离

测算。

④数学计算上的误差。本推导式中，有几处地方需要为了简化计算而保留了几位小数，再进行计算，而且由于使用三角函数换算长度与角度关系，本身计算就是经过近似逼近后得到的数字。

⑤忽略了地球、月球的轴倾角、白道倾角的误差

⑥角度测量(经度、纬度)的精确度和准确度

因此，基于以上原因，我们对实验过程进行了改进

(五)用天平动计算月地距离

(第二版方案)

1.公式定理补充

(1)倒角公式

若把直线 l_1 依逆时针方向旋转到与 l_2 第一次重合时所转的角是 θ，则 $\tan\theta=(k_2-k_1)/(1+k_1\cdot k_2)$。

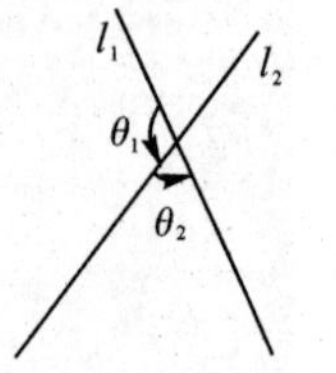

图 1.7-18　倒角公式

(2)圆的切线方程

若点 $M(x_0,y_0)$ 在圆 $x^2+y^2+Dx+Ey+F=0$ 上，

则过点 M 的切线方程为

$x_0x+y_0y+D\times(x+x_0)/2+E\times(y+y_0)/2+F=0$

或表述为：

若点 $M(x_0,y_0)$ 在圆 $(x-a)^2+(y-b)^2=r^2$ 上，

则过点 M 的切线方程为

$(x-a)(x_0-a)+(y-b)(y_0-b)=r^2$

若已知点 $M(x_0,y_0)$ 在圆 $(x-a)^2+(y-b)^2=r^2$ 外，

则切点 AB 的直线方程也为

$(x-a)(x_0-a)+(y-b)(y_0-b)=r^2$

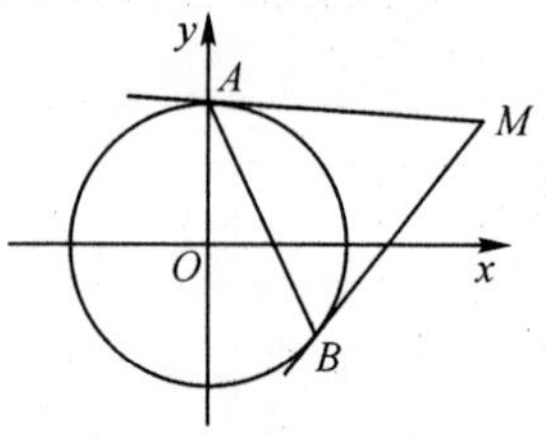

图 1.7-19　圆的切线方程

(3)白赤交角

白赤交角：白道面与地球赤道面之间的夹角称为月亮赤纬角(亦称白赤交角)，这个交角是变化的。

2.具体推导过程

以月地中心连线作为 x 轴，建立直角坐标系，如图设月地距离为 L，地球半径为 R，月球半径为 r

则可知，地球：$x^2+y^2=R^2$

月球：$(x-L)^2+y^2=r^2$

设在月球上中天前后 t(h)拍摄，则

$\Theta1=t/T\times2\pi$(T 为地球自转周期，即 24h 整)

（在此计算过程中忽略在 $2t$ 过程中月球的公转角度 β）

P2：$(R\cos\theta_1, R\sin\theta_1)$

P1：$(R\cos\theta_2, R\sin\theta_2)$

两条切线方程为

$(R\cos\theta_1 - L)(x-L)+(R\sin\theta_1)\times y=0$

$(R\cos\theta_1 - L)(x-L)-(R\sin\theta_1)\times y=0$

从而得出两条切线方程的斜率

$k_1=(L-R\cos\theta)/(R\sin\theta_1)$

$k_2=(R\cos\theta-L)/(R\sin\theta_1)$

$\tan\beta=\dfrac{k_1-k_2}{k1k2}$

求得的 β 为周日天平动

L 当日 $=\dfrac{L}{\cos\partial}$（∂ 为当日白赤交角，可求得）

在该方案中对在一晚上两个观测间隔之间数小时时间内月球的公转导致的偏差进行忽略处理。在这过程中很明显地存在一个利害关系，即在一个晚上的观测中，取上中天前后时间越长，则获得的周日天平动角度越大，同时对地月距离的测算越精确；另一方面时间越长会导致由月球公转导致的误差越大。（预计有十的负三次方级的误差）对此我们将进行实验型测算，即在一天晚上取不同的间隔时间，再取一个月中的多个不同晚上，进行计算选取误差尽可能小的时间间隔作为课题采用时间，以进一步完善课题。

因此，我们进行了继续的测定。

（六）实验准备

1. 程序应用

考虑到本次实验数据较多，为了方便我们对月球天平动的测算，因此我们采用编程工具，具体编码详见附录（略）

2. 具体实施

通过软件提前查询到月球上中天及前后一小时的时间，放置好测量工具，在观测时间前 10min 搭接好器材。

3. 得出结论

连续数日观测，获得图片，用 Photoshop 取点，得出结果，通过相关编程进行处理计算，处理得出月地距离。

（七）实验数据汇总

我们又进行了第二组的拍摄与数据取点，使实验结果更具有代表性，以下为方案一的测量结果。

表 1.7-4　方案一测量结果

第一组	月地距离实际值	月地距离测量值	误差(%)	天平动	备注
1	374930.218	334859.372	−10.68754774	1.06	
2	370895.145	—	—	—	环形山不可见
3	367882.788	389796.45	5.956696741	0.91	
4	366030.751	358425.1765	−2.077851237	0.99	
5	364712.688	373450.4258	2.395786617	0.95	
6	364296.793	365782.9164	0.407943048	0.97	
7	364546.671	220995.6981	−39.37794098	1.61	数据错误
8	365338.308	—	—	—	环形山不可见
9	366644.875	412367.0809	12.47043367	0.86	
10	368410.905	365782.9164	−0.713330827	0.97	
11	370653.692	—	—	—	环形山不可见
12	373418.218	—	—	—	环形山不可见
13	376649.163	377406.5229	0.201078336	0.94	
14	380308.914	334859.372	−11.95069071	1.06	
15	384250.147	347929.5242	−9.452338034	1.02	
16	387925.865	214385.2204	−44.73551785	1.66	数据错误

而通过方案二中的照片于中天前后一小时拍摄，所以 θ 取 15°带入公式，结合当时白赤交角，可以算得当日实际月地距离，从而验证方案二的准确性。

表 1.7-5　方案二验证结果

第二组	月地距离理想值	月地距离实际值	误差(%)	天平动度数	备注
1	396153.577	412367.0809	4.092731928	0.86	
2	392426.508	377406.5229	−3.827464462	0.94	
3	387656.927	—	—	—	下雨
4	382182.038	351358.8038	−8.065066145	1.01	
5	376430.891	—	—	—	下雨
6	370899.321	365782.9164	−1.379459133	0.97	
7	366072.519	398520.4034	8.863785933	0.89	
8	362366.805	358425.1765	−1.087745464	0.99	

续 表

第二组	月地距离理想值	月地距离实际值	误差(%)	天平动度数	备注
9	360055.637	—	—	—	环形山不可见
10	359229.533	—	—	—	环形山不可见
11	359808.339	381447.6896	6.014132601	0.93	
12	361565.66	365782.9164	1.166387439	0.97	
13	364200.998	—	—	—	下雨
14	367408.863	341268.7873	−7.114710151	1.04	
15	370926.77	373450.4258	0.68036496	0.95	

(八)小结

实验数据表明，尽管我们的实验中存在部分由于取点而带来的数据有误，大部分数据误差都在10%以内，作为一个使用简易方法完成的实验，能取得这样的结果，我们感到很欣慰。

本实验结果可为广大天文爱好者提供一个天体间测量的好方案。

七、思考

在本课题中，我们在对数据测量、误差分析等方面投入了大量的时间，虽然，很累，也曾迷惑，但最终我们都挺过来了，现在回想，只因为心中有梦。也正因为如此，我们才收获了许多许多，我们坚信，只要朝着梦想不断前行，总有一天，能到达成功的彼岸，我们也希望会有更多的同学一起来加入我们天文爱好者的行列！

在本课题制作过程中，我们也经历了不少困难，如对杭州“风云变幻”的天气的限制以及因为长时间等候观测月亮而常常忘记了睡觉的时间，后期对实验数据的处理，用信息技术的知识对照片进行加工，等等，其间，各种各样的状况都在不断发生，我们也曾灰心，也曾想着更换课题等，但是我们也发现，幸好我们最终在老师的支持、朋友们的鼓励下，一路坚持，看着一次次的实验数据最终越来越接近实际。这也让我们激动不已。

在本课题研究过程中，感谢辅导老师耐心、持久的帮助和鼓励，对我们的方案一一指出不足，也引导我们一路继续摸索；感谢学姐陈卓君、王雨佳的指导；同时也感谢社团成员们的坚持！

专家点评

测定方法有突破性，在今后的观察研究中需要多采集样本数据。

储物柜式自助取药系统的研究和设计

杭州市安吉路实验学校　祝懿恒　指导：祝良友

摘　要：大型医院的取药窗口往往排满了人。信息化较高的医院对药房自动化进行技术改革，分药上使用自动化，但提药时仍须排队取号领药。经研究采用储物柜式方格储药柜储存每名患者的药品，可解决此难题。在患者支付完药费之后，自动将药物输送至类似超市储物柜内，同时通过微信或短信告知取药者其药物储存柜号以及密码，患者凭此信息即可取药，提高效率，实现取药自动化和物联化管理。本系统可与原有的药房自动发药系统对接，也可独立采用手工送药方法从送药口把药品送入系统。

关键词：自动分药系统　储药柜　微信　短信　物联网

一、项目背景

随着人口的增多，人们对生活质量的要求也不断提高，医院成了各个城市的重要阵地，医院的技术水平和管理水平也成了各个城市生活质量的重要指标。现在各地的医院人满为患，用户体验难以得到改善，其中突出问题是挂号难、排队难。各医院也采用各项制度改革、技术改革来解决突出问题，如网络挂号、自动药房、专家微信服务等。虽然各大医院“八仙过海，各显神通”，但是还有许多细节需要改进。

杭州各大医院不仅承担杭州近900万人的医疗问题，还要解决浙江省的重大疾病人口，压力可想而知。据统计，杭州仅浙大一院、浙医二院和浙大儿院三家医院日均诊断人数就达到十万人次。这么高频次的人群就诊传统人工分药、排队取药显然已不能应付。浙医二院滨江院区进行了全面信息化的改造，其挂号、就诊、结算等非常方便，速度大大加快效率大大提高。

图 1.8-1　综合一体自助终端

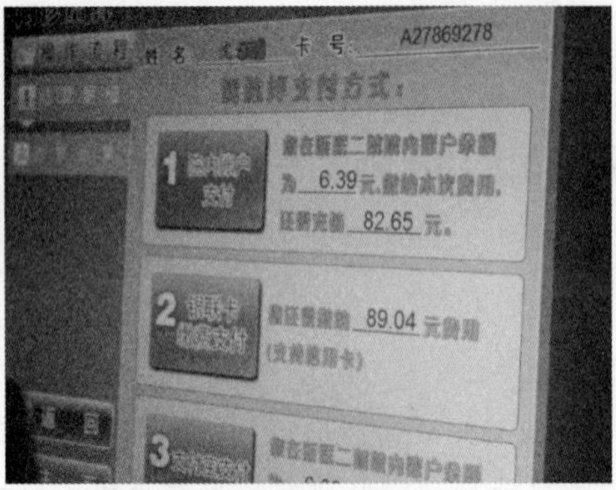

图 1.8-2　自助结算

图 1.8-3　药房排队取号系统

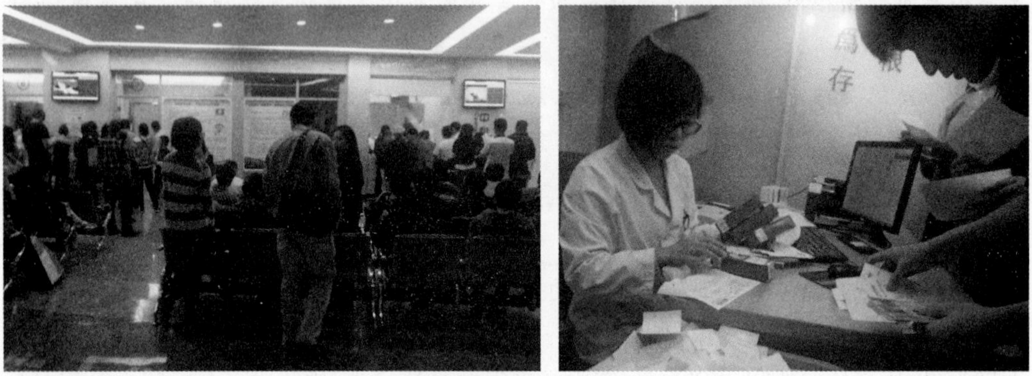

图 1.8-4　药房前排队和药房窗口内取药情况

浙医二院滨江院区是浙江省内信息化最高的医院，虽然在挂号、结算、自动化药房做得很好了，但临近最末端取药环节成了一个排队的瓶颈。取药阶段，还是运用叫号、人工发药形式，工作量大，而且容易出差错。

针对医院的药房取药问题，制作问卷调查，随机抽样 200 人进行问卷调查。调查数据统计如下：

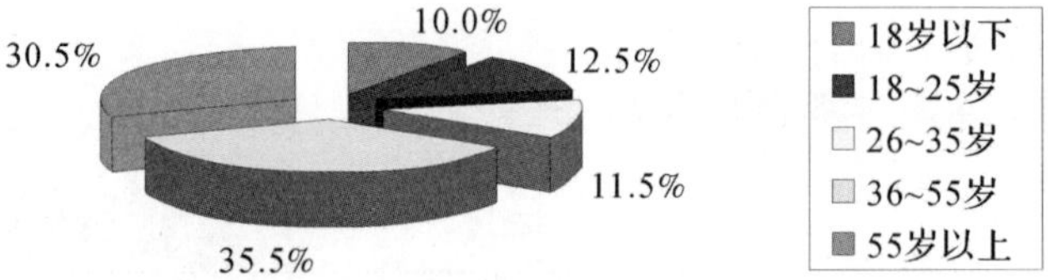

图 1.8-5　门诊人员各年龄人数比例

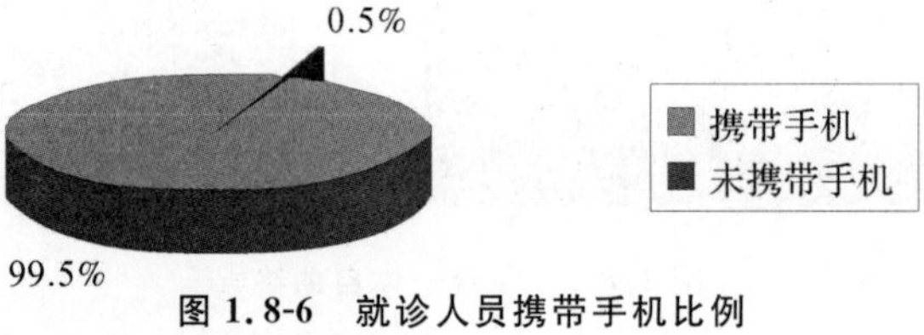

图 1.8-6　就诊人员携带手机比例

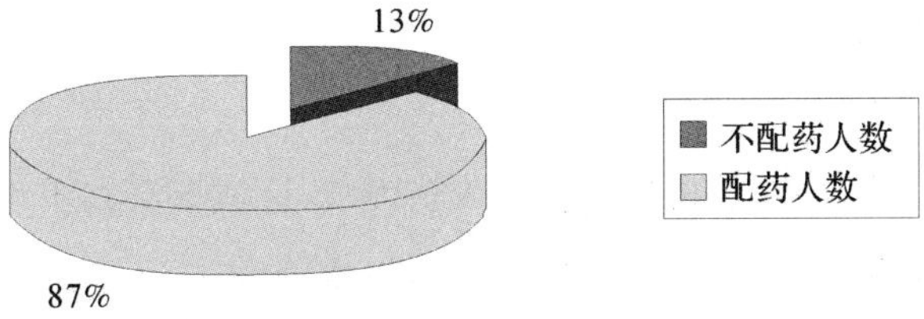

图 1.8-7 医院门诊人数配药比例

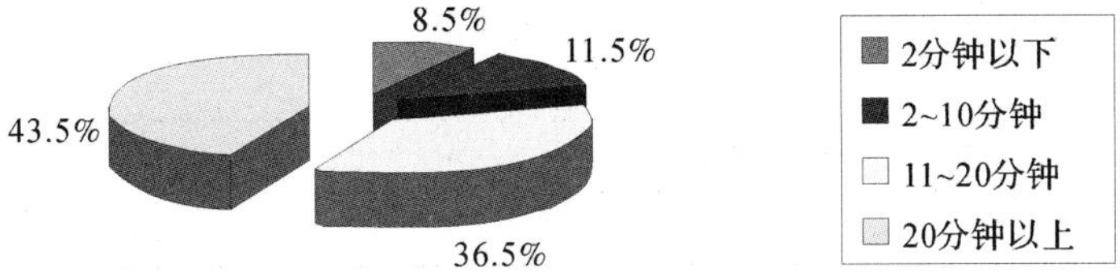

图 1.8-8 配药等待时间段比例

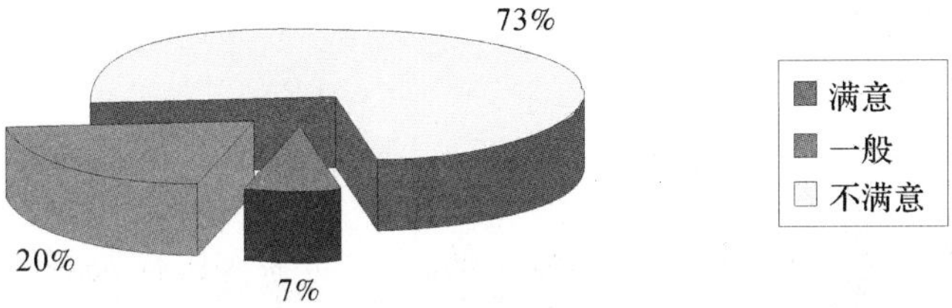

图 1.8-9 配药等待时间满意度调查

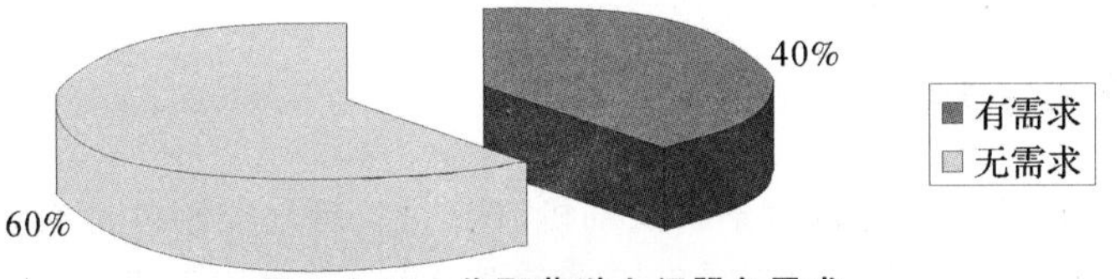

图 1.8-10 代取药送上门服务需求

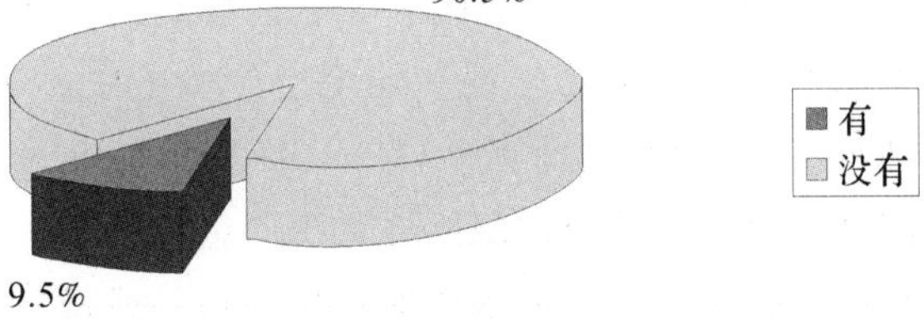

图 1.8-11 是否有取错药的情况

二、问题提出

从实地查看、问卷调查情况分析，不管是自动化药房还是人工药房，采用人工发药形式，效率低下、容易出错，是医院排队的一个瓶颈问题。采用更先进的发药方式，是药房改革的关键，也是提高医院工作效率的关键。

三、方案设想

①采用机器人发放，高智能机器人代替人员发放，完成繁杂高工作量的任务。

②采用快递邮寄形式，把药物用快递到户的形式解决。

③采用储物柜式自助取药方式，系统根据药单自动把药物送入各个储物柜，患者到储物柜凭密码取药。

工作示意图如下：

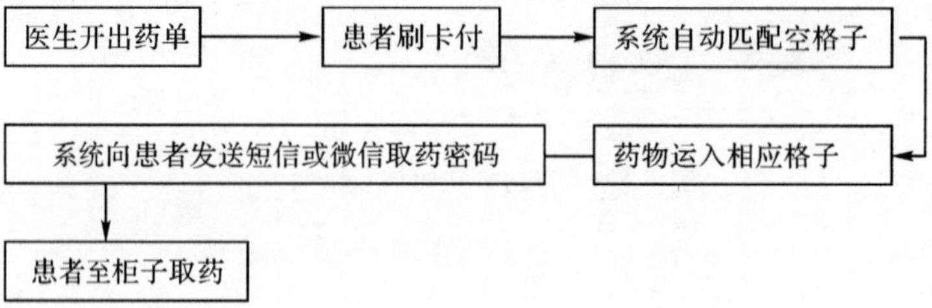

图 1.8-12　系统简要工作示意图

对比三种方案，第一种方案成本高、效率低（只是机器人代替人）直接否决；第二种方案只适合边远地区或需要代取药服务的患者，不适合门诊大批量使用情况；第三种方案简单方便，造价低效率高，适合普及运用。

四、方案设计与实现

医院自助取药系统由送药机、条码识别机、储药柜、后台控制软件系统组成。

医生开出药方，并写好医嘱输入医院软件系统中。患者在自助终端前结算账单，系统自动把药方信息传输至药房。药房可自动或手工提出相关药物，系统生成条形码并打印张贴在药物包装上方。药物通过自动装置或手工把药物送入自主取药系统的送药口，由条码扫码机识别后把患者编号和取药密码传输至空的格子中。送药机械手把药物送到空的格子中，格子中的传感器探测到药物后，在 LED 显示屏上显示患者编号，并向系统后台发出药物已收储完毕消息。后台控制软件系统向患者发出“×××你所配的药已在几号储药柜中，取药密码是××××，请尽快取药！”的短信或微信。患者收到信息后，到指定储药柜输入密码取出药物，储药柜传感器探测到药物取出后，把消息发送给后台控制系统，并自动关上格子的门。后台控制软件系统，再次向患者发服用药物的医嘱，完成自助取药整个过程。

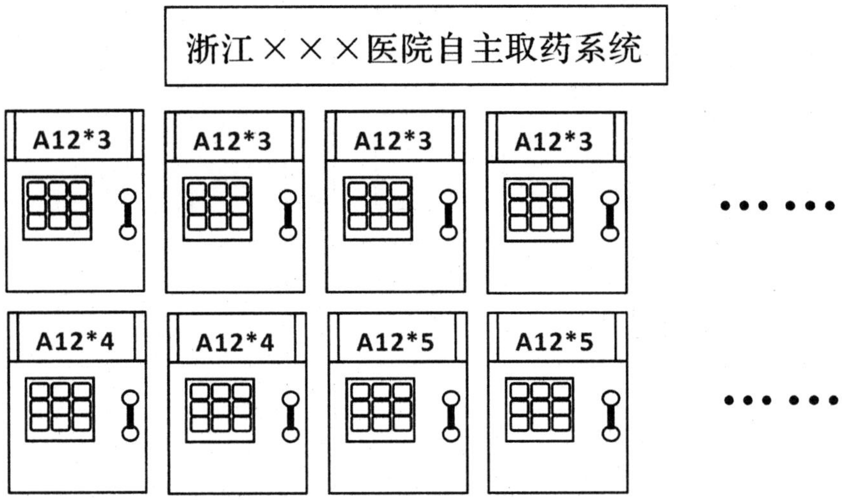

图 1.8-13　储物柜式自主取药系统全景图

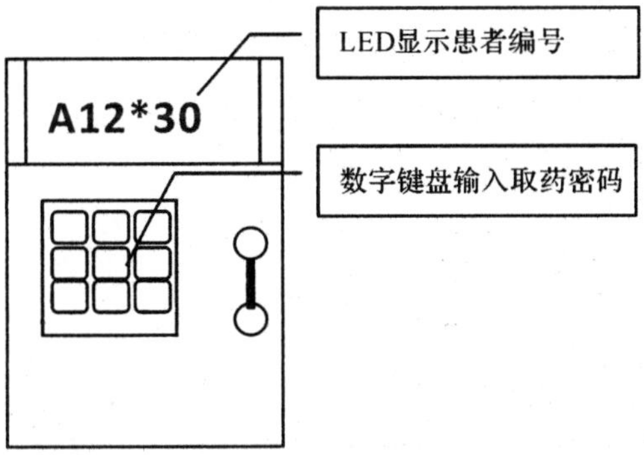

图 1.8-14　单个格子组成部分

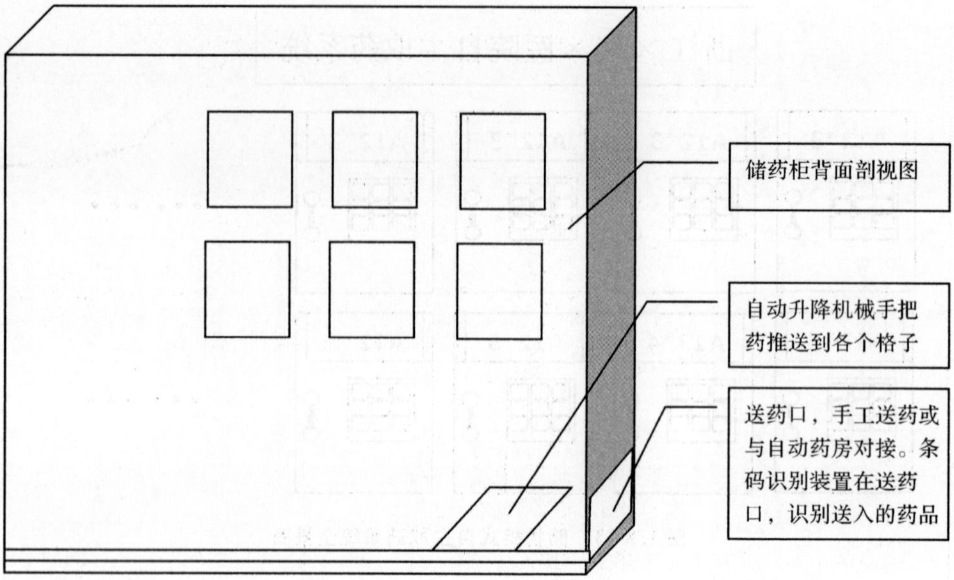

图 1.8-15　储药柜送药系统

储药柜主要由柜体、送药口条码识别机、送药机械手、独立格子组成。其工作流程如下图：

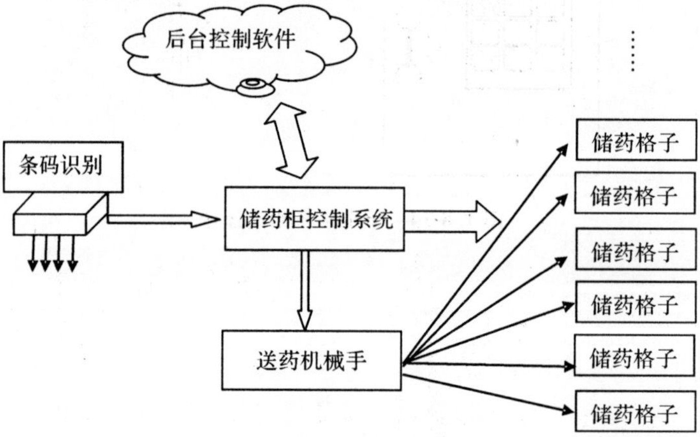

图 1.8-16　工作流程

储药格子采用独立 MCU 控制，485 总线通信连接储药柜控制系统。由 LED 显示屏、数字键盘、测障传感器、电控锁、MCU 组成，其工作原理如下图：

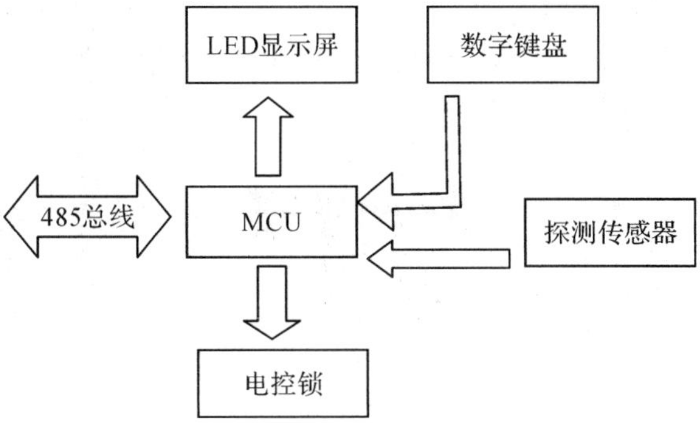

图 1.8-17　储药格子工作原理图

五、元器件采用

①储物柜控制系统主控板采用"香橙派 PI 控制板"，香橙派是一款开源的单板电脑，新一代的 ARM 开发板，它可以运行 Android4.4、Ubuntu、Debian 等操作系统，兼容树莓派。香橙派使用全志 H3 系统级芯片，同时拥有 1GB DDR 内存。拥有 USB、串口、485 等接口，是一个单板计算机，功能相当强大，价格低廉只需 95 元。

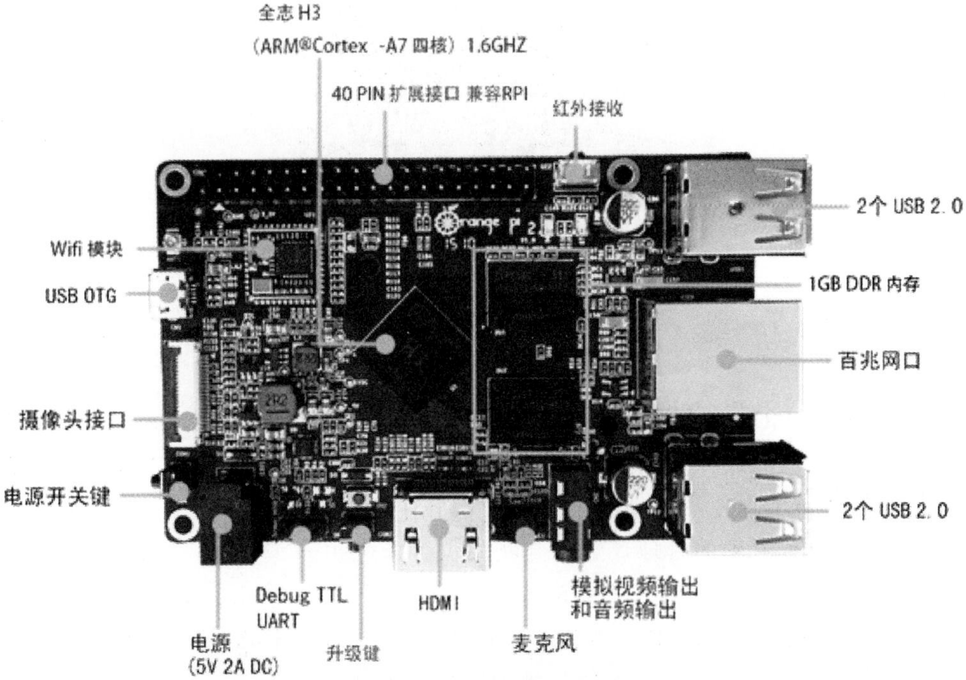

图 1.8-18　香橙派 PI 控制板

②送药机械手，采用十字架滑台构成的二维定位系统，再加个电机推杆，就能完成精准的送药动作。十字架滑台已运用于印刷机、雕刻机、3D 打印机系统，具有动作迅速、定位精准、技术成熟、价格低廉的优势。

图 1.8-19　十字架滑台

③LED 显示屏采用红色 P2.5 屏，共有 16×108 个点，可以显示 16 个数字或字母。

图 1.8-20　LED 显示屏

④数字键盘由按钮板组成，简单可靠。

图 1.8-21　数字键盘

⑤储药格子 MCU 控制器采用 Arduino Pro Mini。Arduino Pro Mini 的处理器核心是 ATmega168，同时具有 14 路数字输入/输出口(其中 6 路可作为 PWM 输出)，6 路模拟输入，一个晶体谐振，一个复位按钮。完全能胜任控制任务。

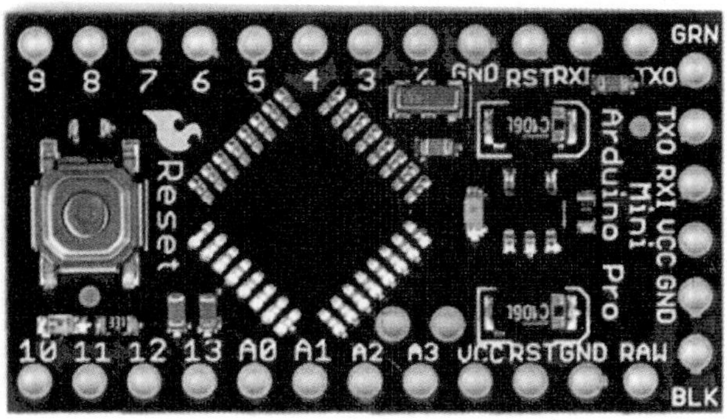

图 1.8-22　MCU 控制器

⑥电控锁采用 DC12V 电控锁,安全可靠。

图 1.8-23　电控锁

⑦RS-485 接口的最大传输距离标准值为 4000 英尺(约 1219m),实际上可达 3000m,另外 RS-232-C 接口在总线上只允许连接 1 个收发器,即单站能力。而 RS-485 接口在总线上是允许连接多达 128 个收发器。即具有多站能力,这样用户可以利用单一的 RS-485 接口方便地建立起设备网络。每个储药格子与储药柜控制器采用 485 连接,每组储药柜又通过网线接入网络。

图 1.8-24　RS-485 接口

六、程序设计

根据需求及相关硬件，本系统程序设计分为：

(一)后台系统软件接口

后台系统软件接口采用C/S架构，由医院管理系统开发商提供读写接口，通过网络与储物柜式取药系统对接。编程采用网络socket编程，医院管理系统接口可把付费完成信息发送给取药系统，取药系统把药物存储到位信息和取走信息发送给医院管理系统，使储物柜式取药系统与医院系统成为一个体系。

(二)储物柜管理系统软件

储物柜管理系统安装在香橙派开发板上，采用Linux系统C语言编程。实现与医院管理系统后台对接、条形码扫描输入、机械送药、通过485接口与格子控制系统对接。Linux系统是开源的操作系统，拥有强大的网络功能，并内置了各种设备的驱动程序，可方便地接入本系统所要用的条码扫描设备、控制送药机构、485接口与格子系统互传信息。

(三)格子控制系统嵌入式软件

格子系统采用Arduino系统，Arduino自2006年诞生以来几乎成了嵌入式的开发标准。编程采用Arduino的IDE，标准C、C++语言编程。实现接收储物管理系统485接口传过来的密码和用户，把密码存储在格子系统中，把用户名显示在LED显示屏上。密码输入后与存储密码比对，正确格子上的锁打开。传感器检测药物是否取走，取走把信息发送给储物柜控制系统，由储物柜控制系统通知医院管理系统。

以上程序经样机联调后，功能符合设计要求，运行可靠，可投入实用。

七、成本核算

本次成本核算以60个格子一组为单位核算。60个格子按平均2分钟取药时间，每小时可以满足60×30=1800名患者的需求。每天10小时工作时间可以满足18000名患者的需求。根据医院规模，可添加几组来满足具体需求。

单组60个格子成本如下表：

表1.8-1　60个格子成本

品　名	单价(元)	数量(个)	总价(元)
储物柜控制系统主控板	95	1	95
条码识别器	300	1	300

续 表

品　　名	单价(元)	数量(个)	总价(元)
送药机械手	1500	1	1500
机械手驱动器	300	1	300
格子 LED 显示屏	30	60	1800
储药格子 MCU 控制器	18	60	1080
数字键盘	2	60	120
测障传感器	20	60	1200
12V 电控锁	15	60	900
485 接口板	5	60	300
连接线材	5	60	300
柜子制作	4000	1	4000
其他辅材	500	1	500
合计			12395

总价 12395 元可以配备 60 个格子,每个格子 207 元左右。

八、推广价值

医院按每天 2 万人次取药数量计算,采用人工发药按 10 秒发 1 人次,每人每天可发药 2880 人次。2 万人次需 10 人左右发药,而且这么高频次的发药量难免会有差错,如还兼咨询那还要更多的人完成。如采用“储物柜式自助取药系统”,两组储药柜就能完成任务,成本不到 3 万元,大大节省了人力成本。采用人工发药,需等待 20～40 分钟。而采用“储物柜式自助取药系统”可实现“零等待”。因此“储物柜式自助取药系统”以成本低廉、占地面积小、患者零等待的优点,适合在各大医院推广。

专家点评

作者细致观察到了医院取药低效的现状,并结合数字化技术提出了自助取药的系统方案,具有一定创新。建议搭建一个模拟系统进一步分析验证及优化。要注意准确性。

电磁辐射警示挂件的研制

杭州江南实验学校　张珂雨　指导:赵少蔚

摘　要:大量的医学实验和生活现实均已证明电磁辐射对人体特别是对孕妇、儿童的伤害。在现实生活中,有很大一部分人虽然知道电磁辐射对人体的伤害,却不知道哪些场合会有电磁辐射,哪些场合的电磁辐射对人体伤害特别强。本人通过实验检测证明家用电器及办公电器等电器均能产生一定强度的电磁辐射,有些产品的电磁辐射很强,会对人体造成较大的伤害。为了能及时提醒人们特别是孕妇和孩童规避电磁辐射对我们的伤害,本人通过组合法发明了电磁辐射警示挂件。电磁辐射警示挂件既能充当电磁波辐射警示器,又能充当装饰挂件,集实用性和美观性于一身。

关键词:电磁辐射,危害人体,警示挂件,创意设计。

一、设计背景

(一)电磁波危害人体现实实验

芬兰地区曾研究一百九十一名自然流产的妇女,发现职业是电脑操作员的女性,发生流产的机会是一般人的3.4倍。在此研究中实际量测工作环境中的电磁波强度约为9毫高斯($90\mu W/cm^2$),明显大于一些国家如瑞典所订的安全标准2毫高斯($20\mu W/cm^2$)。(摘自“医学教育网”《准妈妈请远离电磁波》)

研究同时发现,家中某些家电用品的使用与否可能和血癌发生率的增加有关。其中母亲在怀孕时曾使用电热毯者,胎儿日后得血癌的机会是一般儿童的七倍;若母亲在怀孕时经常烫头发,胎儿日后得血癌的机会是一般儿童的六倍;若母亲经常使用吹风机,胎儿日后得到血癌的机会是一般儿童的二点八倍。(摘自“趣味百科”中《电磁波与癌症》)

科学化的医学研究报告方面,例如美国约翰普金斯大学研究办公室中电磁波的来源,发现除了电脑外,办公室中的影印机、传真机、印表机等的使用,使环境中电磁波的强度平均高达3.2～6.5毫高斯($32\sim65\mu W/cm^2$),超出标准值的2毫高斯($20\mu W/cm^2$),因此可能和妇女自发性流产及产出畸形儿有关(心脏及骨骼发育异常)……(摘自“豆丁网”《电磁波无处不在》)

零星的非科学化报告中也常报道电磁波可怕的一面,例如美国地区有一家名叫得柏特的公司,公司内二十多名怀孕的妇女,在一年内出现七名流产的病例。另外,在加拿大

多伦多的一家报社也出现七名女性工作人员，接连生下四个畸形儿的案例。（摘自“儿童趣味百科”《电磁波对孕妇的影响》）

（二）生活中的常见危害事件

全家人齐聚一堂大吃火锅，吹着暖暖的电暖器时，如果是电磁炉及微波炉，得要小心电磁波辐射的问题了。电磁炉在使用时，距离十厘米的距离可测得电磁波的强度是840毫高斯（8400μW/cm^2），即使距离1m，电磁波的强度仍高达4.5毫高斯（45μW/cm^2），远较欧美各国所订环境中电磁波的安全标准2毫高斯（20μW/cm^2）要高出许多。

鱼放入微波炉中，照射微波九秒后观察鱼眼睛的变化。发现微波使鱼眼睛煮熟了。而当人的眼睛暴露在微波中，人眼睛中的水晶体也会和鱼眼睛一样变白，于是再也看不见东西了，这就是所谓的白内障。微波炉在使用中会发出强电磁波，在以微波炉炊煮食物时，应避免在微波炉前等待，不可在微波炉的玻璃窗前观看食物加热，对视力危害很大，尤其小孩。

直接将机械式的手表置于电磁炉上，手表的运转将会出现不精确的现象。对于装有心脏起搏器的病人，环境中电磁波的危害可能会带来致命的后果。

手机，它的电磁波其实是很强的。在电脑前拨通手机，大家往往会发现电脑屏幕闪烁不已。又在打开的收音机前拨通手机，收音机也受到很大的干扰。所以尽量避免贴于胸前、近生殖系统部位等。

（三）我国环境电磁波卫生标准

《中华人民共和国环境电磁波卫生标准》中规定：

以电磁波辐射强度及其频段特性对人体可能引起潜在性不良影响的限值为界，将环境电磁波容许辐射强度标准分为二级。

一级标准

为安全区，指在该环境电磁波强度下长期居住、工作、生活的一切人群（包括婴儿、孕妇和老弱病残者），均不会受到任何有害影响的区域。

二级标准

为中间区，指在该环境电磁波强度下长期居住、工作和生活的一切人群（包括婴儿、孕妇和老弱病残者）可能引起潜在性不良反应的区域；在此区内可建造工厂和机关，但不许建造居民住宅、学校、医院和疗养院等，已建造的必须采取适当的防护措施。超过二级标准地区，对人体可产生有害影响。

电磁辐射单位用微特斯拉（μT）表示，辐射大于0.4μT属于较强辐射，对人体有一定危害，长期接触易患白血病等癌症。辐射在0.4μT以下，相对安全。

备注：1μT（微特斯拉）＝10mG（毫高斯）＝100μW/cm^2

从上述资料中可以看出，我国的电磁波安全标准（＜0.4μT＝4毫高斯）要低于美国的标准（＜2毫高斯）。

(四)家用电器产生电磁波测量

大家知道日常家用电器工作时会产生电磁辐射,各种电器产生的电磁波强度是多少呢?为此,我用型号为 QX-5 的电磁波辐射测试仪对各种家用电器进行了测量探究活动。

表 1.9-1　QX-5 电磁波辐射测试仪测试数据

电器名称	电磁波强度(低频)单位:$\mu W/cm^2$					
测量距离	0cm	2cm	5cm	10cm	15cm	20cm
手提电脑	0	—	—	—	—	—
台式电脑主机	5241	4831	4341	3691	1631	70
台式液晶电脑屏幕	5321	4531	4260	2900	320	0
电视机	4200	20	0	—	—	—
电冰箱	4911	4641	4391	4291	3691	2751
微波炉(待机状态)	5411	4961	2581	2571	1321	391
抽油烟机(待机状态)	4731	2221	281	0	—	—
抽油烟机(工作状态)	5621	5231	4621	3751	2441	1061
插座	6200	4500	100	0	—	—
开关	4951	2161	0	—	—	—
节能灯	7821	5931	4011	1251	0331	—
日光灯	0	—	—	—	—	—
电线	5200	701	0	—	—	—
手机接听时	1400	0	—	—	—	—
手机待机	0	—	—	—	—	—
电饭锅	150	0	—	—	—	—
电磁炉	5291	4350	4010	3221	751	0
台灯(护眼灯)	7091	6981	5871	3600	400	0
电吹风	5011	1361	0			
电风扇	5211	4791	4621	3961	2371	341
取暖器	4681	3011	611	0	0	0

图 1.9-1　测量电视机的电磁辐射

图 1.9-2　测量插板的电磁辐射

图 1.9-3　测量微波炉的电磁辐射

图 1.9-4　测量电视关机时的电磁辐射

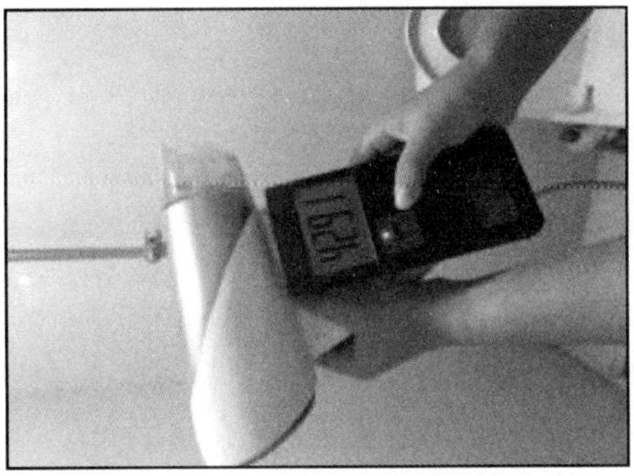

图 1.9-5　测量吹风机的电磁辐射

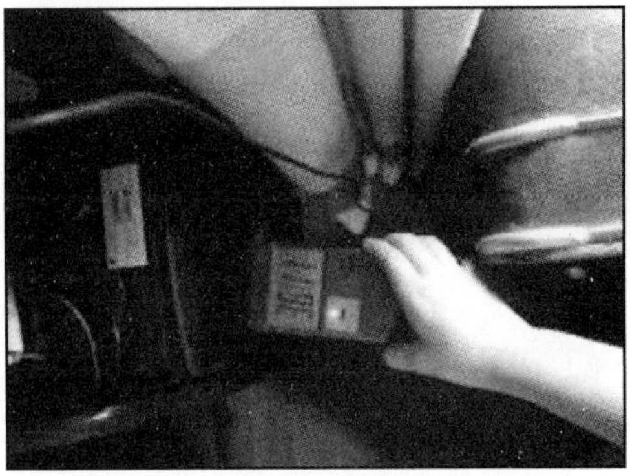

图 1.9-6　测量电脑主机的电磁辐射

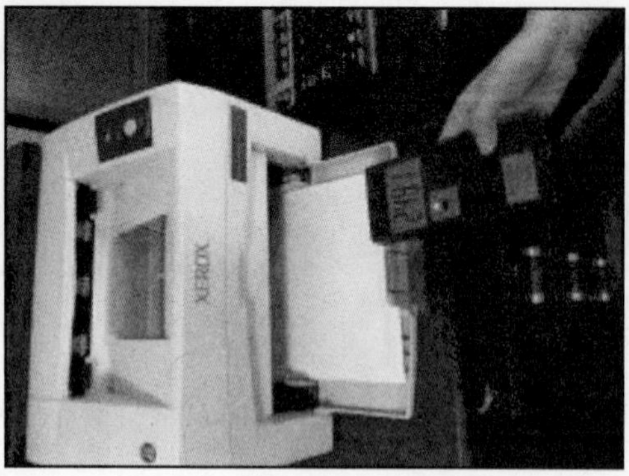

图 1.9-7　测量打印机的电磁辐射

图 1.9-8　测量洗衣机的电磁辐射

检测结果表明，各种家用电器都能产生电磁辐射，但不同电器的辐射强度是不同的，如工作状态的电吹风、抽油烟机等电器产生的电磁辐射强度很强，即使在 20cm 处，它强度都远远超过我国环境电磁波卫生标准。

二、设计意图及原理

（一）将自制的电磁波检测器与妇女、小孩喜欢使用的生活挂件进行合理组合，形成电磁辐射警示挂件，专供孕妇和小孩使用。

（二）纽扣电池性能

电池型号：LR44	电池品牌：HD	标准电压：1.5V
终止电压：0.9V	额定容量：140mah	电池尺寸：Φ11.6×5.4mm
工作温度：－20℃～＋45℃	储存温度：－20℃～＋45℃	

（三）三极管

三极管，全称应为半导体三极管，也称双极型晶体管、晶体三极管，是一种控制电流的半导体器件，其作用是把微弱信号放大成幅度值较大的电信号，也用作无触点开关。晶体三极管，是半导体基本元器件之一，具有电流放大作用，是电子电路的核心元件。三极管是在一块半导体基片上制作两个相距很近的 PN 结，两个 PN 结把整块半导体分成三部分，中间部分是基区，两侧部分是发射区和集电区，排列方式有 PNP 和 NPN 两种。

（四）发光二极管

发光二极管简称为 LED。由含镓（Ga）、砷（As）、磷（P）、氮（N）等的化合物制成。当电子与空穴复合时能辐射出可见光，因而可以用来制成发光二极管。在电路及仪器中作为指示灯，或者组成文字或数字显示。砷化镓二极管发红光，磷化镓二极管发绿光，碳化硅二极管发黄光，氮化镓二极管发蓝光。因化学性质又分有机发光二极管 OLED 和无机发光二极管 LED。

(五)电阻

电阻器(Resistor)在日常生活中一般直接称为电阻。是一个限流元件,将电阻接在电路中后,电阻器的阻值是固定的,一般是两个引脚,它可限制通过它所连支路的电流大小。阻值不能改变的称为固定电阻器。阻值可变的称为电位器或可变电阻器。理想的电阻器是线性的,即通过电阻器的瞬时电流与外加瞬时电压呈正比。用于分压的可变电阻器。在裸露的电阻体上,紧压着一至两个可移金属触点。触点位置确定电阻体任一端与触点间的阻值。

三、设计材料

三极管、发光二极管、电阻、纽扣电池、各色挂件等。

四、设计过程

(一)采购材料

在淘宝网上选购发光二极管、三极管、挂件、纽扣电池等材料。

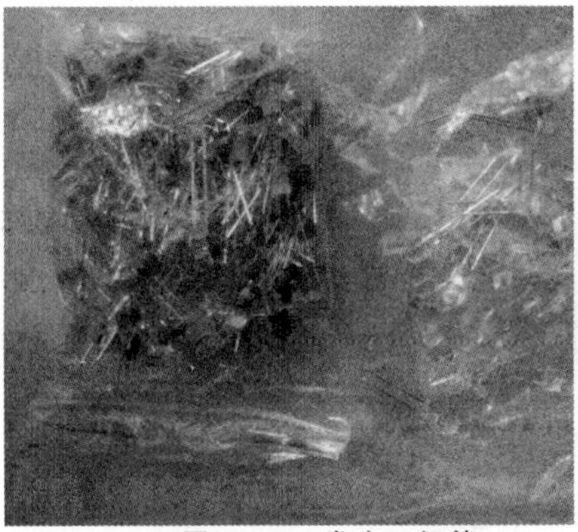

图 1.9-9　发光二极管

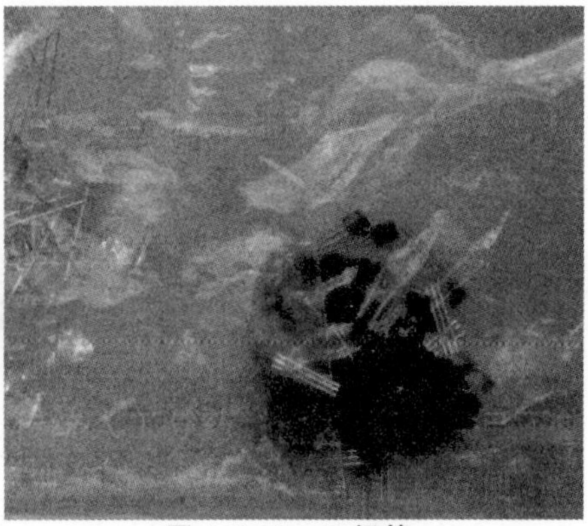

图 1.9-10　三极管

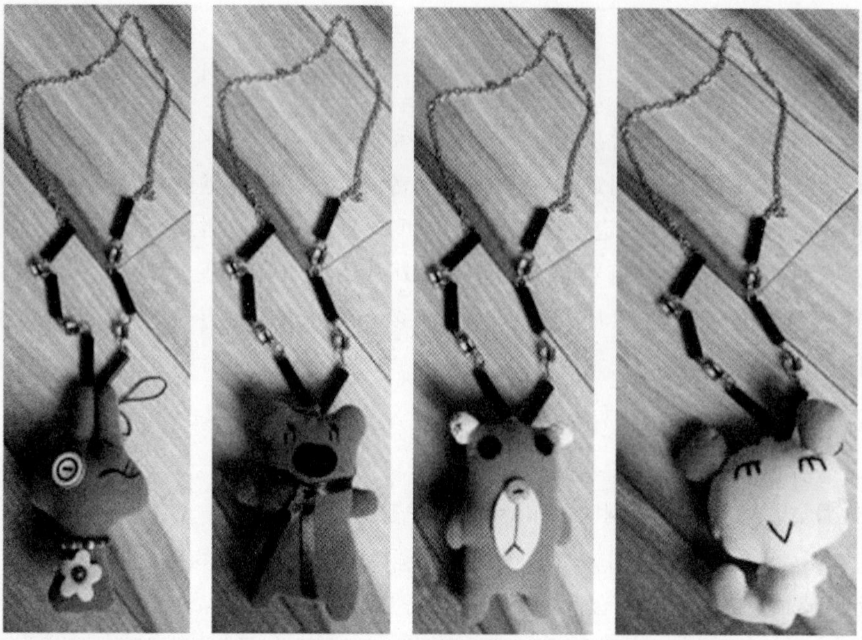

图 1.9-11 挂件

(二)纽扣电池盒的制作

电池盒的制作，用 2mm 的有机玻璃制作纽扣电池盒，考虑到电磁波检测传感器模块输入电压为 5V，因此用三颗电池，串联后正常电压可达到 4.5V，能使传感器模块正常工作。为了减少作品的体积和电池盒的安装，我特意将电池盒制成扁形的，如图 1.9-12 所示：

图 1.9-12 扁型电池盒

(三)自制电磁波警示器

第一代电磁波警示器

我制作的材料：四只 9014 三极管、一只发光二极管、电路板一块、纽扣电池、电池盒等电子元件进行制作，通过焊接、连接，我终于完成了电磁波警示器，如图 1.9-13、图 1.9-14所示。

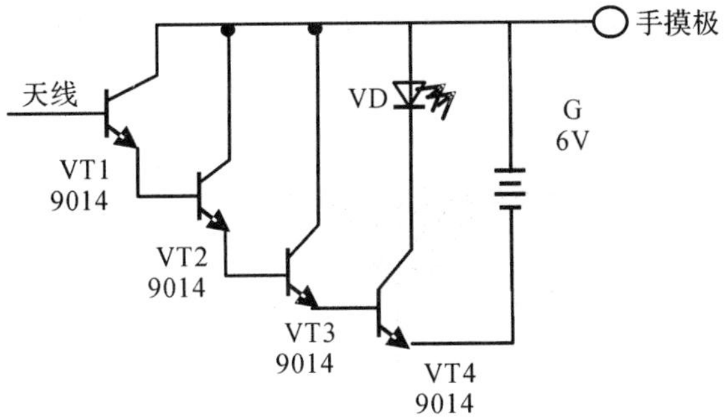

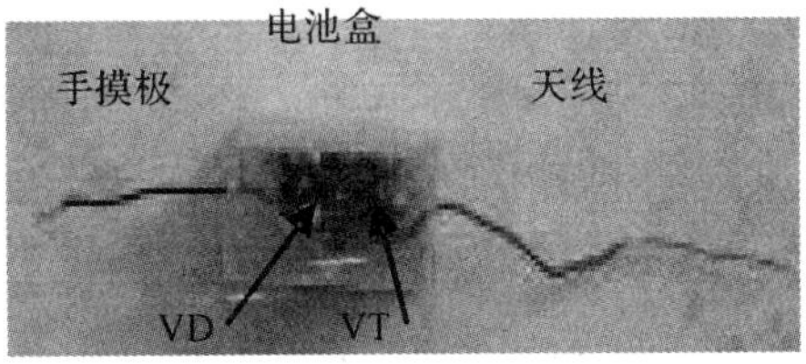

实物图

图 1.9-13　电磁波警示器电路图

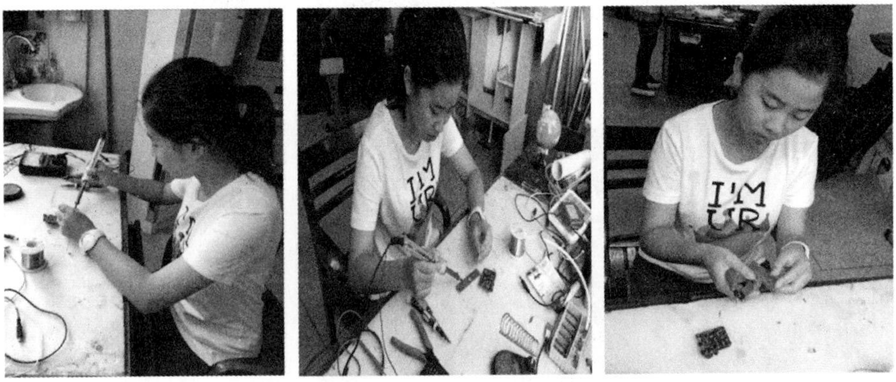

图 1.9-14　焊接电磁波警示器

元件组合完成后进行测试，其效果非常好，在距电脑键盘约 30cm，距电源插板约 50cm处，它能感受到它们所产生的电磁辐射，如图 1.9-15 所示。

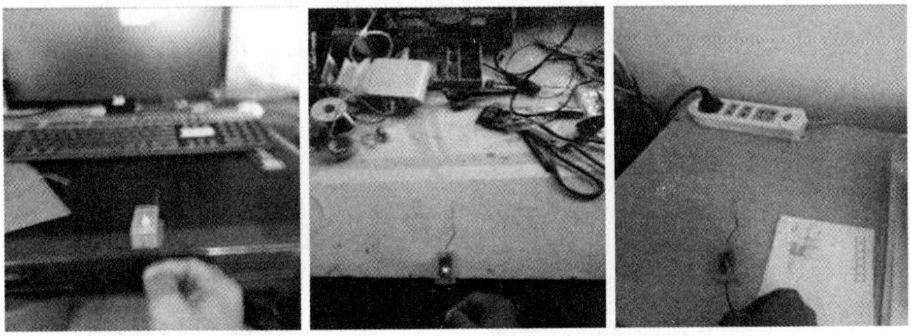

图 1.9-15　在不同电器旁检测

(四)成品组装

取一个造型自己喜欢的挂件，按电磁波检测传感器模块宽度的尺寸，用剪刀剪开挂件的适当位置，再将电磁波检测传感器模块放入挂件中，把手摸极导线与挂件链条前端连接，将天线在挂件的另一头露出 1cm 左右。最后用针线将其缝合，如图 1.9-16 所示。

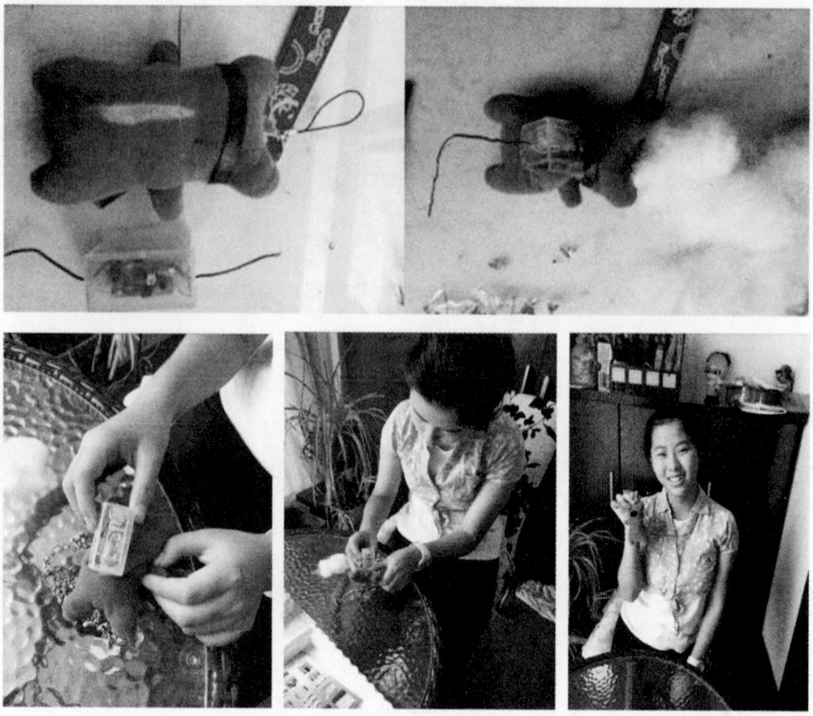

图 1.9-16 作品图

五、检测过程

①将挂件挂在脖子上，与电器有一定距离时，挂件内的发光二极管就会发光，距离越近光度越亮。如当挂件距电脑键盘 30cm 时，挂件内的发光二极管就会发光。

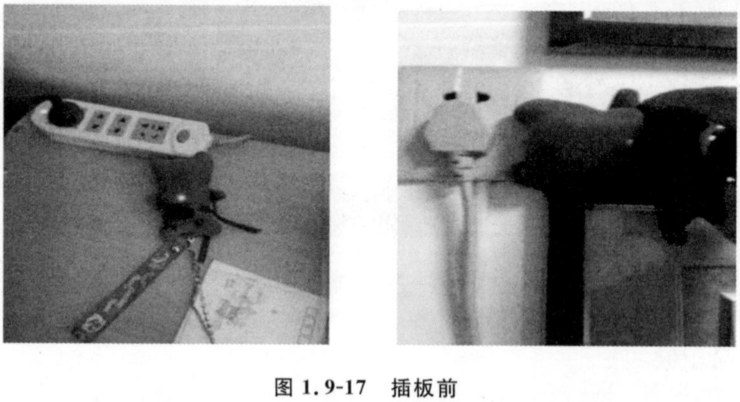

图 1.9-17 插板前

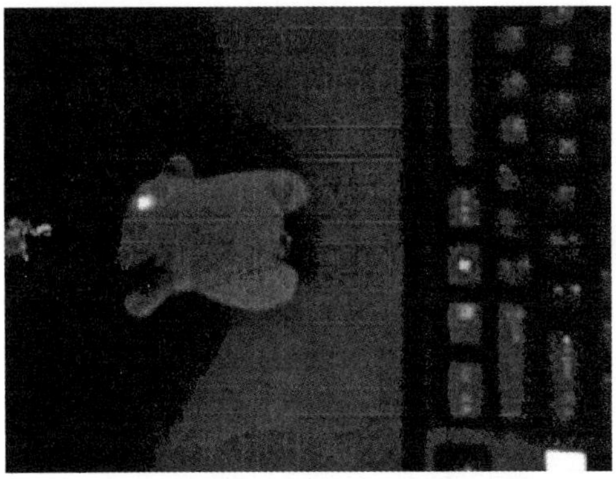

图 1.9-18　键盘前近　光强

图 1.9-19　键盘前远　光弱

②将挂件放在电磁波发生器前,测量电磁波强度与灯光强弱的关系。

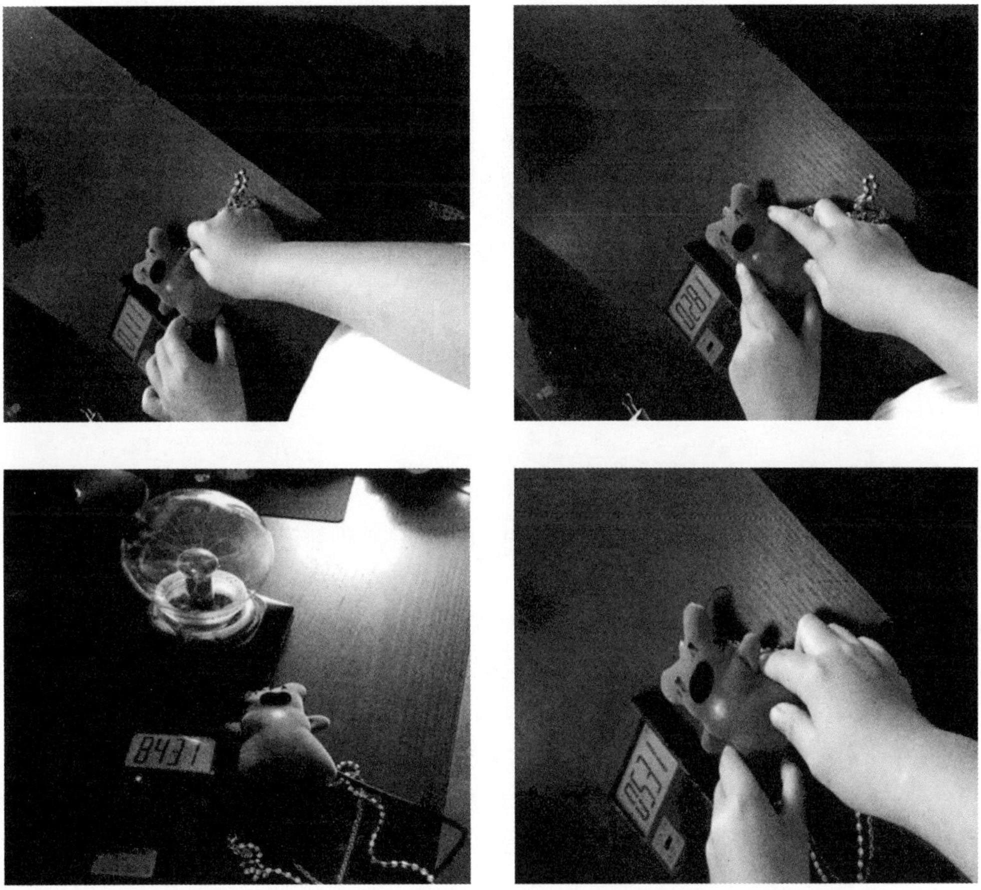

图 1.9-20　作品检测图

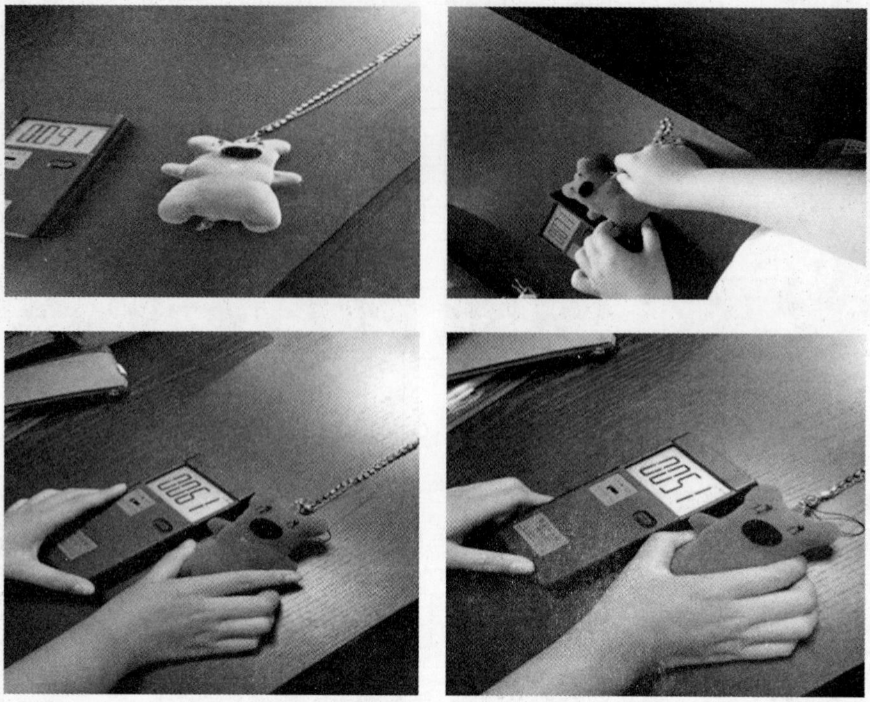

图 1.9-20　作品检测图(续)

六、作品改进

(一)第二代电磁波警示器设计

2015 年 11 月 26 日,该作品参加杭州市青少年科技创新大赛,荣获市二等奖,并被推荐参加浙江省青少年科技创新大赛。评比后我觉得自己的作品还可以进一步改进:安装多个发光二极管,在不同强度的电磁辐射环境中,显示不同个数的二极管发光现象。在改进设计中,将三极管由原来的四只增加到七只,发光二极管由原来的一个增加到三个、四个、五个,二极管选用单色光和四色光两种,在 VD 连接限流元件电阻。预想当电磁辐射较弱时,VD5 发光,稍强时 VD5、VD4 两个发光,很强时 VD5、VD4、VD3、VD2、VD1 都发光。为了减少作品体积,我将电池盒直接做在电板上,为了增加对电磁波信号的接收,将接收天线由一根金属改成散状,电路图如图 1.9-21 所示,作品如图 1.9-22 所示。

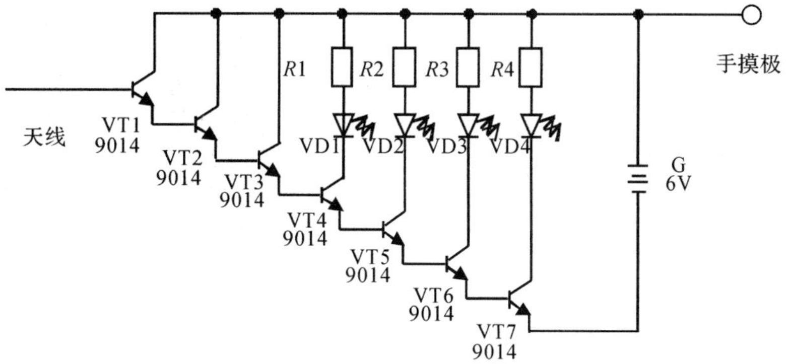

图 1.9-21　改进电路图

图 1.9-22　改进后实物

(二)电路原理

接通电源后,VT1 天线接收电磁波信号,经放大后传入到 VT2,VT2 二次放大信号后传给 VT3,依次类推,直到 VT7。VT7 上有足够大电磁波信号流向 VD4 时,VD4 发光。在强电磁波环境中,经过多次放大后的电磁波信号通过电阻的限流作用,使信号分别流向 VD4、VD3、VD2、VD1,导致各个二极管同时发光。

七、作品测试

(一)定性测试

将作品在电磁辐射较弱区域和较强区域进行测试,结果表明,当作品在电磁辐射较弱区域时,只有 VD3 发光,而在电磁辐射较强区域时,VD1、VD2、VD3 同时发光,如图 1.9-23所示。

弱环境测试情况　　中环境测试情况　　强环境测试情况

图 1.9-23　在电磁辐射强弱不同环境中定性测试

(二)定量测试

作品中的二极管在多少强度的电磁辐射下会有不同只数发光呢？对此，我用电磁波检测仪和本用品同时进行测量，其结果情况如图 1.9-24 所示。

电磁辐射约在 31μW/cm² 以下时 VD3 不发光，达到 31μW/cm² 时 VD3 发光

电磁辐射约大于 31μW/cm²，小于 2691μW/cm² 时 VD2、VD3 发光

电磁辐射约大于 2691μW/cm² 时 VD3、VD2、VD1 全部发光

图 1.9-24　定量测试

八、检测结果及分析

表 1.9-2 检测结果

电磁波强度($\mu W/cm^2$)	VD3	VD2	VD1
<31	不发光	不发光	不发光
31～50	发光	不发光	不发光
51～2691	发光	发光	不发光
>2691	发光	发光	发光

从定性和定量测试情况来看，本作品能在不同强度的电磁辐射环境中，其 VD 发光的个数是不同的，电磁辐射较弱时只有一只 VD 发光，电磁辐射中等强度时有两只 VD 发光，在高强度时三只 VD 全都发光。测试结果证明，本作品能有效警示电磁波，避免电磁波对人体的伤害。

九、发明成品展示

警示包饰

警示项链

美观实用的警示挂件

图 1.9-25 发明成果展

十、创新点

将生活挂件与自制电磁波检测器进行合理组合，形成既具有警示电磁辐射的作用，又具有装饰作用的新的生活用品。

新颖性：在制作之前，我通过百度、淘宝网查新，没有发现电磁辐射警示挂件等产品及相关文献，说明它具有新颖性。

先进性：本作品在装饰用品上增加电磁辐射警示功能的创意，领先于国内，具有较大的先进性。本项小发明在用途和性能上，解决了集实用性与美观性于一身的难题。

科学性：本作品感应到的信号，经过多个三极管进行多级放大，通过电阻限流，使信号分别流向多个发光二极管，并通过发光形式显现出来，它们都是符合科学原理的。

实用性：电磁辐射警示挂件可挂在胸前，也可挂在女士的包上作为装饰物，当电磁波超过设定值时，挂件的二极管发光报警，提醒人们注意防护人体，因此它具有很强的实用性。

十一、发明方法

组合法，即将两种或以上的产品、设想或者技术思想的进行有机组合，产生一种新的物品。

专家点评

该作品设计了一种小巧的挂件式辐射检测装置，简单实用，效果明显，有一定创新。

杭州市快速公交 BRT 运行状态的诊断研究

杭州江南实验学校　董令涵　李雨哲　黄异同　指导：邹小斌

摘　要：城市道路变得越来越拥堵，为了解决拥堵问题，各地都在大力提倡公共交通。我们通过向市民发放有关问卷，发现快速公交 BRT 已成为众多市民出行的首选之一，但其运行中仍存在速度不够快等问题。研究实验过程中，采用 GPS 对杭州快速公交 B2 线路的运行状态进行高频数据采集和处理，包括速度（运送速度、行驶速度）、延误（站点停靠时间、道路交叉口延误）以及工况（匀速、加减速、怠速）三个方面的信息提取，通过对这些信息进行剖析诊断，分析出了运行中产生的问题及原因，并提出了相应的改善措施。本项目提出的改进建议获得了杭州市公交集团的认可，同意采纳部分建议。

关键词：快速公交　BRT　GPS　怠速　诊断

一、研究背景

随着中国经济的增长，拥有私家车的家庭越来越多，城市交通拥挤程度日益增大，对社会发展带来了重大影响，并严重污染城市空气环境。

2006 年 4 月，杭州市政府全面贯彻和落实“公交优先”政策，其中，杭州的快速公交系统 BRT（Bus Rapid Transit）为市民提供了一种方便快捷、绿色环保的出行方式，可降低居民出行成本，提高运输质量和效率。截至目前，杭州快速公交已经拥有 4 条 BRT 线路，3 条 BRT 区间线，13 条 BRT 支线，日均运送客流达 46 万人次。根据 BRT 的设计规划，它是一种类似于轻轨运输能力的交通方式，在城市交通中与地铁一起承担着大动脉的作用。BRT 的性能特点有助于城市道路资源利用率提高、经营效益增加、城市形象提升。杭州先后获得“公交优先示范城市”“最佳旅游城市”“畅通工程一等城市”等荣誉称号，BRT 的实施也有不可磨灭的功劳。

BRT 系统除了科学合理的规划建设，系统运行的科学管理也是至关重要的。经过若干年的发展，杭州 BRT 系统运行情况怎么样，能否达到原来设计规划的要求呢？BRT 公交车的运行速度、准点率、舒适度等方面是否有什么不足？为了找到答案，我们需要对 BRT 系统的运行状态进行信息采集、分析和评价，在实验研究过程中得到了杭州市公交集团的支持。

二、研究步骤

①针对题目，通过调查问卷的方式向广大市民进行调研，了解市民对 BRT 的接纳程

度，确定项目研究价值。

②查阅相关资料，包括相关论文文献等。

③确定数据采集方法，利用 GPS 车载监控系统进行数据采集，在大学智能交通实验室帮助下，对 BRT 某线路的车辆行驶信息进行数据采集。

④确定数据分析方法，利用 Excel 工具对采集到的数据进行分析，BRT 速度分析、BRT 延误分析以及 BRT 的工况分析。

⑤最后展示数据分析结果并根据分析结果得出相应的改善性建议。

三、研究方法

（一）数据采集方法

采用GPS的高频采样方法可以全面准确地反映BRT车辆行驶状况的问题。我们将GPS车载终端事先安置在BRT车辆前端，利用GPS车载接收机接收GPS卫星的定位信息（包括时间、经度、纬度、速度等数据）和GSM移动终端无线网络的信道将定位信息发送到监控中心，在实验室分中心利用电子地图及数据库技术，通过计算机上的GPS管理系统对车辆定位信息进行实时查询和当前电子地图上车辆的准确位置的显示，同时，通过GSM无线网络向车辆发布指令，以1s为采样周期实时高频采集BRT车辆的行驶参数，并在分析现有的BRT车辆行驶特征参数基础上，通过引入BRT场站延误、交叉口延误等参数对采集的数据进行分析处理，为全面和准确地获取和分析BRT车辆行驶状况提供一种新的方法。

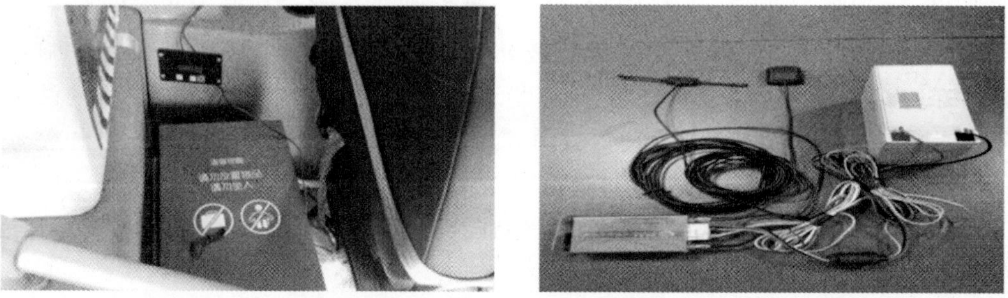

图 1.10-1　GPS 终端采集设备

1. 实验设备清点与实验环境配备

①GPS 终端若干台；型号：TR2100M，TR2000GM。无线通信使用中国移动 SIM 卡分别配备每台终端，每张 SIM 卡开通 300MGPRS 流量。

②蓄电池：数量：4 台 型号：HW-12M7.0AT。容量：12V7.0Ah/20HR。用于给 GPS 终端供电。

③GPS 定位调度系统服务器 1 台；型号：HP DL120；该服务器作为 GPS 调度系统服

务器，运行系统软件，存放车辆信息数据。

④GPS 定位调度系统调试和设备安装：在安装前，记录每台 GPS 终端所对应的 SIM 卡卡号。将 GPS 信号天线固定在车辆靠窗处，终端电源线与蓄电池电源线相连，电源电压为 12V。GPS 终端设备数量小于所安装的线路内的公交车数量，所以选择将终端安装在部分车辆上，实验前获取公交的排班表，将 GPS 终端安装在连续班车之间车辆中，并记录下 GPS 终端身份码和安装车辆编号。

⑤服务器系统调试：在组装和调试好系统每个部件后，在所有系统设备上线并保持通信，测试 GPS 终端上线情况，以及 GPS 定位数据的接收情况。

2. 采集线路

考虑到 B2 线路自北向南贯穿整个市区，沿线的公交专用道既有采用道钉的硬隔离，也有黄实线的软隔离，客流量大，具有很大代表性，所以此次数据采集选择了 B2 线路。此条线路 22.8km，沿途经过的站点有池华街公交站—池华街古墩路口—金家渡路西口—水起苑—古墩路三墩路口—古墩路石祥西路口—机动车辆管理所—杭三大桥—政新花园—骆家庄—益乐新村—宋江村—文一路学院路口—浙江工商大学—花园新村—教工路花园亭—八字桥—武林广场北—莫衙营—潮鸣寺巷—菜市桥—新城隧道东口—下车路口—市民中心。

图 1.10-2　实验线路

这里定义 BRT 的行驶方向为上行：池华街公交站→市民中心；下行：市民中心→池华街公交站。

3. 采集数据过程

在信息采集过程中，首先给 GPS 终端全部通上电，观察服务器上的 GPS 管理系统。查看 GPS 上线情况。然后在池华街公交站停车场，将 GPS 终端安装至公交车上，这里将 GPS 天线以及 GSM 天线装在窗户外边，而将蓄电池以及终端安置在司机座位后方。等到数据采集完成后，拆除 GPS 终端，然后对数据进行整理、统计和分析。

数据表中包含的字段名主要有车牌、时间、经度、纬度、速度、方向，以及位置。所包含的信息为 GPS 终端的身份码、定位的时间，GPS 终端的经纬度坐标，以及被安装 GPS 终端车辆的行驶速度、方向以及车辆的位置。图 1.10-3 为存入 Excel 的数据结构图。

车　牌	时　间	经　度	纬　度	速度(km/h)	方　向	位　置
3139003	2015-10-11 8:05:16	120.069723	30.333648	0	东北	浙江省 杭州州 余杭区
3139003	2015-10-11 8:05:17	120.069723	30.333648	0	东北	浙江省 杭州州 余杭区
3139003	2015-10-11 8:05:18	120.069723	30.333648	0	东北	浙江省 杭州州 余杭区
3139003	2015-10-11 8:05:19	120.069723	30.333648	0	东北	浙江省 杭州州 余杭区
3139003	2015-10-11 8:05:20	120.069723	30.333648	0	东北	浙江省 杭州州 余杭区
3139003	2015-10-11 8:05:21	120.069723	30.333648	0	东北	浙江省 杭州州 余杭区
3139003	2015-10-11 8:05:22	120.069723	30.333648	0	东北	浙江省 杭州州 余杭区
3139003	2015-10-11 8:05:23	120.069723	30.333648	0	东北	浙江省 杭州州 余杭区
3139003	2015-10-11 8:05:24	120.069723	30.333648	0	东北	浙江省 杭州州 余杭区
3139003	2015-10-11 8:05:25	120.069723	30.333648	0	东北	浙江省 杭州州 余杭区
3139003	2015-10-11 8:05:26	120.069723	30.333648	0	东北	浙江省 杭州州 余杭区
3139003	2015-10-11 8:05:27	120.069723	30.333648	0	东北	浙江省 杭州州 余杭区
3139003	2015-10-11 8:05:28	120.069723	30.333648	0	东北	浙江省 杭州州 余杭区
3139003	2015-10-11 8:05:29	120.069723	30.333648	0	东北	浙江省 杭州州 余杭区
3139003	2015-10-11 8:05:30	120.069723	30.333648	0	东北	浙江省 杭州州 余杭区
3139003	2015-10-11 8:05:31	120.069723	30.333648	0	东北	浙江省 杭州州 余杭区
3139003	2015-10-11 8:05:32	120.069723	30.333648	0	东北	浙江省 杭州州 余杭区

图 1.10-3　数据结构图

(二)数据分析方法

我们用 Excel 软件为工具，对数据进行分析。设计了不同的流程来分析 BRT 的速度、延误和工况。BRT 线路路段几何形状设计如图 1.10-4 所示。

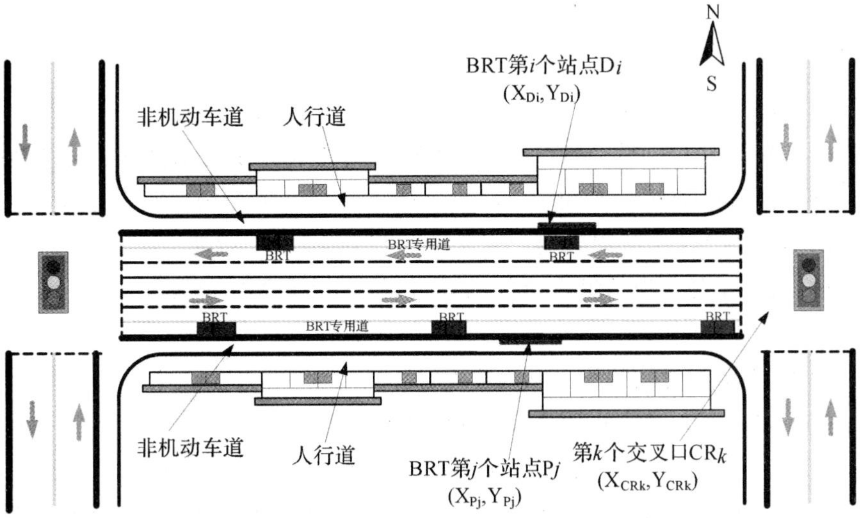

图 1.10-4 BRT 线路路段几何形状示意图

如图 1.10-3 中所示，我们采集的数据中每一个条目就是一个样本，其集合为设 $A=\{A_1, A_2, \cdots, A_p\}$，$P$ 为样本总个数，其中每个样本 $A_q=\{T_q, V_q, X_q, Y_q\}$ 都由时间 T_q、速度 V_q、经度 X_q 和纬度 Y_q 四个因素构成，$q=1,2,\cdots,P$。

1. 行驶速度与运送速度分析

BRT 的速度分析包括行驶速度分析和运送速度分析，我们对两者的定义分别如下：行驶速度 V 为 BRT 车辆驶过的路程长度 d 与非怠速行驶累计总时间 T' 之比；运送速度 V^T 为车辆驶过的路程长度 d 与所用的总行程时间 T 之比。

这两种速度含义不同，行驶速度主要是道路交通状况、BRT 车辆性能与司机驾驶行为的反映；运送速度则是衡量 BRT 公交车运输乘客的快慢程度，运送速度与行驶速度有着紧密联系，同时还受到行驶过程中的各种延误和车站停靠时间的影响，也就是说，运送速度计算时要把 BRT 公交车在沿公交线路的场站及路口的等待时间也要计入。

2. 行驶工况分析

运行工况是指 BRT 车辆在行驶过程中不断交错变化的加速、减速、匀速及怠速等行驶工况。首先，设 Excel 表中车辆第 i 秒行驶的瞬时速度为 V'_i，这里 $i=1,2,\cdots,T$，其中 T 为总行程时间。由于 GPS 直接采集的瞬时速度单位为km/h，为方便对加速度的处理，对瞬时速度进行单位转换为m/s，那么转换后 BRT 车辆第 i 秒的瞬时速度为 $V_i=1000V'_i/3600$，因此加速度 $\alpha_i=(V_{i+1}-V_i)/t_i$，单位为$m/s^2$，这里 t_i 是 GPS 采样的时间间隔，我们的实验中，它一般等于 1 秒。

各组成特征工况的相关定义为：加速工况，指车辆在行驶过程中加速度 $a>0.1\ m/s^2$；减速工况，指车辆在行驶过程中加速度 $a<-0.1\ m/s^2$；匀速工况，指车辆在行驶过程中加速度 $-0.1\ m/s^2\leqslant a\leqslant 0.1\ m/s^2$；怠速工况，指车辆发动机处于工作状态但行驶

速度为 0。

3. 延误分析

BRT 车辆在路途中行驶，它从起点到终点的行程时间其实包括了车辆处于运动状态的行驶时间和路途中的延误时间，这里我们将 BRT 车辆行驶过程中的怠速等待时间称为延误时间。而其中场站延误（也称为“站点停靠时间”，指车辆在驶入停车区域至离开停车区域的这段正常停靠过程时间内发生的延误）和交叉口延误（即车辆在交叉路口处的停留时间）是整个延误中的最重要的两种延误，我们下面的延误分析也主要针对这两个部分。

设怠速点（即瞬时行驶速度为 0 的样本）集合 $D=\{D_1, D_2, \cdots, D_j\}$，对应的经纬度集合 $XY_D=\{XY_{D1}, XY_{D2}, \cdots, XY_{Dj}\}$，其中 $XY_{Dj}=(X_{Dj}, Y_{Dj})$ 为第 j 个怠速点 D_j 的经纬度，这里 $j=1, 2, \cdots, J$，J 为怠速点总数；设 BRT 站点集合为 $S=\{S_1, S_2, \cdots, S_m\}$，其中 $m=1, 2, \cdots, M$，M 为线路站点总数；另外设交叉口集合为 $CR=\{CR_1, CR_2, \cdots, CR_n\}$，这里 $n=1, 2, \cdots, N$，N 为 BRT 线路经过的交叉口总数。进一步则有站点经纬度集合为 $XY_S=\{XY_{S1}, XY_{S2}, \cdots, XY_{Sm}\}$，交叉口经纬度集合为 $XY_{CR}=\{XY_{CR1}, XY_{CR2}, \cdots, XY_{CRn}\}$。

通过比较上述集合中每个怠速点和场站及交叉路口的距离远近，我们可以判断该怠速点属于场站延误怠速还是交叉口延误怠速，之后可分别通过累加计算场站延误时间和交叉口延误时间。

四、研究结果

采用上面的数据分析方法后，我们用 Excel 表进行计算，可以得到如下的分析结果：

（一）BRT 运送速度和行驶速度分析

硬隔离公交专用道是指实行了道钉的物理隔离，软隔离专用道是指黄实线概念隔离，我们可以通过设定不同的起点记录和终点记录，来分别计算车辆在整个上下行驶途中的运送速度和分别在硬/软隔离专用道的行驶速度，结果见表 1.10-1。

表 1.10-1　车辆在不同时段和不同路段的上下行平均速度(单位:km/h)

时间段	方向	运送速度	行驶速度（硬隔离）	行驶速度（软隔离）
7:00—9:00	上行	13.93	32.62	21.18
	下行	13.28	32.30	27.00
11:00—13:00	上行	16.74	30.93	26.90
	下行	15.50	29.91	21.80

续 表

时间段	方向	运送速度	行驶速度(硬隔离)	行驶速度(软隔离)
17:00—19:00	上行	14.96	32.35	26.35
	下行	13.88	30.13	23.41
全天 7:00—19:00	上行	15.10	32.25	24.73
	下行	13.60	32.00	24.39

* 上行:池华街公交站→市民中心　* 下行方向:市民中心→池华街公交站

由表 1.10-1 可知,早上 7:00—9:00 的运送速度仅有约 13km/h,交通早高峰对 BRT 的运行影响明显,晚高峰时运送速度也比较低,两者中下行的运送速度都略小于上行的运送速度。

BRT 车的行驶速度尚可,在硬隔离公交专用道的区域行驶速度可以达到 30km/h,软隔离公交专用道区域的行驶速度则最低只有 21km/h,公交专用道的隔离方式对公交行驶速度影响很大。根据对 BRT 驾驶员的访问调查并查阅文献可知,专用道行驶速度受到车道宽度、驾驶员心理等因素的制约,因为软隔离专用道,驾驶员担心其他车辆突然进入该车道发生事故,所以驾驶行为更加谨慎慢行,此外,软隔离专用道很多路段车道宽度较窄,甚至窄到 BRT 车只能压黄线行驶,这些因素严重影响到了 BRT 行驶速度的提升。

(二)BRT 延误分析

表 1.10-2 为 B2 线全程运行的延误时间信息表。从该表可以看出,在 BRT 行程时间分布中,总延误约占全程用时的 30%,场站延误大约占总延误的 24.8%,交叉口延误约占总延误的 44%,非灯控路口的延误也达到了 27%,这样就造成公交车在场站或者交叉口停留时间是整个行程时间的主要组成部分。

表 1.10-2　车辆在不同时段的不同类型延误时间(单位:秒)

时段	早 7:00—9:00		中 11:00—13:00		晚 17:00—19:00	
方向	上行	下行	上行	下行	上行	下行
全程用时	4525	5135	4247	4635	5240	5321
全程总延误	1315	2168	1112	1526	2135	2175
路口总延误	560	1377	485	635	965	957
场站总延误	327	474	252	358	451	482
场站平均延误	14.8	21.5	11.45	16.27	20.5	21.9

图 1.10-5 为 BRT 在高峰时段怠速时间比例分布图,其中场站延误是不可避免的,且随时间的变化较大;交叉口怠速时间比较大,其中有信号灯控制的路口怠速时间约占

44%，说明信号优先有一定的发展空间和必要性；非灯控路口怠速时间为BRT车辆在行驶过程中由于其他交通流的存在和干扰引起的，例如礼让行人或者其他车辆违规造成的BRT车辆等待延误。

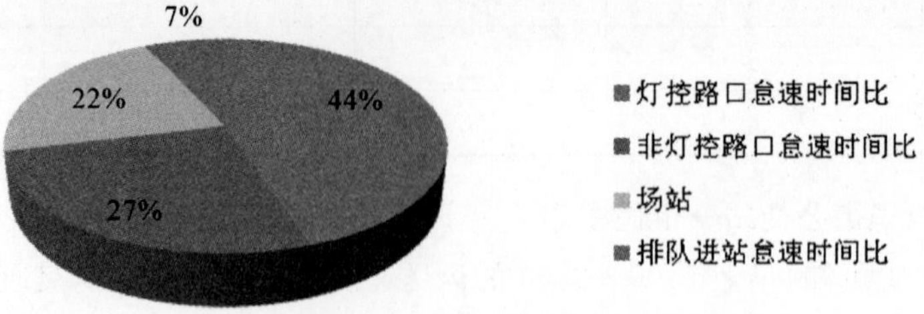

图1.10-5　BRT二号线高峰怠速时间分布

1. 车站停靠时间

图1.10-6反映的是B2线早高峰、晚高峰、平峰三个时间段的上行各个站点的停靠怠速时间，显然，浙江工商大学站、教工路花园亭、武林广场北等站点的停靠时间明显高于其他站点。

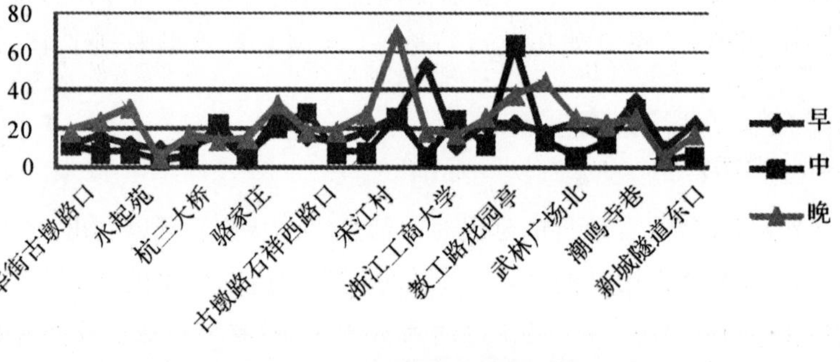

图1.10-6　BRT二号线车站停靠时间(上行)

经过调查分析，这主要是因为同一站点停靠的公交车辆较多，经常会出现公交车排队进站的现象，甚至是二次排队。B2线经过的文一路、教工路和建国路上，采取和普通公交线并站的方式，并站设置势必造成B2线与普通线同时靠站时，B2线的车辆需要等普通线的车辆离开后才能离站，普通公交停站过多，影响B2线的正常行驶。

2. 交叉口延误

图1.10-7反映的是B2线上行时各个交叉口的怠速延误时长，它可以反映交叉口拥堵情况以及交叉口信号灯的配时。从上图可知，早高峰时各个交叉口的怠速延误状况差异比较明显，而且两个交叉口包括建国北路—凤起路的早高峰、文一路—古翠路的晚高峰的怠速延误是最长的，教工路、建国路与其他道路的几个交叉口也有较高延误。在改善BRT服务水平时，这几个交叉口是比较关键的，可以作为提高BRT运送速度的一个重要的突破口。

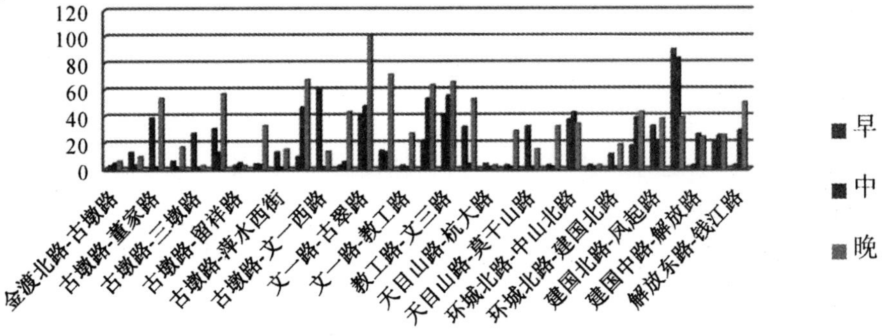

图 1.10-7 BRT 二号线交叉口延误时间(上行)

根据调查分析,BRT 车辆在交叉口受到其他车辆或者其他外界环境的干扰,有可能在绿灯放行一次后还未能通过交叉口,这种现象在早、晚高峰时段表现得很普遍,因此,在交叉路口保证 BRT 的路权优先将格外有意义,信号灯配时的信号优先成为有效的解决措施。

(三)BRT 行驶工况分析

图 1.10-8 是 BRT 各时段的行驶工况比例,图 1.10-8 中可以看出 BRT 在早高峰和晚高峰怠速时间比均在 40%以上,怠速时间占整个行程时间的比例较大。BRT 匀速行驶时间则晚高峰仅为 12%、早高峰不足 10%。

工况分析表明了 BRT 的总体运行状态,它与 BRT 运送速度的数据分析保持一致,此外,怠速比例则与交叉口延误、站点停靠时间直接相关。在早、晚高峰时段由于车流量较大,交通状况复杂,车辆行驶工况变化比较频繁,怠速时间占整个行程时间的比例较大,匀速行驶时间比均在 10%以下,交通效率和乘客舒适感都会受到较大影响,这充分说明 B2 线还存在很大的改善空间。

	早7:00-9:00	中11:00-13:00	晚17:00-19:00
■减速工况	0.206	0.267	0.221
■加速工况	0.228	0.2638	0.241
■匀速工况	0.083	0.1	0.128
■怠速工况	0.476	0.364	0.4065

图 1.10-8 BRT 二号线各时段工况对比

五、结论及建议

(一)研究结论

我们以 B2 线为例,通过分析 BRT 运行的速度、延误以及工况方面的数据,对杭州 BRT 运行状况进行分析诊断,结论如下:

①改变了传统上的公交经验管理方法,为公交部门掌握 BRT 运行状态、进行运营调度提供了及时、翔实、准确的数据分析。杭州公交经过多年的发展,取得了辉煌的成绩,但受限于传统的技术模式,对公交运行状态的掌控一直停留在经验阶段,依靠具有丰富经验的工程师凭历史经验和感觉进行运营调度,通过我们的数据分析,帮助公交管理人员从细节到整体可以全面把握 BRT 的运行情况,为运营调度提供了第一手的及时信息。

②通过交叉口延误的数据分析,为交通管理部门进行信号灯控制提供了直接的决策依据。交叉口延误占到总延误的 40%以上,是造成总延误的关键因素。高频采样的 BRT 运行数据分析,精确地给出了各个交叉口的延误数据,对交通管理部门保证 BRT 运行畅通、如何优化交叉口的信号灯控制和交通组织提供了直接的决策依据。

③BRT 工况的分析既是 BRT 总体交通效率、乘客舒适度的一种衡量指标,也是影响油耗和尾气排放的重要因素。BRT 行驶过程中的乘客舒适度与工况有较大的关系,一直是走走停停、频繁刹车加速的状态影响到了交通效率和乘客舒适度;此外,BRT 作为大型车辆,能源消耗、尾气排放较大,怠速、加减速都会加大油耗和排放。BRT 的工况分析可以帮助我们了解并控制 BRT 的交通效率、乘客舒适度以及油耗排放的程度。

④为杭州品质公交的建设提供了量化的评判方法和客观指数。杭州市已经颁布了“保证公交优先、建设品质公交”的地方法规,但缺少对品质公交的客观评价标准,传统上依靠调查问卷等静态的主观方法,不能够及时获取动态的客观运行数据,无法快速、准确衡量公交服务质量的变化情况。我们采用 GPS 进行数据采集对 BRT 运行状态分析的结果可以作为衡量 BRT 服务质量的重要指数。

(二)对 BRT 运行管理给出的建议

根据我们对 B2 线运行的诊断分析,与 BRT 的设计规划目标相比,运送速度较低,运送能力未能达到规划目标。BRT 系统设计规划中的运送速度是 25～32km/h,但 B2 线实际运行的平均运送速度低于 15km/h,有明显的差距,这也在一定程度上影响到了 BRT 对市民的吸引力。

那么,如何改善杭州市快速公交系统 BRT 的运行,使得 BRT 跑得快起来呢?我们提出以下建议:

①公交信号优先、交叉口 BRT 享有专用的车道是有效措施:交叉口是 BRT 延误的首要部位,主要影响因素是目前一些交叉口的专用道还没有实现 BRT 专用,信号灯配时

也不够合理。要想提高 BRT 的运行速度，必须要深入挖掘交叉口的潜力，实现路口公交信号优先、交叉口严格保证 BRT 享有专用的车道等措施，从而减少 BRT 排队等待时间。

②专用道结构连续、软隔离宽度超过硬隔离车道才能提高行驶速度，从而提高 BRT 的运送速度：软隔离公交专用道的行驶速度明显小于硬隔离路段，这与驾驶员心理有关，然而雪上加霜的是，部分黄实线专用道路段的宽度仅仅与 BRT 车身宽度相同，这可能导致行驶安全事故，使得驾驶员开车时更加谨慎，对 BRT 行驶速度造成很大影响；此外，专用道多处有中断，不够连续也对 BRT 行驶速度造成很大影响。保证专用道结构连续、软隔离车道的宽度要比硬隔离车道更宽才是合理的设计。

③BRT 站点长度、布局要随着客流大小进行优化：站点延误也是总延误中不可缺少的一部分，而站点停靠时间差距很大，说明各站点客流分布不均匀，而且普通公交车也借站停靠，目前 BRT 车站的长度几乎按照统一格式建设，没有考虑不同站点的客流大小以及多条线路并站停靠的情况，BRT 车排队等待进站，加大了站点停靠时间，BRT 站点长度要与客流量大小相适应。

④BRT 作为公交大动脉线路需要进一步优化：B2 全线共有 24 个站点，主要交叉口数量达到了 31 个，整条线路贯穿市区，可以说 B2 线路的运载任务是比较繁重的。所以很有必要增加一些区间线来减轻 B2 线的压力。

六、结束语

本项目方法对杭州市快速公交线路的运行数据进行了有效的采集分析，成功地得出了有效的分析结果和建议。在本项目的研究过程中，我们获得了一次有意义的学习体验，不但学习了许多新的知识和方法，提高了自身的学习和动手能力，也更加了解和关心社会现状，作为杭州的小市民，有机会为杭州市的发展出一份力，我们感到很高兴，希望杭州市的快速公交系统能够为广大市民以及国内外游客的出行带来更大的便利，同时也让咱杭州 BRT 更有国际范儿！为建设生态家园，美丽杭州而努力！

课题图片说明

我们几位同学在课题研究过程中，在老师的指导下，分别进行了前期调研、实验方案设计、公交车安装数据采集实验设备、车道与公交 BRT 车测量、数据计算分析等，照片记下了我们开展课题研究的点点滴滴，下面即是其中的部分照片，记录着我们科研活动的进步和收获。

实验前期调研

发放调查问卷

安装实验设备

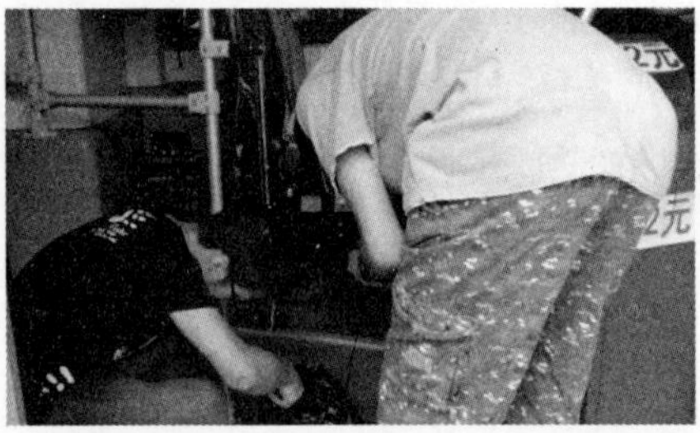

公交车上安装 GPS 数据采集装置

车道与车辆测量与分析

测量专用道与 BRT 车的宽度

查看采集到的实验数据

在大学实验室查看采集到的实验数据，进行讨论、分析

专家点评

论文结构合理，数据较为翔实，结论对实践有一定指导意义。

玻璃的透明防污涂层的研制

杭州市紫金港中学　单简文　指导：姜文

摘　要：为使玻璃表面能防止污水滴及泥滴的污染，且又不影响透明性，受砖块用水泥为黏结剂建造牢固墙壁的启发，同时考虑材料与玻璃的折光指数，研制了用于玻璃的透明防污涂层。首先将白炭黑粒子和黏结剂均匀分散在酒精中制成涂液，然后用软布条将涂液涂覆在玻璃表面，酒精挥发后，在玻璃表面可形成以白炭黑为主的涂层，白炭黑粒子间用黏结剂粘接在一起。实验确定了最佳白炭黑粒子用量、黏结剂种类及用量、黏结时间、涂覆工艺等，并对涂层性能和结构进行了表征。涂覆涂层后，玻璃表面变成疏水，不黏附水滴和泥滴，玻璃仍能保持较高的透明性，且整个操作过程简单、方便，适合于家庭、学校、公共场所建筑物外墙玻璃以及汽车玻璃、玻璃眼镜的透明防污。

关键词：玻璃　透明　防污　涂层

一、引言

教室和家里的窗玻璃几乎每星期都要擦，才能保证窗明几净，而且每次擦玻璃时都很麻烦，先用湿毛巾，再用废旧报纸使劲擦干，每次都要费很大力气才能把玻璃擦干净。汽车玻璃、玻璃眼镜等也是如此。能不能有一种东西涂在玻璃上，既不影响玻璃的透光性，又能使玻璃不容易被脏东西污染，这样就不用那么频繁地擦玻璃了。通过认真观察家里和学校的窗玻璃，发现弄脏玻璃的主要污染物就是一些水滴、灰尘、下雨时溅起的泥滴。

要想让玻璃保持洁净，就得让玻璃不沾水滴、泥滴。通过上网查阅了一些资料，发现玻璃不沾水的现象称为"疏水"，只要让玻璃表面疏水，就可以不沾水滴、泥滴，实现"自清洁"。市场上有疏水处理喷雾剂出售，买来后在玻璃表面喷上一层，发现水滴虽然不沾在玻璃表面，但玻璃表面变得比较模糊，透明性变差。在网上查阅了一些关于疏水表面制备的文献后，发现科学家们已经研制出了各种各样的方法来制备疏水表面，如模板法、光刻蚀法、等离子体刻蚀法、层层组装法等，这些方法太复杂。目前，还没有一种比较有效的方法能使玻璃既透明又疏水。

本项目希望发明一种简单、方便的方法，在玻璃表面涂覆涂层，能使玻璃防止水滴、泥滴的污染；而且涂上涂层后，玻璃仍然能保持透明，具有"透明防污"的效果。请教学校的科学老师和浙江大学的专家后，经过多次试验，在老师们的指导下得到了一种比较方便涂覆的，既透明又防污的涂层。

二、透明疏水防污涂层制备原理

为了获得既透明又防污的涂层，请教了材料专家宋教授，他向我分别介绍了透明和疏水的原理。从疏水角度来讲，一般需满足两个关键因素：一是材料本身不容易沾水，如硅片等；二是涂层表面不能太光滑，要具有微米甚至纳米级的小突起，这种情况下，水滴与表面接触时无法完全浸润表面，空气被留在微观结构内部从而形成空气囊，由于有空气囊，水滴就能轻易地从表面滑离了。从透明角度来讲，涂层也需满足两个要求：一是涂层的折光指数要小于玻璃的折光指数，折光指数就是光在传播介质中的速度与在真空中传播速度的比值，空气的折光指数和真空中大致相同，约是 1.0，普通玻璃的折光指数约为 1.5（可以认为，折光指数反映了光从真空或空气中进入玻璃或其他物质后，光路发生折射的大小）；二是涂层表面凹凸结构要尽可能达到纳米级，以减少可见光的散射。

根据疏水和透明原理，要制备既透明又疏水涂层的关键是材料的选择，即要找到既疏水，折光指数又比玻璃低的材料。通过查阅网上资料，发现常见透明塑料的折光指数在 1.46～1.59，且大多数透明塑料的折光指数高于玻璃，不太适合做透明涂层。虽然有机玻璃的折光指数小于玻璃，但有机玻璃不疏水。折光指数比玻璃低的材料，我只查到了一种叫白炭黑的固体粒子，它的折光指数是 1.43；而且白炭黑粒子还有疏水改性型的，具备制备透明疏水涂层的条件。

如何才能把白炭黑固体粒子涂在玻璃表面上呢？刚好隔壁有个工地在盖房子，我看见建筑工人们先是抹一层水泥，然后再放一层砖块，很多块砖用水泥粘接在一起，就盖成一面牢固的墙壁。把白炭黑固体颗粒看作砖块，能否用少量的黏结剂粘在一起，形成涂层？我将此想法请教宋教授，他说这个想法很好，白炭黑粒子经常作为添加剂添加到塑料、橡胶中以提高强度，而用黏结剂粘接白炭黑粒子形成涂层这个想法则很少见，能否实现还要通过实验验证。

市场上常见的白炭黑粒子是 200～400nm，是由直径为 10～20nm 的小粒子高温烧结而成（结构见图 1.11-1），所以白炭黑粒子像树枝一样，有很多枝杈。如果将这些树枝状的白炭黑粒子用黏结剂粘在一起，同时黏结剂也可将粒子粘接到玻璃表面（示意图见图 1.11-2），有可能起到既疏水防污，又透明的作用。在黏结剂的作用下，粒子与粒子虽然黏结在一起了，可是由于枝杈结构，粒子与粒子中间会形成很多微小的空气囊，空气囊的存在会大大提高涂层的疏水性，但这样的结构是否会对透光性有影响呢？请教了科学老师。老师说由于粒子非常小，形成的空气囊是纳米级，对光的散射非常非常弱，对透光性影响不大；当然，涂层的厚度不能太厚，否则也会影响透光性。

图 1.11-1　白炭黑粒子的形态

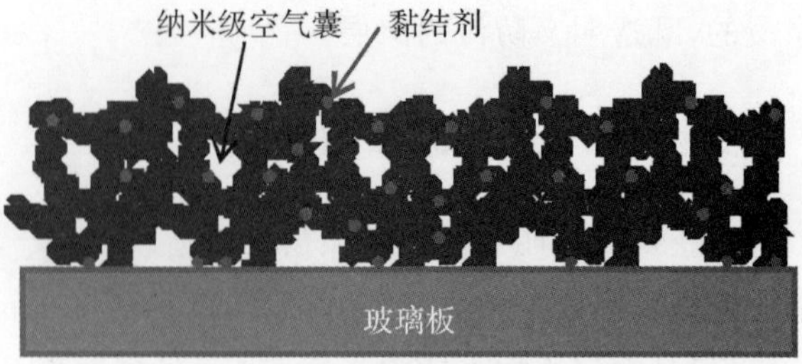

图 1.11-2　玻璃板上的白炭黑粒子涂层示意图

三、透明疏水防污涂层的制备方法

(一)原料

从市场上购买了疏水型白炭黑粒子(Aerosil R974，赢创德固赛(中国)投资有限公司)，是很轻的白色粉末(图 1.11-3)。根据老师推荐，我购买了四种已广泛使用的黏结剂，都无色透明，分别是十六烷基三甲氧基硅烷、3-氨丙基三乙氧基硅烷、甲基三乙氧基硅烷、二甲基二甲氧基硅烷(都是国药集团化学试剂有限公司的产品)，对应以 1、2、3、4 来表示。此外，还购买了许多玻璃片用来做实验。

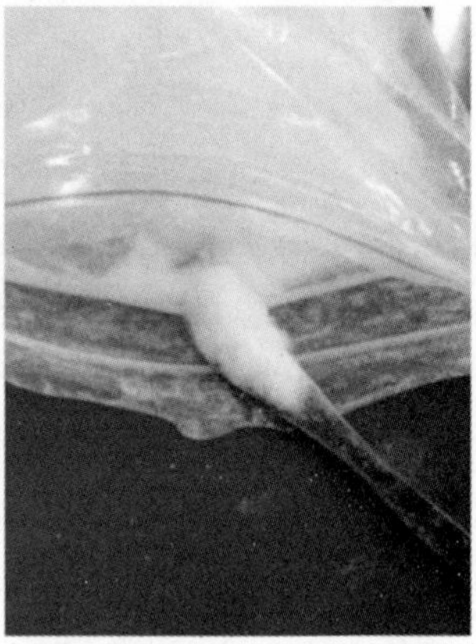

图 1.11-3　白炭黑粒子粉末

(二)实验地点

宋教授推荐我到浙江大学教育部功能材料构造重点实验室去做实验，因为重点实验室每年都会提供相关的社会服务，免费让中学生做简单的实验。在那里，我知道了实验室做实验的基本规则和注意事项。按照实验室的安全规定，我穿上了实验服、戴上了口罩、护目镜和手套。

(三)"涂液"的配制

首先我用天平称量了 1g 白炭黑粒子，白炭黑粒子很轻，1g 有一大堆，又称了 0.5g 黏结剂，但 0.5g 黏结剂只有几滴，无法和白炭黑粒子混合均匀。又再加了点水，用玻璃棒使劲搅拌，粒子还是浮在上面，无法混合均匀。又尝试用酒精代替水分散白炭黑粒子。因为酒精本身没有毒性，对人身体没有伤害，而且酒精挥发速度比较快，涂好后能够很快挥发。

经过多次尝试，最终确定了如下实验方案：先称取一定量的白炭黑粒子，然后加入到一定量的酒精中，用实验室的超声细胞破碎仪使白炭黑粒子均匀地分撒到酒精中，超声细胞破碎仪采用的模式是超声 2s，停 1s，总共超声 2～3min。超声后，得到了半透明的液体，用激光笔照一下，更清楚(图 1.11-4)。在配制好的白炭黑粒子和酒精的混合液中，再加入不同量的黏结剂，得到了这三种物质的混合物，称为“涂液”。

图 1.11-4　白炭黑纳米粒子酒精分散液的制备

(四)实验条件的确定

用滴管滴了几滴涂液在玻璃上，等酒精挥发完毕后，玻璃上留下了白白的一层，透明性很差(图 1.11-5)，说明涂层太厚。若将来在玻璃窗上用布简单擦拭可能更方便，取一块布条，在上面滴了几滴涂液润湿布条，然后用布条快速在玻璃表面使劲擦，酒精开始挥发，玻璃表面也泛白，但随着酒精的挥发，过一会儿，玻璃居然变得透明了。几个小时后，再去查看，那块玻璃还是透明的，滴上几滴水，水滴在玻璃表面变得很圆(图 1.11-6)，稍微倾斜一下玻璃，水滴就滚了下来。也就是说，这种方法可以实现玻璃表面疏水而且又可以保持玻璃透明。

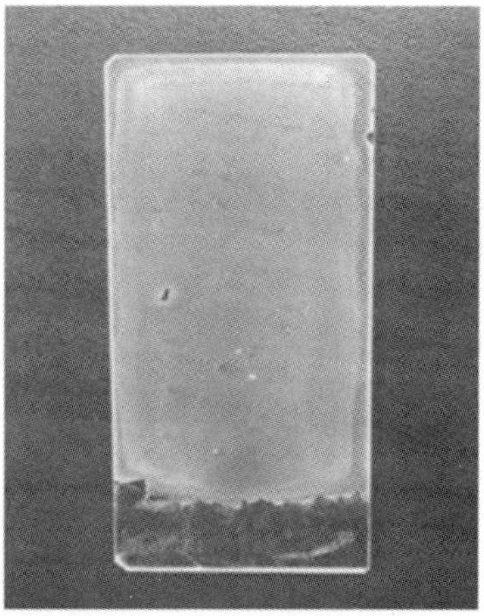

图 1.11-5　滴涂的玻璃片

普通玻璃表面上

有涂层玻璃表面上

图 1.11-6　水滴滴在普通玻璃片和有涂层玻璃上的形态

找来软、硬两种布条来做比较。把配好的涂液滴到两种布条上，然后分别用它们使劲擦拭玻璃片。结果发现，用柔软的布条涂覆效果比较好，涂层均匀，透明性比较好(图 1.11-7)，这是由于柔软的布条能够贴合玻璃表面，涂覆较为均匀。而用硬布条擦过玻璃表面后，玻璃表面有的地方透明，有的地方不透明。因此后面的实验主要选择柔软的布条。

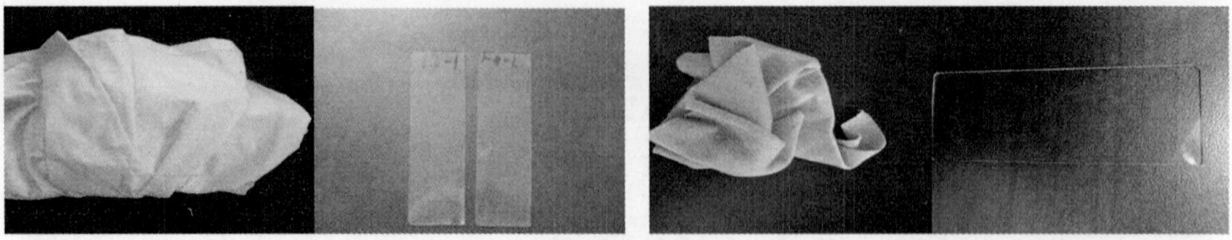

较硬的布条及其涂覆的涂层　　较软的布条及其涂覆的涂层

图 1.11-7　涂覆用的布条及其涂层

此外，用布条擦拭时，发现擦拭次数对玻璃透明性影响也比较大。用涂液润湿布条后，刚开始都是在玻璃表面用润湿的布条擦拭 2～3 次，以为擦拭次数多，形成的涂层可能会比较均匀，但是得到的涂层却不均匀，有的地方发白，有的地方比较透明。而在玻璃表面只擦拭一次的，反而比较均匀且透明。因此，后面的实验都用涂液润湿的布条在玻璃表面擦拭一次（图 1.11-8）。

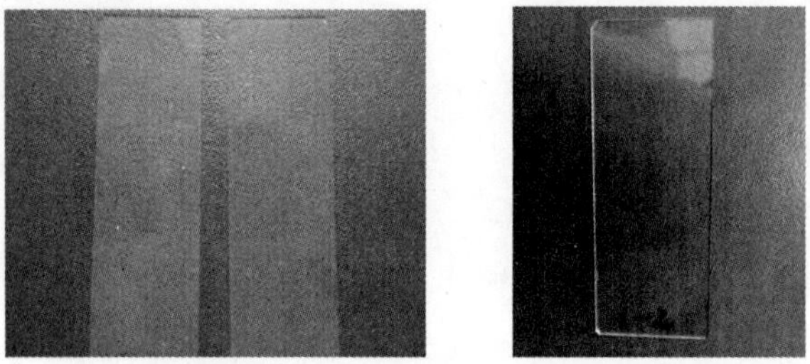

擦拭2~3次　　擦拭1次

图 1.11-8　擦拭次数的影响

（五）玻璃涂覆涂层后性能的测定

实验基本条件确定后，又探索了几个因素对涂层性能的影响。

涂层的疏水性用实验室的接触角测定仪（Harke-SPCA，北京哈科试验仪器厂）测定（图 1.11-9），测试过程为开机、调试、向玻璃板上滴水滴、对焦、使用计算软件。滴在某一表面上的水滴越圆，表示水滴在该表面上的接触角越大，越容易从表面上滚下来，越疏水，接触角超过 90°就可认为表面具有疏水性。水滴在表面上不能黏附，那么泥滴通常也不会在表面黏附，就可以达到防污的效果了。为了减小实验误差，每个涂层分别取三个区域测接触角，取平均值，同时也可以考察整个涂层的均匀性。

透明性测试用的是紫外—可见光分光光度计（CARY 100 Bio，美国瓦里安公司）（图 1.11-9），把玻璃片粘在测试槽上，用不同波长的光扫描，仪器给出透光率随波长变化的数据，并选择波长为 550nm 时的透光率进行比较。

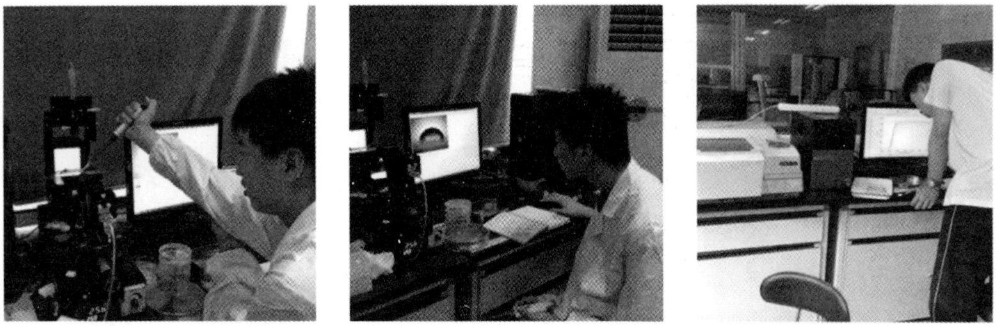

图 1.11-9　涂层接触角及透光性测试

四、涂层的透明性及防污性能的影响因素

(一)黏结剂种类的影响

黏结剂种类比较多,不确定哪种黏结剂黏结效果好。分别用四种黏结剂制备涂液,在玻璃表面制备涂层,第二天再测定玻璃接触角及透光性,结果见表 1.11-1、图 1.11-10 及图 1.11-11。涂液中白炭黑粒子的浓度为 5%,黏结剂用量为白炭黑粒子的 50%。

以 1 和 3 为黏结剂制备的涂层,都具有比较好的透明性,且水滴在其表面的接触角均在 140°以上,水滴形成球形,类似小滚珠,将玻璃片稍稍倾斜,水珠就可以滚下去,玻璃表面不黏附水珠,可以达到防污的效果。而以 2 和 4 号为黏结剂制备的涂层,透明性稍差,而且水滴在玻璃表面的接触角稍低,水滴呈半圆形,在玻璃表面的黏附面积大,不容易从玻璃表面脱落。因此,后面的实验都用黏结剂 1 或 3。

表 1.11-1　黏结剂种类对涂层接触角的影响

黏结剂种类	空白	1	2	3	4
接触角(°)	60.2	142.0	100.1	144.4	98.0

图 1.11-10　水滴在不同粘结剂得到的涂层上的形态

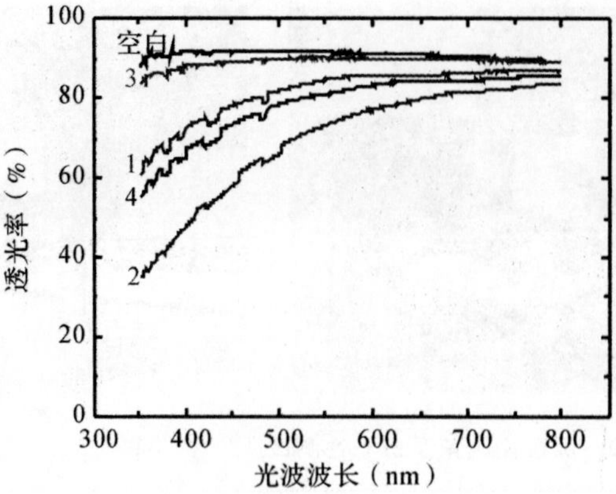

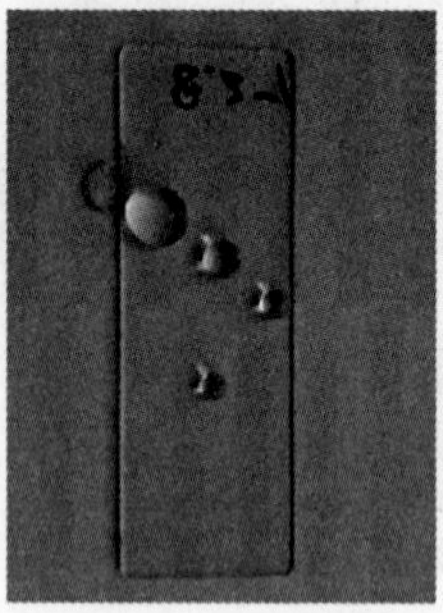

图 1.11-11　不同黏结剂得到涂层的透光性(右图为黏结剂 3 获得的涂层)

(二)黏结剂用量的影响

确定了黏结剂的种类后，又进行了实验来确定合适的黏结剂用量。分别称取 10g 白炭黑和乙醇的混合液(白炭黑浓度为 5%)，然后分别加入 0.1g、0.25g、0.5g、0.75g、1.0g 黏结剂 3，混合后，得到 5 种涂液，分别涂在玻璃片上，第二天再测定它们的性能。从图 1.11-12中可以看到，黏结剂用量较少，涂层不完整，有的地方接触角大，有的地方接触角小，整个涂层不均匀，平均接触角也较小；随着黏结剂用量的增大，涂层接触角及透明性(表 1.11-2)都得到提高，但黏结剂用量过大后，涂层的接触角反而又下降。老师认为这与黏结剂用量过大，黏结剂上的反应基团增多，降低了接触角有关。

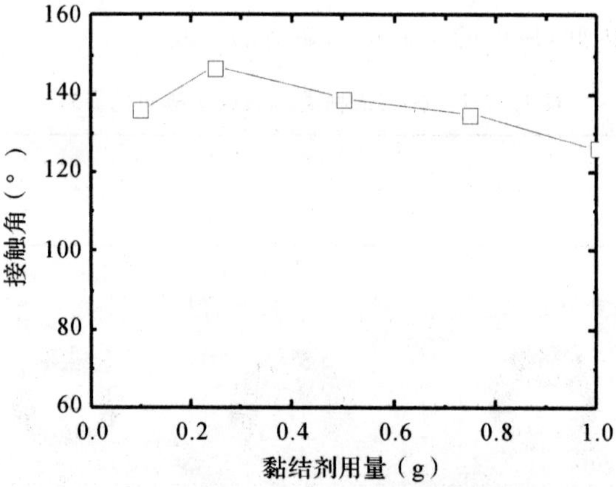

图 1.11-12　黏结剂用量对涂层接触角的影响

表 1.11-2　黏结剂用量对涂层透光率的影响

黏结剂用量(g)	0.1	0.25	0.5	0.75	1.0
550nm 处透光率(%)	90.2	90.3	86.9	85.0	82.2

(三)黏结时间的影响

因为黏结剂是靠化学反应实现粒子间的黏结，而化学反应需要一定时间，之前的实验都是第二天再测试性能，黏结时间大约是 15 个小时。为了进一步确定合适的黏结时间，用 10g 白炭黑粒子和乙醇的混合液(其中白炭黑浓度为 5%)，使用黏结剂 3，其用量为 0.25g，制成涂液。涂覆好 8 片玻璃片后，分别在 0.5、1、2、4、6、8、10、24 小时测定涂覆玻璃片的接触角(图 1.11-13)。随着时间增加，涂层的接触角逐渐增大，但当大于 6h 以后，接触角变化不大了。0.5h 时的涂层与基底粘接力不大，用手轻轻一碰，涂层就蹭掉了。6h 后涂层的接触角变化不大，表明黏结时间为 6h 比较合适。

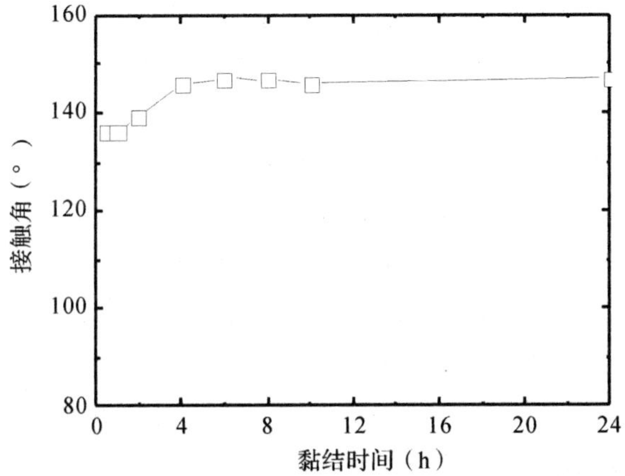

图 1.11-13 黏结时间对涂层接触角的影响

(四)白炭黑粒子用量的影响

很显然，白炭黑粒子的用量对涂层性能影响很大，特别是透光性。分别配制了白炭黑粒子浓度为 2.5%、5%、10%、15%和 20%的涂液(黏结剂 3 的用量约为白炭黑粒子用量的 50%)，涂覆到玻璃片上后，约 6 h 后测定接触角。随白炭黑粒子用量增加，涂层接触角总体变化不大(图 1.11-14)。但是，随着白炭黑粒子的用量增加，涂层的透光性变差(表 1.11-3)。这是由于白炭黑粒子用量大，其在分散液中的浓度增大，制备得到的涂层较厚，降低了透光性。所以，涂液中白炭黑粒子的浓度为 2.5%～10%较佳。

表 1.11-3 白炭黑粒子用量对涂层透光率的影响

白炭黑用量(%)	2.5	5	10	15	20
550nm 处透光率(%)	90.5	90.3	86.8	81	73

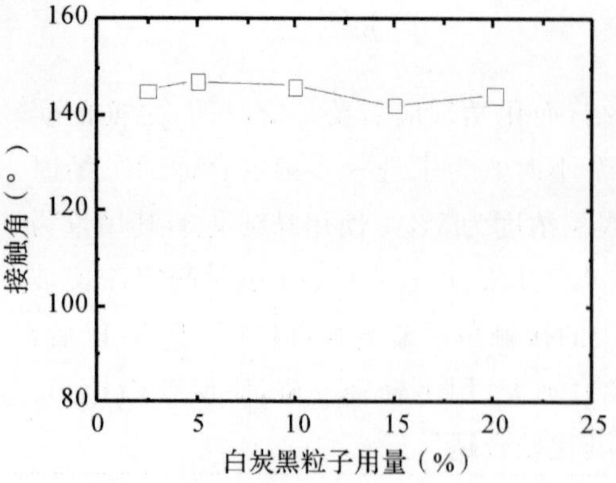

图1.11-14 白炭黑粒子用量对涂层接触角的影响

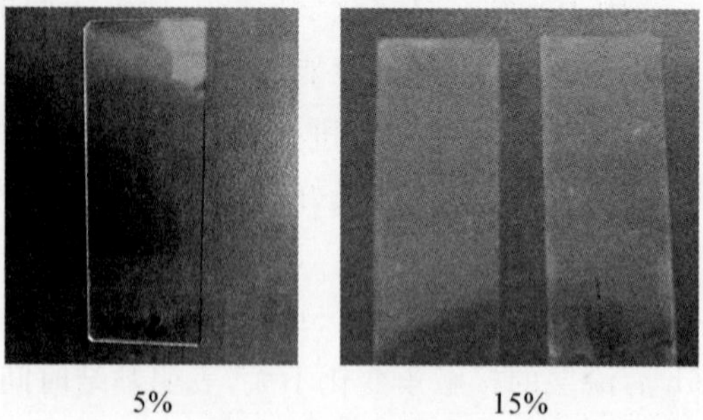

图 1.11-15 不同白炭黑粒子用量对涂层透光性的影响

(五)防污效果

涂液的基本组成及配方确定后，选取最优配方制备涂层，考察了涂层对泥滴是否具有防污效果。将泥水滴向涂有涂层的玻璃表面，稍稍倾斜玻璃片，泥滴就可从玻璃表面滑落(见图 1.11-16)，表明有涂层的玻璃表面具有较好的防污性。若涂层不慎损坏，可方便地用家用洗洁精将涂层洗去(用力擦)，然后再用上述涂液重新涂覆，新涂层同样显示出优异的透明防污性。测试了反复涂覆及清洗多次后玻璃的接触角，见图 1.11-17。几次清洗涂覆后，涂层仍显示较大接触角，即该涂层可反复擦涂，而不损伤玻璃表面。

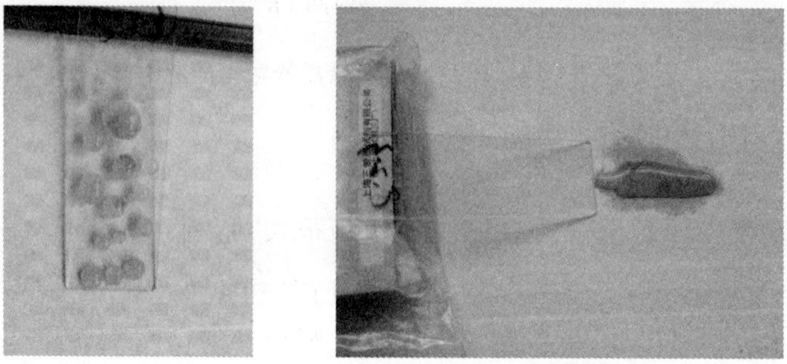

图 1.11-16 涂层的防污性(泥滴试验)

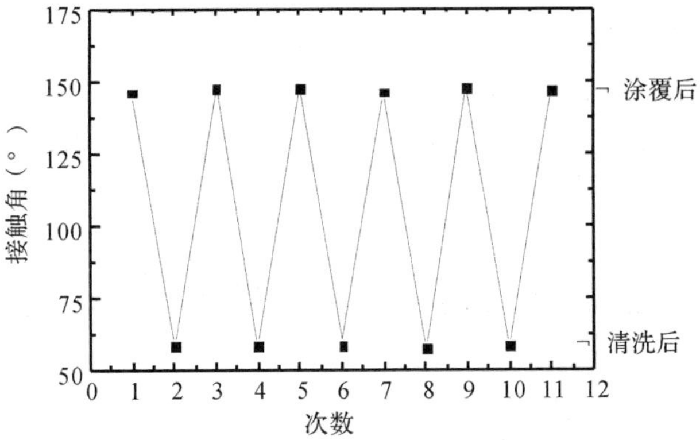

图 1.11-17　清洗—涂覆多次循环后玻璃表面的接触角

(六)涂层的结构表征

以上制备的涂层能够达到预期目的,既可以防污又透明。请浙江大学的老师帮忙用扫描电子显微镜观察了涂层的断面和表面的形貌,如图 1.11-18 所示。涂层的厚度大约是 1μm。从放大倍数较小的照片看,涂层的表面形貌比较平整、均匀;从放大倍数大的照片可以看出涂层表面纳米级的凹凸结构,尺寸约在 100nm,与前面实验原理预想的基本一致。

断面　　表面（放大倍数较小）　　表面（放大倍数较大）

图 1.11-18　涂层的结构

五、结论

经过几个月的探索,研制出了一种用于玻璃的透明防污涂层。以白炭黑、黏结剂、酒精三种物质组成涂液,涂覆到玻璃表面,酒精挥发后,白炭黑粒子间以黏结剂粘接在一起,在玻璃表面形成以白炭黑为主的涂层,涂层表面具有纳米级的凹凸结构。涂覆后的玻璃表面变成疏水,对水的接触角可达 140°以上,不黏附水滴和泥滴;且涂覆后的玻璃透光率仍可达 90%,保持较高的透明性。

本项目的创新之处在于:

①基于砖块用水泥为粘结剂建造牢固墙壁的启发，同时考虑材料与玻璃的折光指数，将白炭黑粒子用黏结剂粘接在玻璃表面形成透明防污涂层。

②涂液配制和涂层涂覆过程简单、方便，可室温操作。

本项目透明防污涂层已经申请了国家发明专利(申请号:201510613912.0)。

专家点评

玻璃表面防污是个普遍存在的问题，作者通过分析从“疏水”特性和透光角度，尝试了特殊涂层的制备技术，取得了很好的效果，并申请了发明专利。建议可以选取如眼镜或汽车后视镜进行实际测试。

环保型自动辅助浇灌装置

杭州市余杭区临平第一小学　范子源　杨浩宇　指导:杨仁光　许佳英

一、研究起源

有一次,我看到阳台上有一个矿泉水瓶,瓶子的内壁有一些小水珠,当我继续观察时,发现瓶中内壁积累的小水珠会往下流,我突然灵机一动,妈妈种的花花草草平时并不需要大量浇水,而是隔一段时间浇一点水就可以了,如果这些液化产生的小水珠能直接流到土壤里,就可以不断浇水了。于是,我萌发了制作一个自动辅助浇灌装置的想法。在社团参与科技小制作时,我尝试着设计与制作我的浇灌装置了。

二、设计原理

(一)水的蒸发与液化

(二)浮力原理

运用水的浮力设计相应的开关,实现自动化浇灌。

三、研究过程

(一)第一次设计

1. 设计目的

让水流出瓶子,并进入到花盆里。

2. 设计思路

我设想在瓶子的中部安装这样一块薄膜,薄膜可以使水蒸气通过,而不可以使水通过,这样液化的水就可以通过管子慢慢流到花盆里。如图 1.12-1。

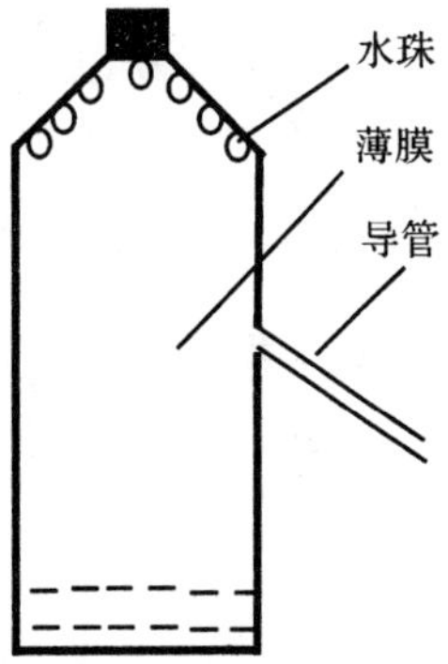

图 1.12-1　薄膜过滤水蒸气

3. 产生的问题及应对设想

①去哪里寻找这种薄膜?

妈妈告诉我:“这种薄膜应该是有的,但是这种材料比较难找。”并建议我从日常生活中的材料着手。

②如何让瓶子既能储存水,又能让液化的水流到花盆里呢?

排除了薄膜选项后,我与我的同学进行了商讨,设想让植物和水在同一个玻璃装置里,就可以让液化产生的水自然而然地滴到植物上。而且在气温较高的时候,植物需要更多的水,装置中,水的蒸发与液化速度也会更快;而在气温偏低的时候,植物对水的需求减少,装置中水的蒸发与液化也会更慢,这样就能更好地满足植物对水的需求了。进而又设计了如图 1.12-2 所示的装置。

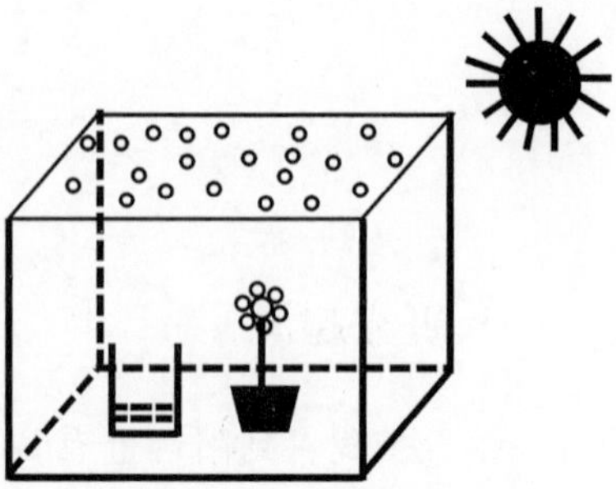

图 1.12-2　玻璃装置

但是这样做的缺陷就是,水珠会滴到没有植物的地方,于是又设想在装置中放上更多的植物,这样就有更多的植物能够得到水了,如图 1.12-3。

但想来想去,还是有水滴到别的地方,而没有滴到植物上。有一次晚上和爸爸在小区散步,看到了我们小区的屋檐,如果把装置的顶部做出类似的结构,再把它倒过来,水不就可以往一个位置流了吗?再次对图 1.12-3 的装置做了改进,如图 1.12-4。

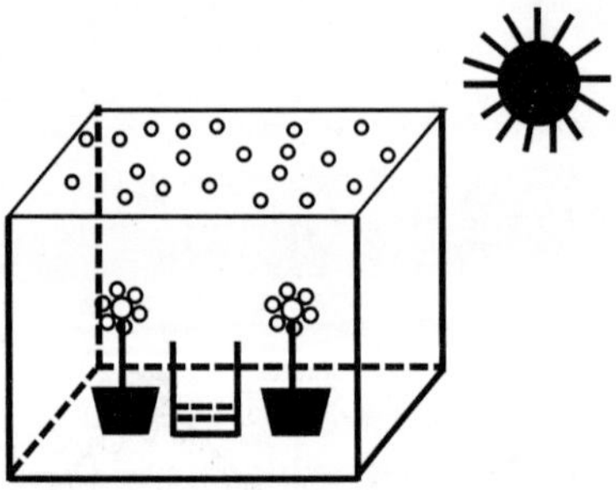

图 1.12-3　装置中放更多植物

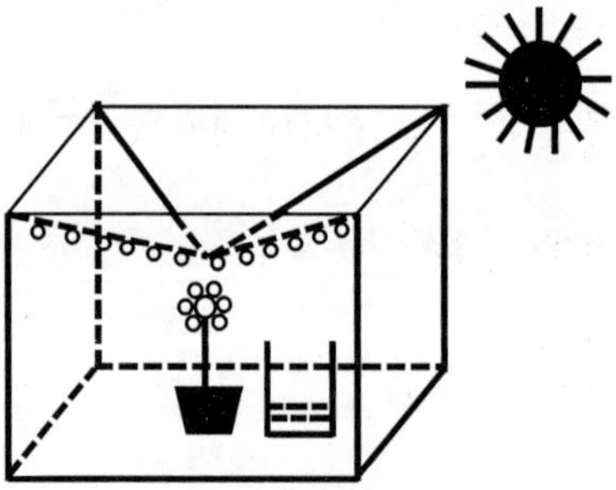

图 1.12-4　改进装置

(二)第二次设计与制作

1. 发现问题

我们把设想告诉了我们社团的指导教师。他仔细地询问了我制作的原理、取材、成本等,而这些有关设计与制作的因素,我当时都没有考虑到。

采用玻璃制作装置的框架,显然成本有点高,同时,制作工艺也比较复杂,我们这两个小学生很难完成。指导教师提醒我们,可不可以找到更加简单的,随手可得的材料,能够完成我们的设想。

2. 改进设计

寻找材料的目光再次回到矿泉水瓶。我们将大矿泉水瓶的底部去掉，然后在大矿泉水瓶里放上一个小矿泉水的底部，作为盛水容器。装置设想如图 1.12-5。我们把完成的装置如图 1.12-6，直接放到操场，进行实验，测量发现，一天蒸发了大概 4g 水。虽然不是很多，但是我们想，如果在花园或者农田中，为每一株植物都配备这样一个自动浇水装置，这样就可以在两三天的时间里持续为植株浇水了，比较方便。

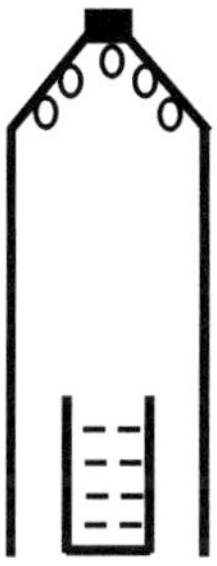

图 1.12-5　设想装置

图 1.12-6　完成装置

(三)第三次设计与制作

1. 新的想法与产生的问题

我们把新的作品交给老师，并向老师汇报了为每一株植物都配备一个这样装置的想法，指导教师肯定了我们的想法，同时，也问了我们几个问题。当里面的水蒸发完之后，又得人工去加水，如果一亩田，劳动量还不是很大，但是几十亩、几百亩的时候，农民伯伯的劳动量会变得很大，这样可行吗？老师让我们去查阅一些有关灌溉的资料，再向他汇报想法。

通过查询资料，我们知道传统的水渠式灌溉是很浪费水的，因而现在很多农田普遍采用喷灌的方式。我们这种装置，虽然蒸发与液化产生的水量不是很大，但是作为一种辅助灌溉的装置是可行的。如何更节约水资源，同时又能减少劳动量呢？

要想实现这个目标，我们要做到两点：首先，我们要让水自己进入到装置中，并在装置中进行蒸发与液化；其次，水要来自大自然。那样便是取之不尽用之不竭呀！只有到万不得已的时候，我们才需要往装置中加水。

2. 改进措施

我们首先想到了大自然的雨水，如果下雨的时候，雨水进入装置，那么这个装置中的水循环就可以和大气中的水循环联系起来了，这样既可以起到浇水的作用，也能节约用水。而且每一个装置可以节约 4g 水，那么 1000 个，就可以节约 4kg 水，一片很大的农田就可以节省大量的水了。

我们再次回到图 1.12-4 的设计，并在指导教师的协助下，设计了收集雨水的装置。收集雨水的漏斗装置仍然是用矿泉水瓶制作的，瓶口对瓶口，直接与原来的部分连接，如图 1.12-7。

可是发现瓶子内壁出现的小水珠比之前变少了许多。原来容器中的水，蒸发成水蒸气后直接从开口处进入了大气，只有很少的一部分会在瓶子的内壁形成小水珠。

如何让雨水既能进入容器中，同时又让容器中的水蒸发形成的水蒸气不进入大气中呢？我们需要在接口处安装一个开关，这个开关能在下雨的时候打开，让雨水流入容器，同时，在不下雨的时候关上，让更多的水蒸气得以在容器内壁液化。

图 1.12-7 收集雨水装置

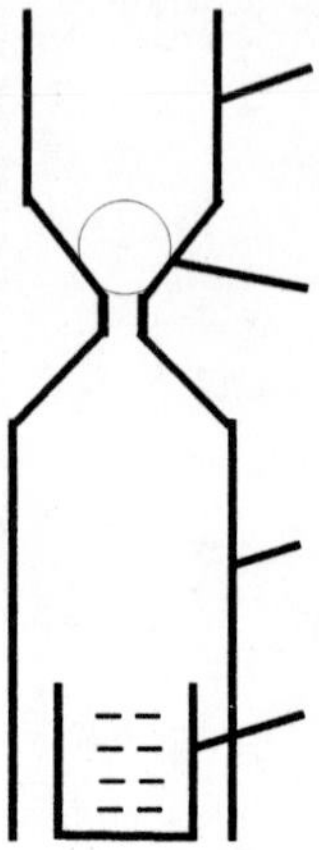

图 1.12-8 装置放入乒乓球

图 1.12-9 装置实物图

由于手动装置复杂，因而排除了手动开关的设想，而是直接在收集雨水装置中，放上一个质量较轻的乒乓球，如图 1.12-8。图 1.12-9 为实物图。这样，下雨的时候，雨水会在集雨装置中积累，达到一定量后，乒乓球会上浮，这样雨水就流到容器中了；雨停后，当雨水流完，乒乓球在重力的作用下，又会回到原来的位置，这样容器中的水就不会因蒸发而直接进入大气，而是在瓶子内壁液化形成小水珠，进而能够起到自动浇灌的作用了。

3. 实验测试

(1)研究问题

该装置是否能够起到辅助浇灌的作用。

(2)猜想

该装置能够起到辅助灌溉的作用。

(3)相同条件

每组 5 株长势基本相同的植物、花盆、阳光、温度、相同的土壤，浇水 200ml。

(4)不同条件

实验组安装辅助浇灌装置，如图 1.12-10，并做好编号；另一组作为对照组，植物旁边不安装浇灌装置。（图 1.12-11，我们正在移栽植物与安装装置。）

(5)实验方法

将这两组植物放在阳光充足的地方,每天下午 4:30 放学后准时测量装置中水的蒸发量,测量完后保证装置(含水)的重量为 200g,并放回原处,做好记录。观察两组植物的生长情况,并以植株的枯萎数量作为主要观测项目。图 1.12-12 为经过一天的蒸发,许多水珠从瓶壁往下流,图 1.12-13 为揭开装置后,底部微微潮湿的土壤。

图 1.12-10　植物旁安装辅助浇灌工具

图 1.12-11　植物旁不安装辅助浇灌工具

实验记录如下表：

表 1.12-1　实验记录

日期 / 枯萎(株) / 组别	10.13	10.14	10.15	10.16	10.17	10.18	10.19
实验组(有装置)	0	0	0	0	0	1	1
对照组(无装置)	0	0	1	1	2	2	3

表二：

装置编号 / 蒸发量(g) / 日期及天气情况	1	2	3	4	5
2015.10.13 晴(14～24℃)	4	3.5	3.5	3.75	4
2015.10.14 多云转晴(14～24℃)	3.7	3.25	3.5	4	3.5
2015.10.15 晴(14～26℃)	4	4	4.1	4.5	3.75
2015.10.16 多云转晴(14～26℃)	3.2	2.5	3.6	3.9	3.4
2015.10.17 多云转晴(14～25℃)	3.5	3	4	4	3.5
2015.10.18 多云转晴(15～24℃)	3.5	3	3.5	3.5	3.75
2015.10.19 多云转晴(16～24℃)	4.25	3.5	3.5	3.75	3.5

图 1.12-12　浇水

图 1.12-13　测量水的蒸发量

A

B

图 1.12-14 实验组与对照组

4. 实验结论

通过最初的测试，以及对比实验组和对照组，我们发现，尽管该装置每天蒸发的水不可能完全满足植物生长对水分的需求，但是，该装置能够起到辅助浇灌的作用，同时能节约用水，尽管节约水量很少，但是如果大量使用，则能节省可观的水量。

(四)第四次设计与制作

1. 新产生的问题

由于我们并未观察到装置在下雨时候的现象，因而，采用喷水器模拟雨水进行了实验，但是发现乒乓球并未上浮，这下我们有点不知所措了，难道我们的研究就此停止了吗？如何让乒乓球浮起来，同时让水能直接进入盛水容器呢？尽管这个问题我们曾经想过，如今在此基础上再做思考与改进。

2. 偶然的实验

我们将一个放在箱子中压坏的装置进行了拆解，并用上部收集雨水的装置进行了一个非常偶然但非常有价值的实验。

①将乒乓球放入装置中，如图 1.12-15 中的 A；

②往收集雨水的装置中倒入一杯水，乒乓球沉在水底，如图 1.12-15 中的 B；

③用手堵住瓶口，乒乓球浮起来了，如图 1.12-15 中的 C。

是什么原因呢？

A　　B　　C

图 1.12-15　实难过程

我们又仔细对比观察了用手堵和不用手堵的实验现象，发现用手堵的实验中，乒乓球下部开始慢慢积累水，当水积累至碰到乒乓球底部时，乒乓球浮起来了，而不用手堵的实验，乒乓球底部不会有水积累，因而我们得出结论，只有乒乓球底部有水才有可能实现上浮的预设。

3. 巧妙的改进

我们将两个瓶盖背对背组合，并在中间钻了一个小洞，如图 1.12-16。这样瓶盖与乒乓球之间既可以积累使乒乓球浮起来的水，同时，水还可以沿着小洞直接流入盛水容器中，再次实验，发现效果非常好。图 1.12-17 为最终改进的装置。

图 1.12-16　有洞瓶盖

图 1.12-17　两瓶盖相对

四、本装置的制作

①所需材料：大矿泉水瓶1个，小矿泉水瓶1个，直径1mm的铁丝20cm，玻璃胶少许，乒乓球1个。

②所需工具：钢丝钳1把，美工刀1把，热熔胶枪1把，打火机1个。

③制作步骤

a. 在大矿泉水瓶底部三分之一处，沿瓶壁画一个圈，用美工刀将水瓶裁开，保留水瓶上部做水蒸气液化装置。

b. 在小矿泉水瓶上部三分之一处，沿瓶壁画一个圈，用美工刀将水瓶裁开，上部做收集雨水装置，下部做盛水装置

c. 将两个瓶盖背对背用铁丝组合，并在中间开一个小孔，用热熔胶进行密封。

d. 按图20进行组装。

五、本装置的使用设想

①在学校阳光充足的空地开垦出一块大小适宜的实验田，进行对比实验，研究该装置的节水情况。

②寻找农业部门的帮助，在真实的农田中进行实验及应用，如图1.12-18。

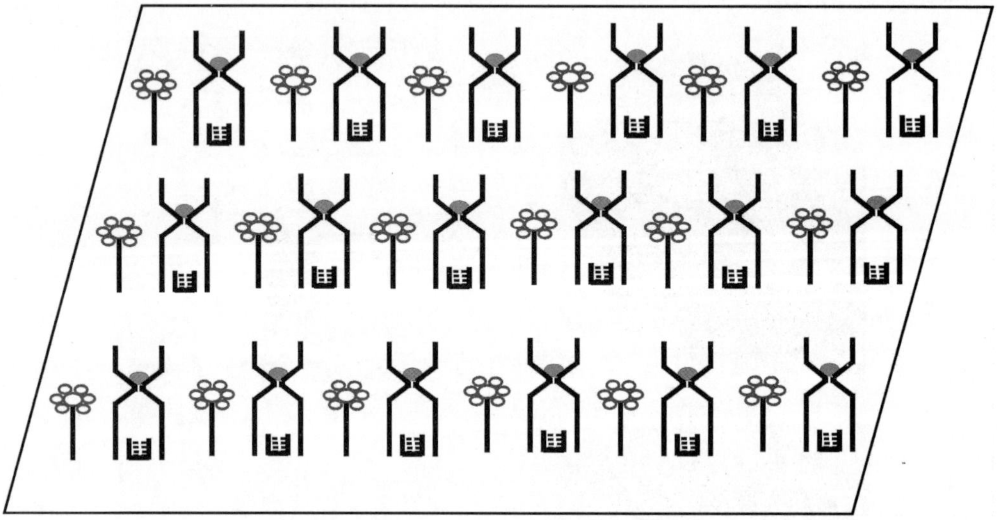

图1.12-18　真实农田中的应用

六、本装置的特点

(一)科学性

①应用了科学课上学到的水的蒸发与液化原理。利用自然环境下气温的变化带来的植物对水分需求的变化,实现持续不断地对植物进行辅助浇灌的作用。在气温较高的情况下,植物需要更多的水分,于是容器中水的蒸发与液化变多,植物可以得到更多的水分,而在气温偏低时,植物需要的水分减少,容器中水的蒸发与液化相应变少。

②应用了水的浮力原理。将空心球作为集雨装置的开关,实现自然状况下,自动开启或关闭大气水循环与装置内部水循环联系的作用。

(二)先进性

①本装置构想出一种利用大气与小环境水循环进行自动辅助浇灌的结构。

②为每一株植物都配备一个专属的辅助灌溉装置,根据植物自身对水的需求,实现"个性化定制服务"。

③变废为宝,特色环保。采用废旧矿泉水瓶进行本装置的制作,废物重新利用,既可以减少对塑料垃圾对环境的污染,又可以节约灌溉用水。

(三)实用性

①取材简单绿色,制作方便。废旧矿泉水瓶很多地方都可以找到,而且非常丰富。制作本装置只需要使用简单的工具和材料,比如美工刀、蜡烛、铁丝等进行裁剪及组装就可以了。

②安装简捷。只需要用铲子在土壤中挖出一个小坑,然后将装置放在小坑中,周边用土壤覆盖即可。

③操作方便。本装置只有在长时间不下雨的情况下才需要往容器中加水,其他情况即为全自动化收集与浇灌。

(四)创新点

①将大气水循环与小环境水循环融合起来,进行水的收集与灌溉。

②根据气温导致的植物对水分的需求变化,独立进行自动化辅助浇灌,实现对植物的"个性化定制服务"。

③装置简洁,低碳环保。

专家点评

该作品以环保为主题试验并设计自动辅助浇灌装置,制作从最初的简单结构到最后的作品,经历了非常宝贵的不断优化、反复完善的过程,体现了小作者不断创新的努力。建议小作者利用实验测试下雨水收集,优化下瓶口设计和瓶子在大雨环境下的稳定性。

南门江水质的调查研究

萧山区高桥小学 朱宇晨 指导:朱旭丽

前 言

2015 年 9 月的一个星期天,我和爸爸在南门江边散步。经过几年的整治,南门江的水已经变得比较清澈,里面也有许多鱼虾。河边还种着许多柳树,它细长的枝条随风飘动。空中有几只水鸟,它们一会儿飞来飞去,一会儿到水边捕鱼,一会儿又钻进水草丛,不见了……

可就在这时,一位阿姨端着面盆来洗衣服,洗涤剂的泡泡污染了清澈的河水。看到这里,我不禁想:南门江的水质到底怎么样了呢?带着这个疑问,我展开了一次调查。(见图 1.13-1)

图 1.13-1 南江门河水

一、调查简介

(一)问题产生

我在南门江边散步,望着江水,发出疑问:这看起来很清澈的水,到底干净不干净呢?于是,我决定一探究竟。

(二)调查时间

2015 年 10 月 2、3 日做实验，1 日至 7 日持续观察金鱼。

(三)调查地点

小区对面的南门江畔。

(四)调查人员

我，家长辅助。

(五)调查地点概况

这段江面位于公园边，环境自然不错，再加上市心路最近刚被修整过，修整时美化了河岸，加宽了人行道，让车辆扬尘不会进入河道。

(六)调查计划

10 月 1 日取水养鱼，10 月 2 日做简单的实验，10 月 3 日进一步实验，10 月 5 日至 7 日持续关注金鱼。

二、南门江简介

南门江的源头是萧山城厢街道苏家潭，经小南门与西河相连，往西南至白鹿塘与西小江汇合，流域面积 160 平方公里，长度 9.5 公里。南门江分两支：一支由白鹿塘延伸到临浦西北，出峙山闸沟通浦阳江；另一支至义桥新坝闸通浦阳江。南门江白鹿塘至临浦段宽 30 米，其余江面宽 60 米左右。(见图 1.13-2)

图 1.13-2　南门江白鹿塘至临浦段

据有关资料显示，截至 2013 年 4 月底，萧山区已完成南门江等 22 条近 50 公里河道的整治。城区河道建起了慢行系统、绿化景观、历史文化主题公园、景观桥等，整治目标是还原水乡美景。(见图 1.13-3)

图 1.13-3　萧山区河道整治

三、现在的南门江

南门江水看起来挺清澈的，有许多鱼在水草之间游动。但南门江的水质到底如何呢？我通过简单的实验来验证了一下。

取水地点：南江桥下

实验方法：对比试验，对比的水分别为自来水和家用 RO 反渗透膜净水器过滤后的纯净水。

（一）看

河水明显发黄，静置后有黑色颗粒状或絮状沉淀物，而自来水和纯净水非常清澈，且没有沉淀物。（见图 1.13-4）

纯净水　　河水　　自来水

图 1.13-4　河水、自来水和纯净水对比

(二)闻

河水:有轻微的腥味,无其余异味。

自来水:没有腥味和臭味,但有淡淡的漂白剂气味。

直饮水:没有任何气味。

(三)用显微镜观察

使用显微镜观察水样里面的杂质、沙土和细菌。

我使用最大放大倍数为 640 倍的显微镜观察。

先用 40 倍的放大倍率来观察,然后逐步加大倍数。(见图 1.13-5)

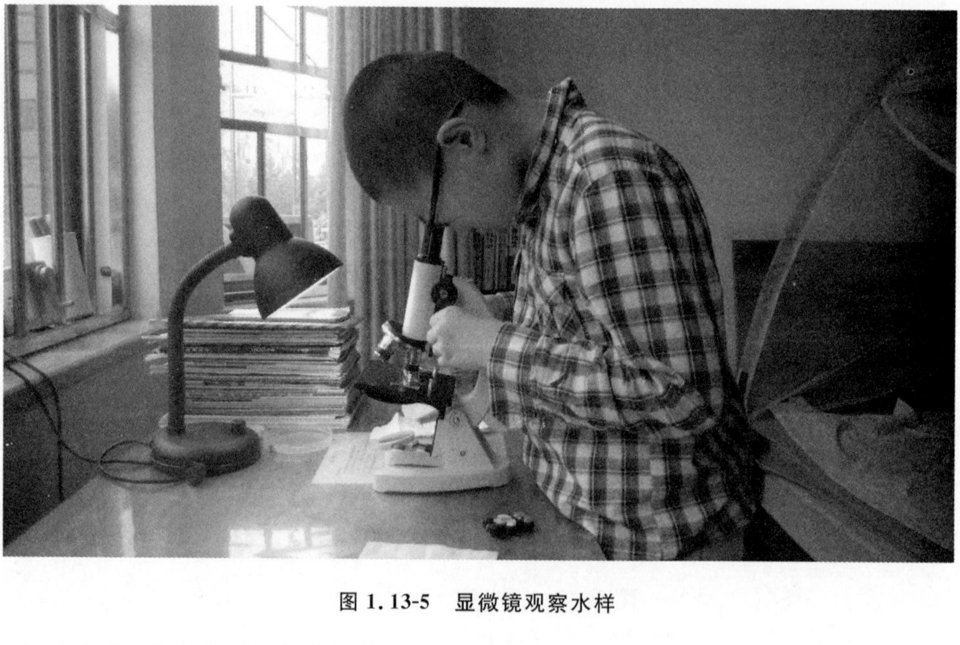

图 1.13-5　显微镜观察水样

1. 自来水:在水中不均匀分布着大量不规则形状的气泡,没有发现任何杂质、沙土与细菌。(图 1.13-6)

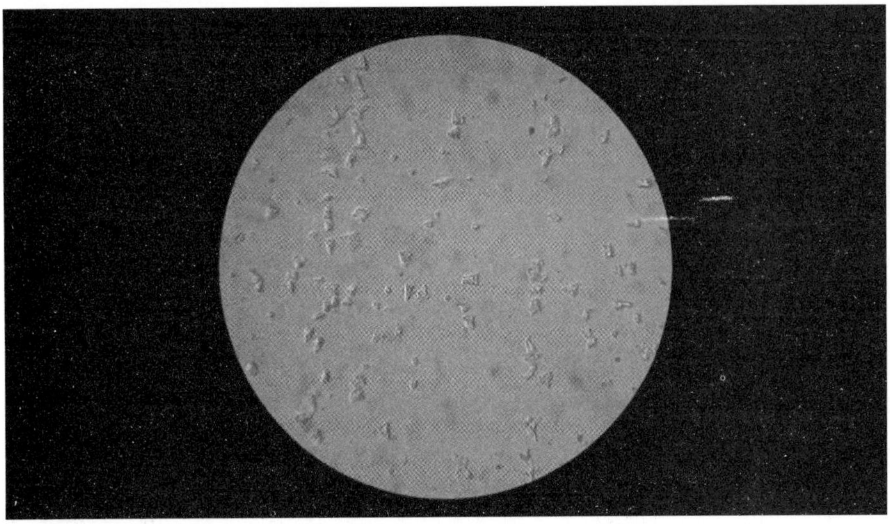

图 1.13-6　自来水

2.河水：在水中不均匀分布着大量不规则形状的气泡，没有发现任何杂质、沙土与细菌。（图 1.13-7）

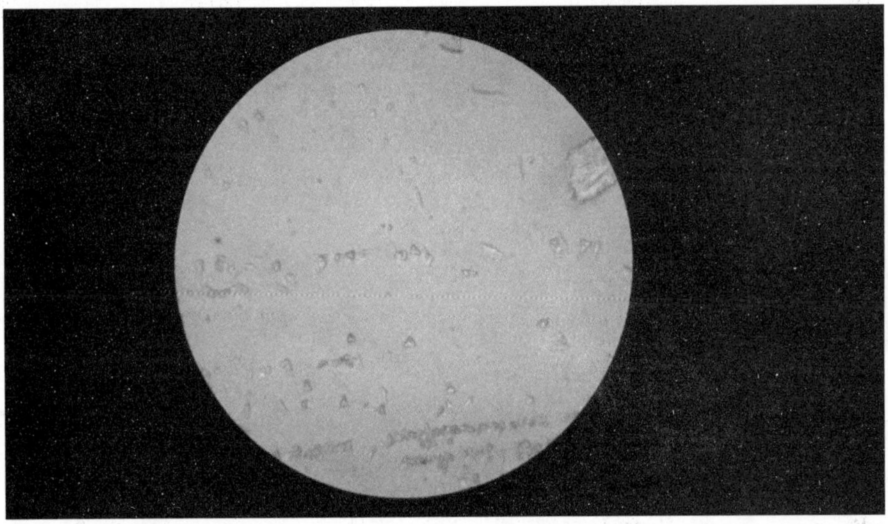

图 1.13-7　河水

3.纯净水：在水中不均匀分布着大量不规则形状的气泡，没有发现任何杂质、沙土与细菌。（图 1.13-8）

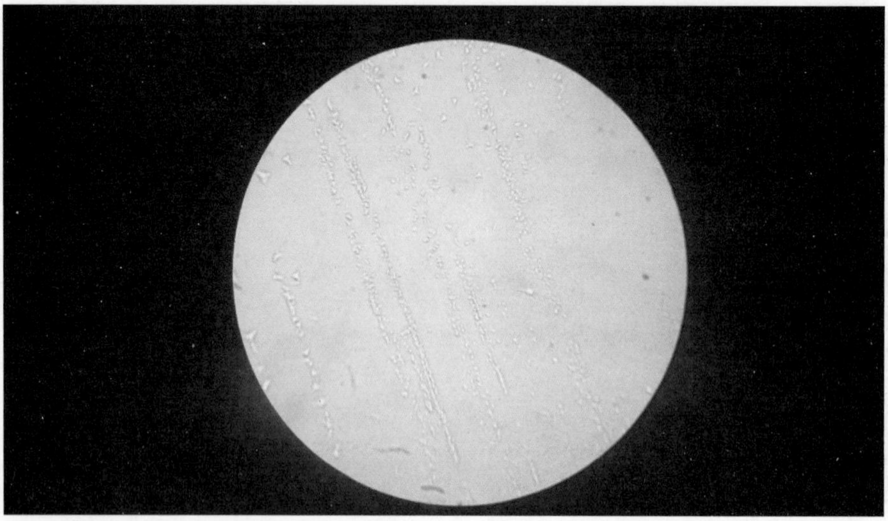

图 1.13-8　纯净水

(四)养鱼试验

我们在自来水、河水、纯净水里各养了两条鱼,来验证水质。

图 1.13-9　8 小时后自来水、河水、纯净水中鱼的情况

图 1.13-10　一星期后河水与纯净水中鱼的情况

8 小时后，自来水中的一条鱼死了，河水与纯净水的鱼依然为两条。（图 1.13-9）。一星期后，鱼的情况没有发生变化。河水与纯净水的鱼依然为两条。（图 1.13-10）

简单测试后的结论：

河水（南门江水）颜色上偏黄，有少量杂质，带轻微腥味，对环境敏感度较高的观赏鱼（8 小时后养在自来水中的其中一条鱼死了，判断为受自来水中的残留氯气影响）能在河水中长期存活，总体水质情况尚可，但不如自来水和纯净水。在简单测试中，自来水和纯净水的水质情况差不多。

四、进一步调查

我们从初步调查中得到了结果，但不是很精确。要得到更精确的结果，就需要深度调查。于是，我展开了进一步实验。

（一）测 TDS 值

实验方法：对比实验

总溶解固体（英文：Total Dissolved Solids，缩写 TDS），又称溶解性固体总量，测量单位为 PPM，它表明 1 升水中溶有多少毫克溶解性固体。TDS 值越高，表示水中含有的溶解物越多。总溶解固体指水中全部溶质的总量，包括无机物和有机物两者的含量。我们就可以使用 TDS 值了解溶液中的盐分，一般情况下，电导率越高，盐分越高，TDS 值越高。在无机物中，除溶解成离子状的成分外，还可能有呈现出分子状的无机物。由于天然水中所含的有机物以及呈分子状的无机物一般可以不考虑，所以一般把含盐量称为总溶解固体。河水、自来水、纯净水的 TDS 值见表 1.13-1 与图 1.13-11。

表 1.13-1　河水、自来水、纯净水 TDS 值　　单位：PPM

	河水	自来水	纯净水
第一次测试	170	124	32
第二次测试	169	119	31

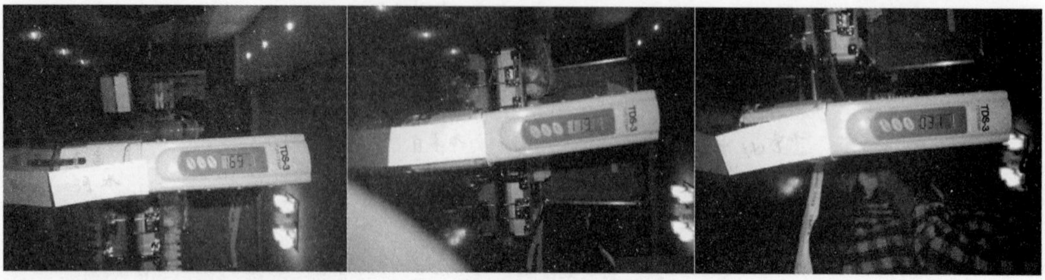

河水　　自来水　　纯净水

图 1.13-11　TDS 值

结论：河水 TDS 值最高，自来水次之，纯净水最低。

(二)测矿物质含量

水中的矿物质可以让人体维持正常的渗透力和正常的酸碱值，促进人体新陈代谢，加速疲劳恢复。但水中也可能含有有害矿物质，影响人体的健康。(单位：mg/l) 河水、自来水、纯净水的矿物质含量见表 1.13-2 与图 1.13-12。

表 1.13-2　河水、自来水、纯净水矿物质含量　　单位：mg/l

	河水	自来水	纯净水
第一次测试	180	120	40
第二次测试	180	120	25

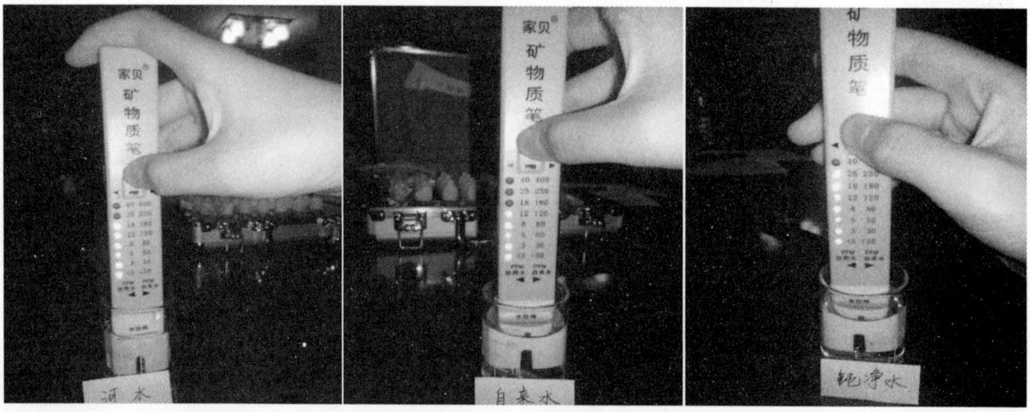

图 1.13-12　矿物质含量

结论:河水矿物质值最高,自来水次之,纯净水最低。

(三)水的 pH

正常水的 pH 是 6~8,长期食用弱酸性水对人体有不良影响,碱性水有益人体健康。河水、自来水、纯净水的 pH 值含量见表 3 与图 13。

表 1.13-3 河水、自来水、纯净水 pH

	河水	自来水	纯净水
第一次测试	7.6	7.5	6.6
第二次测试	7.6	7.0	6.6

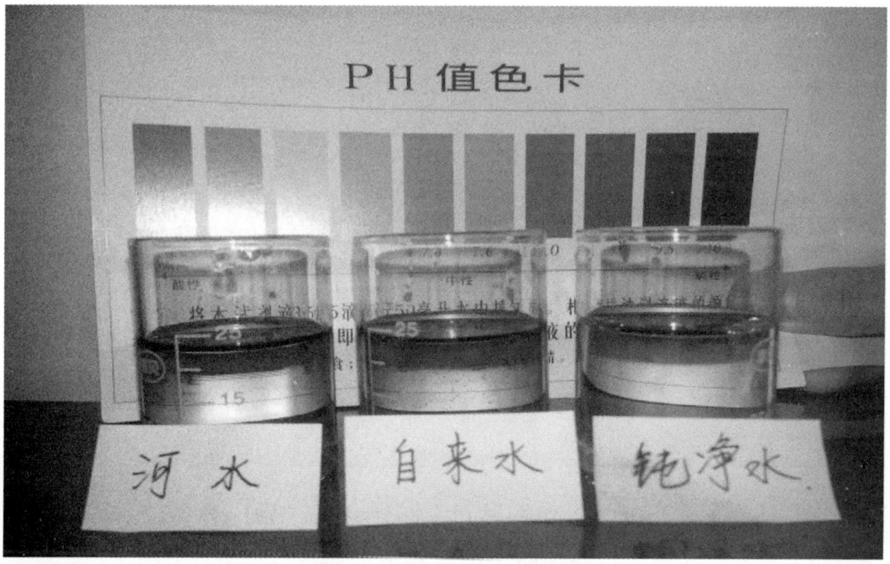

图 1.13-13 pH 值含量

结论:河水 pH 最高为 7.6,自来水次之为 7,纯净水最低为 6.6。

(四)余氯测试

水中投氯,氯与水接触后经一定时间,在水中余留的游离性氯和结合性氯的总称。余氯是指氯投入水中后,除了与水中细菌、微生物、有机物、无机物等作用消耗一部分氯量外,还剩下一部分氯量,这部分氯量就叫作余氯。氯的危害很大:1974 年荷兰 Rook 和美国 Belier 首次发现余氯化物和氯消毒过的水中存在三卤甲烷(THMS)、氯仿等消毒副产物(DBPS),而且它们具有致癌、致突变作用。20 世纪 80 年代中期,人们又发现另一类卤乙酸(HAAS),致癌风险更大,例如氯仿、二氯乙酸 (DCH)和三氯乙酸(TCA)的致癌风险分别是三氯甲烷的 50 倍和 100 倍。迄今为止,随着科技的进步,人们已在水源中检测出 2221 种有机污染物,而在自来水中发现 65 种,其中致癌物 20 种,致突变物 56 种。河水、自来水、纯净水的余氯测试结果见表 1.13-4 与图 1.13-14。

表 1.13-4　河水、自来水、纯净水余氯测试成果　　　　**单位:mg/l**

	河水	自来水	纯净水
第一次测试	0.1	0.6	0
第二次测试	0.1	0.8	0

图 1.13-14　余氯测试

结论:自来水余氯值最高(0.7),河水次之(0.1),纯净水没有余氯。

(五)钙镁测试

测试方法:取水样 30～50ml,加入少许钙镁测试剂试剂,搅拌后静置,若水样呈现红色,则说明含有钙镁离子,有一定硬度,水样呈现蓝色,则说明没有钙镁离子,硬度较小。含有较多、可溶性、钙镁化合物的水,就是硬水。硬水并不对健康造成直接危害,但是会给生活带来许多麻烦,比如:器具上结水垢;肥皂和清洁剂的洗涤效率降低等。河水、自来水、纯净水钙镁含量的情况见表 1.13-5 与图 1.13-15。

表 1.13-5　河水、自来水、纯净水钙镁含量

	河水	自来水	纯净水
第一次测试	红色	红色	红色
第二次测试	红色	红色	红色

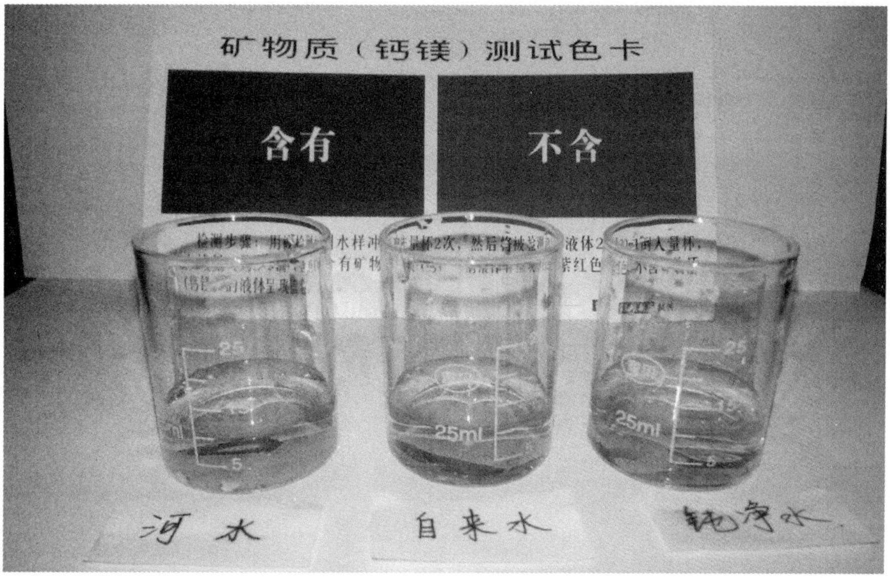

图 1.13-15　钙镁含量

结论：三种水均含钙镁。

(六)锌含量测试

锌是人体必需的元素，但摄入过多也会致病。取水样 30—50 毫升，加入少许锌测试剂试剂，搅拌后静置，若水样呈现红色，则说明含有锌离子，水样呈现蓝色，则说明没有锌离子。河水、自来水、纯净水含锌的情况见表 1.13-6 与图 1.13-16。

表 1.13-6　河水、自来水、纯净水含锌

	河水	自来水	纯净水
第一次测试	红色	红色	蓝色
第二次测试	红色	红色	蓝色

图 1.13-16 含锌测试

结论:河水和自来水含有锌,纯净水没有锌。

(七)抗氧化测试

氧化是人体衰老的最大威胁,抗氧化水是人体抵抗集体氧化作用的水,对人体有益。测试方法:取待测溶液 20ml,滴入氧化自由基,搅拌均匀。若水样呈黄色,代表水样没有抗氧化能力;若水样无色,则代表水样有抗氧化能力。河水、自来水、纯净水抗氧化测试结果见表 1.13-7 与图 1.13-17。

表 1.13-7 河水、自来水、纯净水抗氧化测试

	河水	自来水	纯净水
第一次测试	无	无	无
第二次测试	无	无	无

图 1.13-17 抗氧化测试

结论：三种水均不抗氧化。

（八）酚酞测试

酚酞测试，可以用比较简便的方法测出液体的 pH 是否适中（颜色变红是碱性，颜色越红说明碱性越大，不变化是酸性）。测试方法：将 2 滴试剂滴入 25ml 水中，搅拌均匀。河水、自来水、纯净水酚酞测试结果见表 1.13-8 与图 1.13-18。

表 1.13-8　河水、自来水、纯净水酚酞测试

	河水	自来水	纯净水
第一次测试	无	无	无
第二次测试	无	无	无

图 1.13-18　酚酞测试

结论：三种水均不是强碱性。

（九）其他矿物质测试

使用该试剂，可以检测出重金属与矿物质。测试方法：将 1 滴试剂滴入 10ml 水中，搅拌均匀，若水样呈现红色，则说明含有水样其他矿物质，水样呈现蓝色，则说明水样没有其他矿物质。河水、自来水、纯净水其他矿物质测试结果见表 1.13-9 与图 1.13-19。

表 1.13-9　河水、自来水、纯净水其矿物质测试

	河水	自来水	纯净水
第一次测试	红色	红色	红色
第二次测试	红色	红色	红色

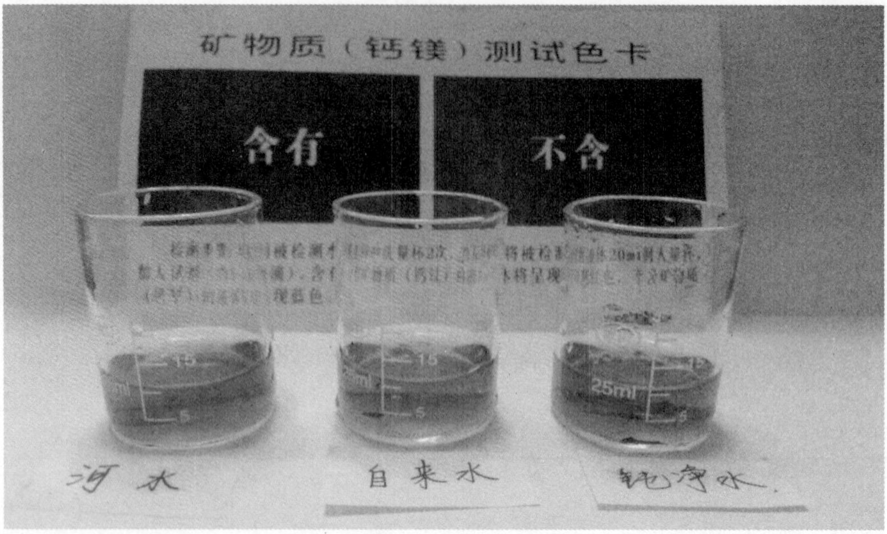

图 1.13-19　其他矿物质测试

结论：三种水均含有其他矿物质(纯净水略少)。

(十)酚兰测试

酚兰试剂可用于更精确地测量 pH，测试方法：将 3 滴试剂滴入 10ml 水中，搅拌均匀，呈黄色为弱酸性，呈蓝色为弱碱性。河水、自来水、纯净水酚兰测试结果见表 1.13-10 与图 1.13-20。

表 1.13-10　河水、自来水、纯净水酚兰测试

	河水	自来水	纯净水
第一次测试	蓝	蓝	介于绿和黄之间
第二次测试	蓝	介于蓝于绿之间	介于绿与黄之间

图 1.13-20　酚兰测试

结论:河水与自来水 pH 值为弱碱性(自来水更弱),纯净水 pH 值为弱酸性。

(十一)电解水实验

电解水实验可以让水中的杂质染色,由于水中含有少量阴阳离子和微量元素,具有导电性,当电解器两极插入自来水中并接通电源后,就发生了电解反应。而电解自来水产生的墨绿色、棕色的絮状物,就是电解反应的三价铁离子水解后的反应物。而纯净水杂质的含量低,它与自来水最根本的区别是在通电后电解反应不太剧烈,物质生成也就不多,电解后的颜色也淡。也就是说,电解后杂质越少、颜色越淡的水质越好。通过判断杂质颜色,也能判断水中的污染物。河水、自来水、纯净水电解水实验结果见表 1.13-11。(图 1.13-21,左边依次为自来水和纯净水,右边依次为自来水和河水)

表 1.13-11　河水、自来水、纯净水电解水实验

	河水	自来水	纯净水
第一次测试的颜色	黑、黄、绿、蓝、红	黑、黄、绿、红	
第二次测试的颜色		黑、黄、绿、红	黄、红

图 1.13-21　电解水实验

结论:河水中的杂质最多,自来水其次,直饮水几乎没有杂质。

进一步测试后的结论:

河水(南门江水)在进一步测试当中表现不尽如人意:矿物质值高,pH 高,电解后杂质多…… 自来水 pH 中性,电解后杂质在可以接受的范围之内,纯净水的水质情况最好,但呈弱酸性,缺乏矿物质,长期饮用对人体有害。

五、活动感悟

我们忙活了好几个小时,做了十多个实验,还验证了一次,数据写满了 1 张 A4 纸,心里说不出来有多高兴。在活动中,我们还在网上查了很多资料,终于得出了关于南门江

水质的结论。

实验前，我还是一头雾水，不知道测量水质要干些什么。由于实验需要，我才上网查资料，知道了一些相关知识。通过这次活动，我也收获了一些其他科学知识，如，怎么给溶液测 pH，TDS 的全称是什么，硬水和软水的区别……就这样，南门江水质的秘密，终于被我们揭开了一点，不再那么神秘了。

其次，我还收获了各种能力。当我们做一个实验，结果与实际结果不相符合的时候，需要判断实验准确性是否受到干扰，我们的推测对不对，需不需要再来一次；谈话时，要尽量大方，锻炼了自己人际交往的能力；当我完成一个小制作时，锻炼了自己的动手能力。总之，这次活动真让我受益匪浅啊！

六、放眼未来

爸爸曾对我说过，在他小时候，萧山的所有河都很干净，包括南门江。那时，没有什么游泳馆，想游泳时直接跳进水里就可以过足自己的瘾。洗菜也不用自来水。夏天的时候，连洗澡都到河里洗。可见那时的水质多好。

后来，萧山经济、工业大发展，忽视了环境，导致河流一度很脏。现在，人们又开始重视环境，建设“美丽萧山”，其中必不可少的就是“美丽河流”了。最近几年，南门江畔又恢复了一派生机，柳枝随风起舞，鸟儿在蓝天翱翔，可水质比起 30 年前还是有一些差距。

我相信，在不久的将来，萧山所有的河流，包括南门江，一定会恢复成爸爸小时候那样。那时，漫步江畔，宛如进入人间仙境，树木枝繁叶茂，花儿争奇斗艳，鸟儿叽叽喳喳……

愿我的憧憬成为现实。

专家点评

全面、详细、客观、用数据说话。

基于智能硬件的分享打印新模式

杭州长河高级中学　王威来　指导：雷道忠　应东方　吴迎来

一、引言

目前，随着中国社会信息化的深入和个人、家庭及公司打印需求的增长，打印机市场的需求持续稳定增长。由于资源有限，很多时候给用户带来了极大的不便：用户每次打印都到打印店排队，浪费大量时间，效率低下；在打印店打印时U盘容易感染病毒；用户急需打印文件，打印店较远而邻居家有打印机，但连接USB接口，安装驱动给用户带来麻烦等。

同时，我们正在经历一个全新的商业时代，如今的消费者正在放弃传统的、效率低下的企业，转而投入分享型企业的怀抱，来获取他们想要的产品和服务，例如汽车分享企业Uber、房屋分享企业Airbnb等，他们以自己现有的资源进行共享，用户可以使用自己需要的资源，分享人可以获得利益，达到双赢的目的，同样，以打印机作为共享的资源，实现"分享型经济"模式，也成为大形势下的重要商机。即用户可以选择附近的打印机，在线支付，一定时间后去取文件，大大节省了等待时间。

针对目前的市场形势，本项目考虑将个人或者企业闲置的打印机分享出来，通过智能硬件与打印机的USB接口连接，实现了无须安装打印驱动和无线远程打印的功能。再使用QQlink方式对硬件进行设置，用户使用Web页面进行打印机的查找和共享、文件的上传和打印，通过这样的形式实现资源、经济分享，将会带来显著的经济和社会效益。

二、作品简介

(一)新打印方式与传统打印方式比较

传统的打印方式可以分为三种，各自的优缺点如下：

①计算机直接连接打印机打印的方式：电脑上安装驱动程序，通过USB接口与打印机连接是最普通的打印方式。由于不同型号打印机需要安装不同的驱动程序，并且需要近距离连接打印机接口，这种传统的打印方式给用户带来了不便。

②无线网络打印服务器方式：即局域网内实现打印机共享，目前有两种接入的方式，

一种是打印机自带打印服务器，打印服务器上有网络接口，只需插入网线分配 IP 地址就可以了；另一种是打印机使用外置的打印服务器，打印机通过并口或 USB 接口与打印服务器连接，打印服务器再与网络连接。这种方式的优点是可以使在同一个局域网内的计算机不用连接 USB 接口，就可实现远距离打印，缺点是驱动程序需要安装，并且打印机成本较高。

③云打印方式：即以互联网为基础，整合打印设备资源，构建漫游共享打印平台，向全社会提供随时随地的质量标准化的打印服务，目前谷歌、惠普、百度已推出云打印。该打印方式的优点是实现了远程打印，也解决了手持设备打印不方便的问题，缺点是只有部分打印机支持云打印功能，而且售价昂贵，另一个问题是无法实现打印机的社会化分享。

基于以上三种传统打印方式的分析，我们提出 QQ 物联智能硬件的分享打印新模式，即通过一个打印机智能硬件与打印机连接，用户即可以像连接 WiFi 一样连接到打印机，线上实现打印功能，实现该功能解决了前三种打印方式的缺陷部分，既不需要安装打印驱动，又可以实现远程打印，同时，智能硬件的成本低，任何一台打印机都可以使用，方便了用户。

a.打印机USB连接到享印智能硬件

b.通过手机QQ绑定智能硬件

c.享印智能硬件配置

d.Web打印主界面

图 1.14-1　用户使用流程

(二)用户使用流程

用户拿到我们的智能打印设备后,直接与打印机的 USB 接口连接,插上电源线,设备就开始工作。如图 1.14-1.a 所示。

设备的设置可以很方便地通过手机 QQ 进行。使用手机 QQ 扫描硬件设备上的二维码,就可以与设备进行连接绑定,如图 1.14-1.b 所示。

绑定完成后,可以进行设备的初始设置,如图 1.14-1.c 所示。设置内容包括智能硬件的 WiFi 联网设置。打印机名称、位置设置、连接密码设置等。

设备安装设置完成后,用户可以在 Web 页面很方便地使用打印服务,如图 1.14-1.d 所示。使用时,首先通过地图定位或者搜索打印机名称找到附近的打印机,跳转到 Web 页面中通过输入密码进行打印机与设备的匹配,匹配成功后用户即可上传需打印的文件,线上点击“打印”按钮,完成打印操作。用户还可以注册自己的账号,可以收藏文件,浏览、保存打印记录等。

最后,用户点击页面的关闭按钮,完成当次打印操作,下次若使用同一台打印机打印文件,则打开 Web 页面可进行自动密码连接匹配,继续上传文件进行打印,方便用户的使用。

图 1.14-2 为打印文件上传页面,用户进入页面选择适当的打印机,然后输入密码即可成功匹配。

图 1.14-2 打印机选择界面

图 1.14-3 为用户打印文件管理界面,用户把需要打印的文件上传到服务器,选择需要的文件进行打印,所有上传的文件都可被保存。

图 1.14-3　用户文件管理界面

三、研究过程

(一)思路和方案设计

确定了该选题后,我进行了详细的调研和思考,如何更好地实现一个更加方便的打印新模式。下面是我思考的设计思路,如图 1.14-4 所示。

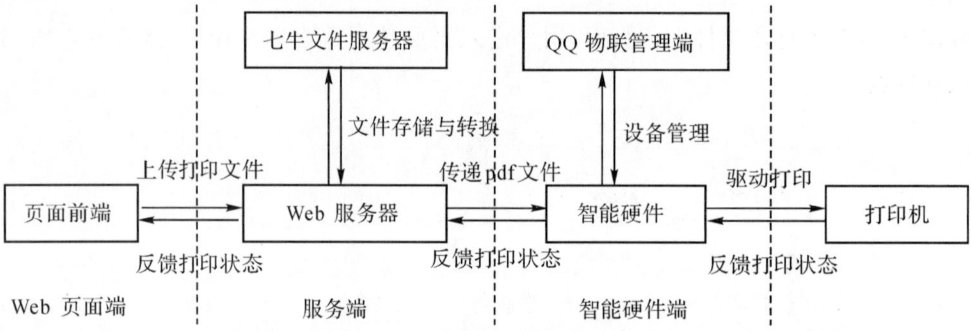

图 1.14-4　系统架构思路图

Web 页面端,实现用户的交互。核心功能是用户通过 Web 页面上传自己的打印文件。功能点包括:①用户地址附件打印机在地图上的显示;②用户曾经使用过的打印机列表;③用户曾经打印过的文件列表;④用户打印文件的上传;⑤用户管理。

服务端主要进行数据的处理和服务的响应。核心功能是将用户上传的打印文件进行转换,并准确传送给打印机。主要通过七牛云存储实现。

智能硬件主要用于驱动打印机,并将打印机连接入广域网。智能硬件使用 Linux 操作系统,我们通过脚本文件实现了打印机的万能驱动。智能硬件的初始配置通过基于 QQ 物联的 QQlink 技术实现。可以通过手机 QQ 扫描智能硬件上的二维码,实现和硬件的绑定,设置包括 WiFi 密码、打印机名称、打印机位置等各种信息。

方案设计:

1. 硬件架构

首先确定了需要一个硬件设备来实现管理打印机驱动的功能。在硬件设备的操作系统上主要考虑了 Windows、Linux、Android 这三种操作系统。

使用 Windows 操作系统的优点是广泛支持各种类型的打印机驱动程序，兼容性非常好。缺点有两个，一个是稳定性较差，二是需要的硬件设备配置较高。网上能找到的 Windows 平台的硬件，普遍价格在 300～900 元，如图 1.14-5 所示。这也是目前没有智能硬件平台使用 Windows 系统的原因。

图 1.14-5 Windows 硬件平台的价格

Linux 和 Android 的内核都是 Linux 的，优点是稳定，硬件成本较低。硬件成本可以控制在 100 元以下，这是非常有性价比的价格。缺点是目前很多打印机官方网站没有提供 Linux 驱动程序的下载，软件兼容性差。但是通过研究发现其实这个打印机驱动程序的问题可以得到解决。

Linux 和 Android 的区别在于，Linux 可以直接开发，Android 很多底层的操作需要得到 Google 的授权。所以最后智能硬件的操作系统，我选择了 Linux。

硬件开发平台选用了目前使用最为广泛的树莓派 2。该平台支持各种 Linux 操作系统，可以很方便地进行安装和调试。如图 1.14-6 所示。

图 1.14-6 树莓派 2

树莓派 2 搭载 900MHz 主频四核 ARM Cortex-A7 处理器，1GB RAM。功耗 3W。

4 个 USB 接口，一个 HDMI 接口，一个网络接口，一个 TF 卡插槽，只有明信片大小。

2. 软件架构

服务器端使用 MySQL 作为数据库，使用 Java 语言进行开发。采用了 MVC 的软件设计模式，即模型 M、视图 V 和控制器 C。

为了保证打印效果的一致性，以及用户可以进行打印预览。在服务端，我们还需要实现文档的转化，这里我打算使用七牛云存储中的文件转换功能来实现。可以保证文件转换的一致性和大量的同时服务。目前七牛支持的文字格式包括：word：doc，docx，odt，rtf，wps；ppt：ppt，pptx，odp，dps；excel：xls，xlsx，ods，csv，et。

Web 展现端，核心的功能是使用百度地图对打印机进行查找，所以使用 Baidu Map 的 Open API 进行。开发语言使用 Html＋JavaScript。

(二)各模块的实现

1. 前端

前端主要是指用户使用打印机 Web 界面。功能点包括：(1)用户地址附件打印机在地图上的显示；(2)用户曾经使用过的打印机列表；(3)用户曾经打印过的文件列表；(4)用户打印文件的上传；(5)用户管理。

主要的难点在于百度地图接口的调用。百度地图 JavaScript API 是一套由 JavaScript 语言编写的应用程序接口，可帮助您在网站中构建功能丰富、交互性强的地图应用，支持 PC 端和移动端基于浏览器的地图应用开发，且支持 HTML5 特性的地图开发。使用步骤如下：

①准备页面：

根据 HTML 标准，每一份 HTML 文档都应该声明正确的文档类型，可以使用最新的符合 HTML5 规范的文档声明：

<! DOCTYPE html>

也可以根据需要选择其他类型的文档声明，这样浏览器会以标准的方式对页面进行渲染。

②接着我们设置样式，使地图充满整个浏览器窗口：

<style type="text/css">
html{height：100%}
body{height：100%；margin：0px；padding：0px}
#container{height：100%}
</style>

③引用百度地图 API 文件 使用 V1.4 及以前版本的引用方式：

创建地图容器元素地图需要一个 HTML 元素作为容器，这样才能展现到页面上。这里我们创建了一个 div 元素。

命名空间 API 使用 BMap 作为命名空间，所有类均在该命名空间之下，比如：BMap. Map、BMap. Control、BMap. Overlay。

④创建地图实例：

var map = new BMap. Map("container")；

位于 BMap 命名空间下的 Map 类表示地图，通过 new 操作符可以创建一个地图实例。其参数可以是元素 id 也可以是元素对象。

注意在调用此构造函数时应确保容器元素已经添加到地图上。

⑤创建点坐标：

var point = new BMap. Point(116. 404， 39. 915)；

这里我们使用 BMap 命名空间下的 Point 类来创建一个坐标点。Point 类描述了一个地理坐标点，其中 116. 404 表示经度，39. 915 表示纬度。

⑥地图初始化：

map. centerAndZoom(point， 15)；

⑦在创建地图实例后，我们需要对其进行初始化，BMap. Map. centerAndZoom()方法要求设置中心点坐标和地图级别。地图必须经过初始化才可以执行其他操作。

⑧地图配置与操作：

地图被实例化并完成初始化以后，就可以与其进行交互了。API 中的地图对象的外观与行为和百度地图网站上交互的地图非常相似。它支持鼠标拖曳、滚轮缩放、双击放大等交互功能。您也可以修改配置来改变这些功能。比如，默认情况下地图不支持鼠标滚轮缩放操作，因为这样可能会影响整个页面的用户体验，但是如果希望在地图中使用鼠标滚轮控制缩放，则可以调用 map. enableScrollWheelZoom 方法来开启。配置选项可以在 Map 类参考的配置方法一节中找到。

此外，还可以通过编程的方式与地图交互。Map 类提供了若干修改地图状态的方法。例如：setCenter()、panTo()、zoomTo()等。

2. 服务端

服务端主要实现打印文件的网络传输(上传、下载)和转换两个功能。主要使用七牛云存储的服务来实现。

首先需要下载安装七牛云存储的官方 SDK for Java(服务端)。安装完成后，可以很方便地调用 SDK 中的函数进行打印文件的上传下载和转换。

(1)文件的上传和下载

文件的上传，在前端页面之间通过表单的方式，直接上传到七牛服务器。服务端需要记录用户与文件的关联性，用于对文件的筛选。

文件的下载，通过以 HTTP GET 方式访问一个特定 URL 完成。一个完整的私有资源 URL 如下所示：

http://<domain>/<key>? e=<deadline>&token=<downloadToken>

参数 e 表示 URL 的过期时间。参数 token 携带下载凭证。下载凭证是对资源访问的授权。

对我们而言,一次下载,往往意味着一次打印,所以服务端需要对下载和打印次数进行记录与统计,并且记录请求打印的智能硬件的名称、时间等重要参数。

(2)文档转换服务

为了用户方便地进行打印预览,服务端需要把各种 office 文档转换为 pdf 格式。七牛云存储提供了非常方便的文档转换服务。

实现方法:

开发者可以在上传或访问资源时触发数据处理流程,从而得到资源进行按需变换后的结果。

数据处理的执行非常简单,就是在资源请求中加上数据处理动作和参数,比如以下的 URL 对图片进行了缩放处理,就是调用了一个名为“imageView2”的数据处理操作:

http://developer. qiniu. com/resource/gogopher. jpg? imageView2/2/w/200/h/200

而我们需要使用的文档转换为 pdf 格式的数据处理请求参数为:yifangyun_preview/<Ext>,说明如图 1.14-7 所示。

参数	必填	说明
Key	是	保存在Qiniu上面的文件key,后缀需要为对应的office类型的文件格式
Ext	否	当key的后缀不是文件的正确格式时,可以在这个参数中指定对应的格式,优先级大于key的后缀

图 1.14-7　请求参数说明

3. 硬件

在硬件程序中,我们需要在 Linux 系统上实现打印机的万能驱动程序。这里主要用到了 CUPS 技术。CUPS(Common UNIX Printing System,它主要是使用 IPP(Internet Printing Protocol)来管理打印工作及队列,但同时也支持”LPD”(Line Printer Daemon)和”SMB”(Server Message Block)以及 Socket 等通信协议。

CUPS 实际上是一个集成的服务。包括了前端接收打印命令的相关程序,后端控制打印机硬件的程序,中间则是打印驱动。首先来看看 CUPS 驱动打印机的方式。当 CUPS 接受到打印命令时,首先会进行一个格式的预转换,比如将.jpg 等各种文件先转换成 PostScript 格式,然后进一步将 PostScript 格式转换成 CUPS 内部格式。

CUPS 的安装及打印机的配置：

首先我们要对 CUPS 进行安装，这里以 Ubuntu 为例：

sudo aptitude install cupsys cupsys-client

这里使用 aptitude 是因为在 ubuntu 中，aptitude 比 apt-get 在处理包依赖上面更有优势，比如在实现 remove 操作的时候，使用 aptitude 能够提供多套解除包依赖的方案供操作者选择。

然后安装 GhostScript 和 foomatic：

sudo aptitude install ghostscript

sudo aptitude install foomatic

安装完成后，我们就可以对 CUPS 进行配置。

为了实现自动对打印机的匹配，我们 Python 脚本实现了驱动程序的自动匹配。

4. QQ 物联设置

让每一个硬件设备，变成用户的 QQ“好友”。可以通过 QQ 很方便地管理智能硬件。智能硬件设备添加完成后，如图 1.14-8 所示，可以直接在我的设备中看到我们的享印智能打印设备。

图 1.14-8　QQ 中添加智能设备后

本项目非常荣幸得到 QQ 官方的支持，获得了 QQ 物联的智能硬件授权。通过 QQ 物联可以将 QQ 账号体系、好友关系链、QQ 消息通道及音视频服务等核心能力提供给可穿戴设备、智能家居、智能车载、传统硬件等领域的合作伙伴，实现用户与设备、设备与设备、设备与服务之间的联动。系统框架如图 1.14-9 所示。

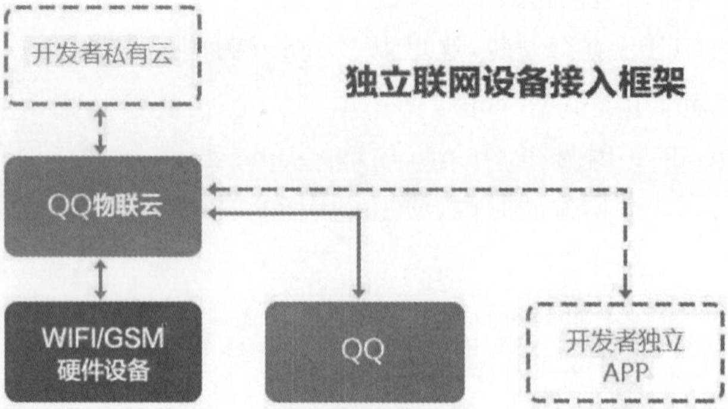

图 1.14-9　QQ 物联智能硬件系统图

程序设置步骤

(1)初始化智能硬件

设备启动后，进行初始化，主要是预读取一些硬件基本信息，如 SN(序列号)、license(授权号)、服务器加密秘钥等。然后进入等待状态。等待手机 QQ 扫描设备二维码。

(2)绑定设备

生成一个二维码，QQ 物联的二维码格式为：http://iot.qq.com/add?pid=1000000004&sn=tencent123456789 其中最重要的两个信息为 sn 和 pid。二维码生成网站很多，如 http://liantu.com，将以上二维码在此网站生成。打开手机 QQ，进入到手机 QQ 的扫一扫界面，然后扫描步骤三中生成的二维码，会进入到绑定流程。

(3)设备登录

如果绑定成功，这个时候我们回到手机 QQ，会看到您刚刚绑定的设备已经进入到设备列表中了，而且状态应该是在线。因为在线状态不是 100%实时同步的，所以如果偶尔发现图标是灰显的，可以通过下拉好友列表刷新一下设备的在线状态。

(4)设备设置

登录完成后，用户就可以通过 QQ 消息框，对我们的设备进行设置，设置打印机名称、位置设置、连接密码设置等。

(三)程序开发过程

从最初的构思，到最终完整的程序实现，我一共持续研究了三个多月的时间。最开始的程序代码，也慢慢地越变越长。中间碰到很多的问题，一个个问题都被我解决。也感谢所有帮助我解决最困难问题的老师，正因为你们的耐心细心地指导，让我更清楚地了解到计算机系统精妙的运行机制和程序设计的巧妙。

图 1.14-10　开发过程

四、主要的贡献与创新点

（一）成本低廉

智能硬件可以使任意一台支持 USB 接口的打印机改造成无线网络打印机，成本可以降至 100 元以下。

(二)使用方便

用户通过 Web 页面之间打印,使用共享网络里的任意一台打印,只需要输入共享密码就可以打印,都不需要安装驱动;智能硬件设备通过手机 QQ 进行配置,简单易用,并且与自己的 QQ 绑定,将设备添加到了 QQ 的我的设备中,再次配置可以很方便地进行。

(三)跨平台使用

该打印方式可以在安卓、iOS、Linux、Windows 等系统使用,也可以在手机、iPad、笔记本电脑等设备使用,方便用户。

(四)资源共享

连接打印机像连接 WiFi 一样简单,可以达到资源共享的效果,可以公司、家庭方便的共用打印机,甚至可以将自己的打印机变成赚钱设备。

五、研究与开发体会

(一)学会了寻求外界帮助的方法

要完成这个项目的设想,光靠自己原有知识是远远不够的。为此,我学会充分利用 Google、Baidu 等各种搜索工具查找资料;利用家人、老师、朋友的人脉寻求帮助,向 IT 专业人士咨询技术问题;也学会找各种技术论坛资料和论坛高手的帮助,比如 CSDN 论坛等。通过这些外界的力量,我逐渐懂得了很多知识,也使得这个项目顺利完成。

(二)熟悉了项目开发过程

项目开发过程是个非常复杂的过程,需要设定开发目标、明确开发步骤、借鉴已有技术、突破关键环节、反复实验测试,实现技术应用,通过此次实践过程熟悉了项目开发的整个过程。

(三)研究是个逐步推进的过程

项目测试推进是个既烦琐又枯燥的事情,平时学习任务重,其间有打退堂鼓的想法,但在取得阶段性收获后又重拾信心,每一小步的成功都极大地鼓舞了我的信心,让我更加坚定地走下去。

举个例子,即使这次项目看起来容易,真正做起来也是一个需要认真研究的地方。每次遇到各种困难都坚持下来,才逐步获得了最后的成功。

(四)感受了科技创新的乐趣

通过这次研究,我发现自己知识面还是很狭窄,与人交流沟通还有差距,单纯课堂知识的局限,当今社会信息技术迅猛发展,切身体验到科技创新的无限空间和乐趣,增强了努力学习的紧迫感，以及课堂、理论、实践知识要相结合的重要性。

(五)提高了动手能力

通过此次项目提高了我的动手能力，平时课本上学到的东西大多是理论知识，缺乏实际操作的能力，真正动手做起来才发现那些理论知识是远远不够的，一步一步克服困难，最后走向成功，使我实际操作的能力有了大幅度提高。

六、项目改进设想

由于时间、知识和能力所限，本项目只是为了提高打印效率，实现资源共享，所以没有涉及其他内容。在后续的开发中可通过此项目实现共享经济，用户可寻找最近的任意打印机，线上付款后直接进行打印，一定时间内可直接取，节省一定的时间成本。在不远的将来，也将实现 3D 打印。我将加倍努力不断改进，真正推广此项目。

专家点评

科学性、创新性、真实性好。方法科学，技术路径可行。

第二部分

优秀科技实践活动

西湖蓝，我们在行动
——西湖水质考察报告

杭州市保叔塔实验学校申花路校区少年科学院　指导：姜丹俐

一、研究背景

西湖是杭州最亮丽的一道风景线。站在湖边，望着清清的湖水，你会被西湖的美丽所折服，但你知道西湖的水有多纯净吗？这是2015年7月9日《杭州日报》关于保俶塔实验学校少科院西湖水质调查报道的内容："西湖，是杭州的一张金名片。我们就生活在西湖边上，其水质如何牵动着大家的心。西湖'六进九出'的引水工程开展十二年了，前段时间传出了一条好消息：经过十二年的治理，西湖水透明度提高了四十厘米……"你知道西湖的入水口和出水口在哪里吗？你知道西湖的水质变化是怎么样的吗？于是，我们的科学探究活动就从这里开始了。

这次活动，我们希望对西湖里的水，从入水口到出水口的一个月时间内，水质有发生了什么变化？进行水样采样，用仪器分析水质的情况，让更多的人了解西湖的水质变化，使人们可以更加浅显易懂的了解西湖水的情况，同时呼吁人们关心西湖的水质，关注还可以提高西湖水质的空间，一起来保护西湖，维护"西湖蓝"。

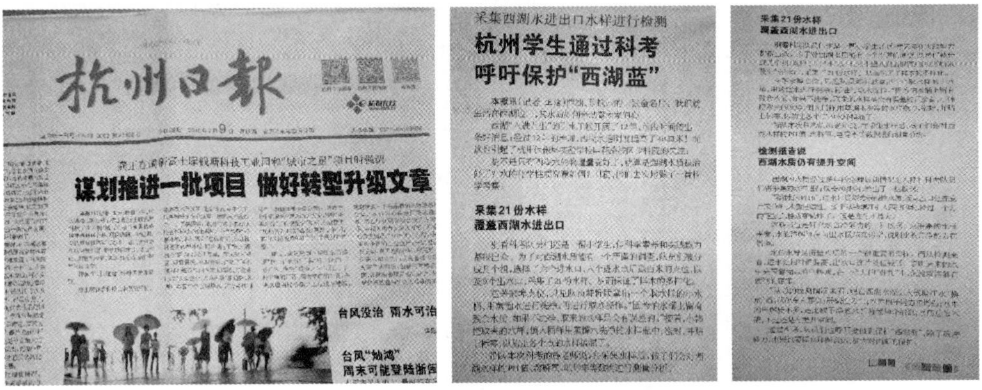

杭州日報

谋划推进一批项目 做好转型升级文章

采集西湖水进出口水样进行检测

杭州学生通过科考 呼吁保护"西湖蓝"

采集21份水样 覆盖西湖水进出口

检测报告说 西湖水质仍有提升空间

图2.1-1　《杭州日报》相关报道

二、研究内容

(一)水质指标的介绍

本次活动主要以pH、电导率、溶解氧这三个指标为研究对象,这些指标的标准值如下:

①pH是指物体的酸碱度,数值分为1～10。数值7是中性,大于7是碱性,小于7是酸性。标准值为7。

②电导率是水的导电性。水中的杂质越多,导电率值就高,表明污染可能性越大。标准值:1000us/am=1西门子/米(s/h)。

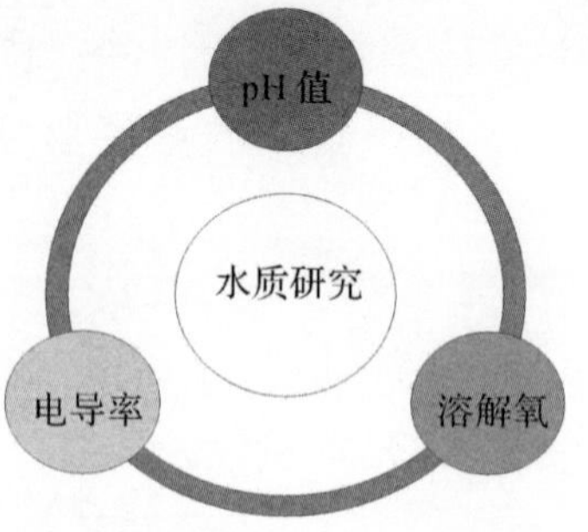

图2.1-2　pH、电导率、溶解氧三指标

③溶解氧是溶解在液体中的氧气。水中溶解氧越高,水质越好。溶解氧越低,水污染越严重。微生物、鱼类都需要溶解氧。但是微生物大量繁殖时会消耗一定的溶解氧,溶解氧变少,说明在水域中有细菌。标准值为7mg/l。

(二)水质分析实验工具

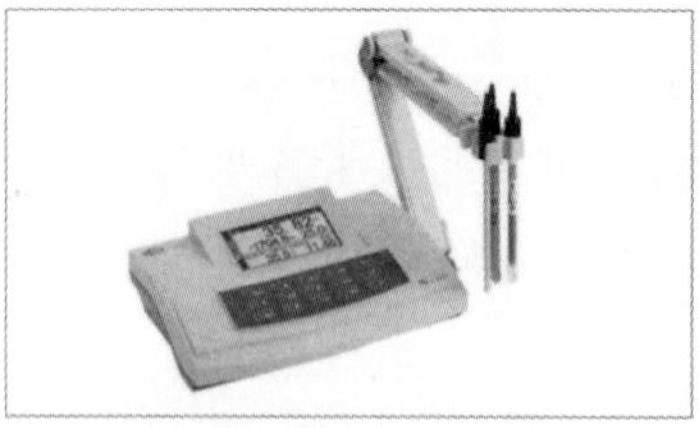

雷磁dzs-706多参数水质分析仪

用来分析水样中的pH、电导率、溶解氧的数量。

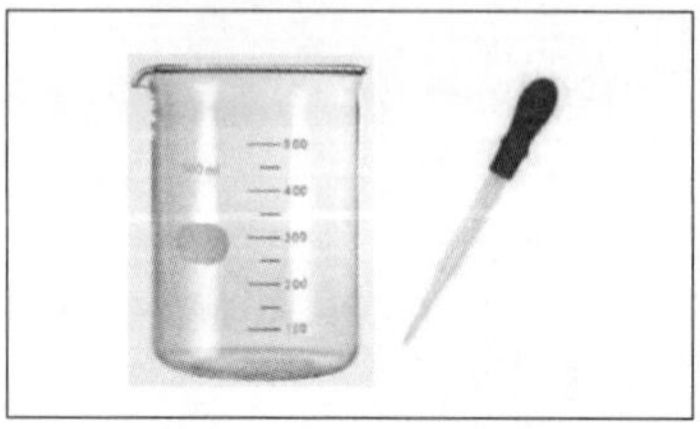

烧杯和滴管

烧杯用于盛放测试水样的。

滴管用来冲洗残留在探头上的液体。

样本清洗材料

抽纸用于擦净清洗完的探头,纯净水用于清洗探头和烧杯。

图2.1-3　水质分析实验工具

（三）活动过程各个阶段

本次活动分为两个阶段，第一阶段从 7 月 2 日至 7 月 4 日，全体少科院院士主要调查了九个进水口和六个出水口的水质，而第二阶段则是 8 月 25 日韩欣颐根据第一阶段的水质异常而深入调查的水样，同时对西湖多处水质进行采样分析。

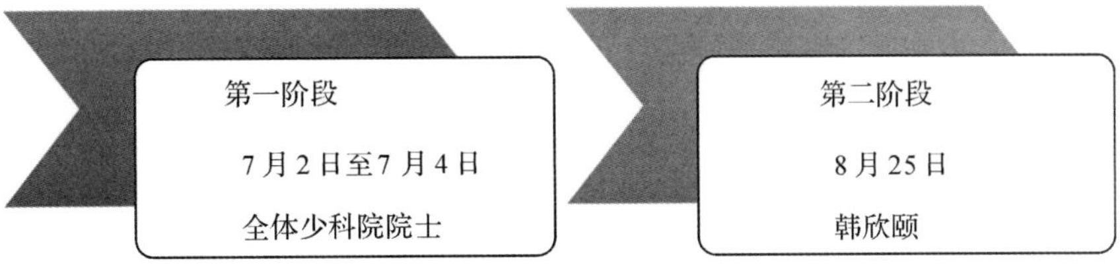

图 2.1-4　活动阶段示意图

三、第一阶段研究过程

（一）活动过程

第一阶段活动主要分为采集进水口水样，采集进水口后退 100 米处水样、采集出水口水样、水样检测及结果分析四个部分。

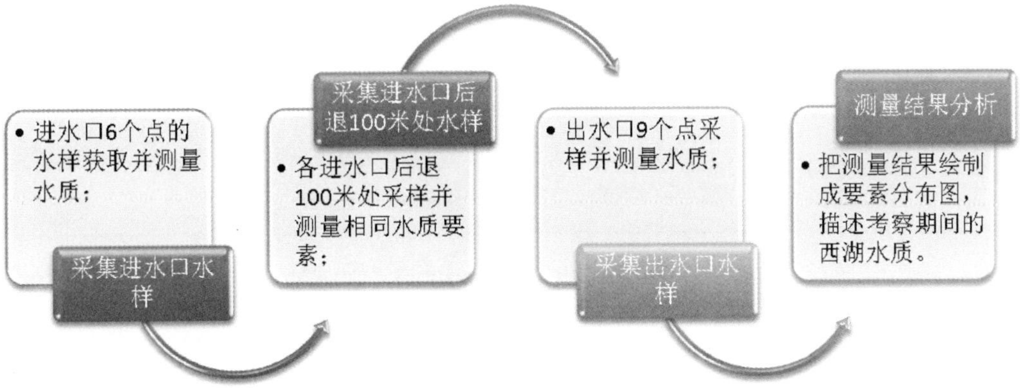

图 2.1-5　第一阶段活动过程

(二)活动地点

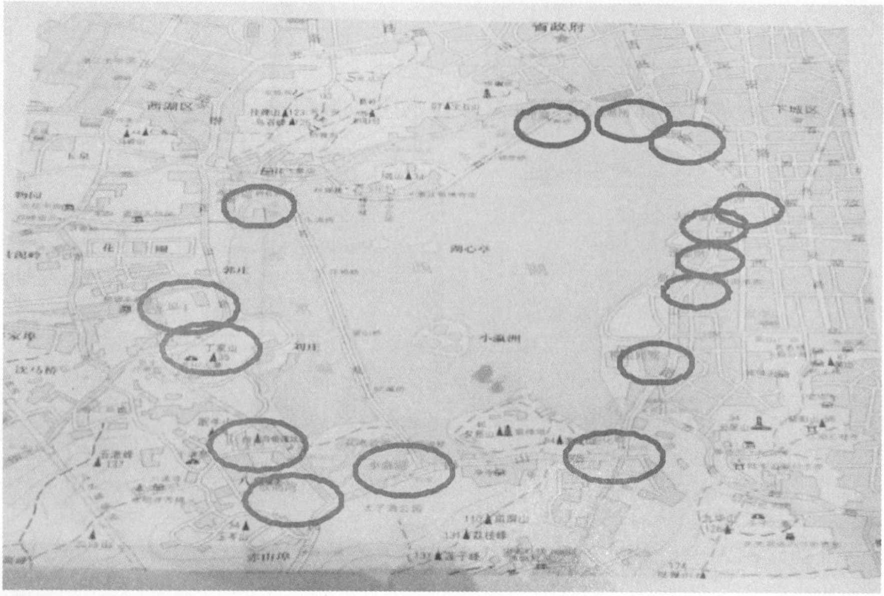

西湖的进水口

西湖的进水口有6个，分别为茅家埠2个、乌龟湾、浴鹄湾、小南湖、莲花峰。

西湖的出水口

西湖出水口有9个，分别为柳浪闻莺、涌金池、大华饭店、湖滨一公园、华侨饭店、圣塘闸、岳湖。

图 2.1-6　第一阶段活动地点

(三)采样过程

图 2.1-7　第一阶段采样过程

我们采集水样时，首先将全部的水样瓶用标签写好地点并贴在瓶子上，并且准备好采样的水桶，用长绳子系牢一头。

然后我们再出发之前先会研究一下地图，确定最近的路线和进水口的位置，然后徒步过去。找到进水口后，我们先准备好空的水样瓶，打开放在地上，然后把带绳子的塑料桶抛向水源，盛一桶水并倒在水样瓶中。

（四）水质采样数据

表 2.1-1　第一阶段水质采样数据

位置	采样地点	要素 1	要素 2	要素 3
		pH	溶解氧	电导率
进水口	茅家埠 1	7.53	3.58	1481
	茅家埠 1 后退百米	7.53	4.27	1506
	茅家埠 2	7.56	3.78	1511
	茅家埠 2 后退百米	7.43	3.84	3.4
	莲花峰	7.49	3.28	1851
	莲花峰后退百米	8.40	3.74	1330
	乌龟湾	7.79	3.04	1342
	乌龟湾后退百米	7.64	3.14	1311
	浴鹄湾	7.56	3.92	1317
	浴鹄湾后退百米	7.48	3.51	1377
	小南湖	7.55	3.79	1271
	小南湖后退百米	7.42	3.72	1312
出水口	柳浪闻莺	8.65	3.33	1310
	涌金池	8.53	5.43	1347
	涌金闸	8.70	3.82	1320
	大华饭店	8.68	3.67	1322
	湖滨一公园	8.42	4.32	1288
	华侨饭店	8.61	4.29	1254
	圣塘闸	8.47	3.80	1267
	北里湖	8.34	3.97	128
	岳湖	7.93	2.62	1406

经过实验发现有两个点的水样的电导率异常纯净，所以出现了问题——为什么茅家埠 2 后退一百米的水样会这么纯净？

(五)采样水质分析

1. 水质采样分析(pH)

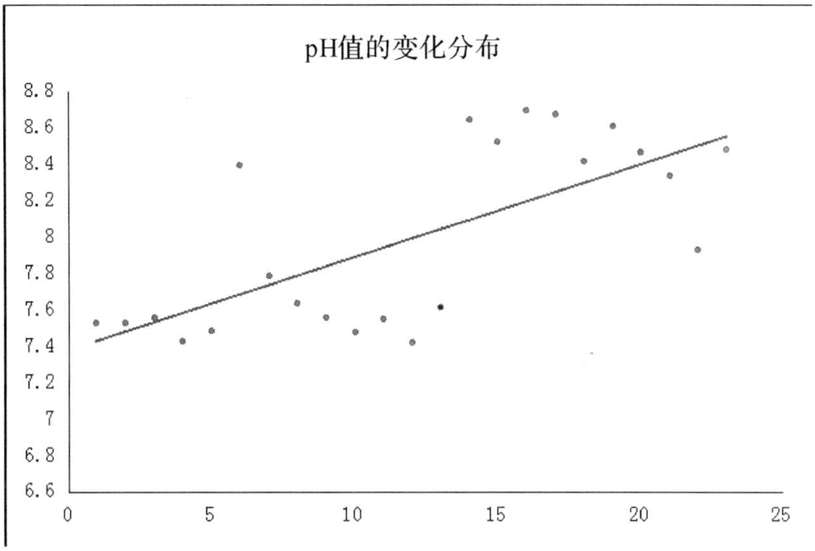

图 2.1-8 水质采样(pH 值)

pH 是指物体的酸碱度,数值分为 1～10。数值 7 是中性,大于 7 是碱性,小于 7 是酸性。西湖 6 个进水口,9 个出水口,15 个采样点 pH 均为碱性,其中出水口的碱性最强。西湖的水在大约一个月的时间中,由刚开始 7.49～7.79,向碱性更强发展,最终达到 7.93～8.70。可以看出,西湖的水质的酸碱程度分配不均匀。其中莲花峰进水口后退百米的水样 pH 存在偏高现象。

2. 水质采样分析(溶解氧)

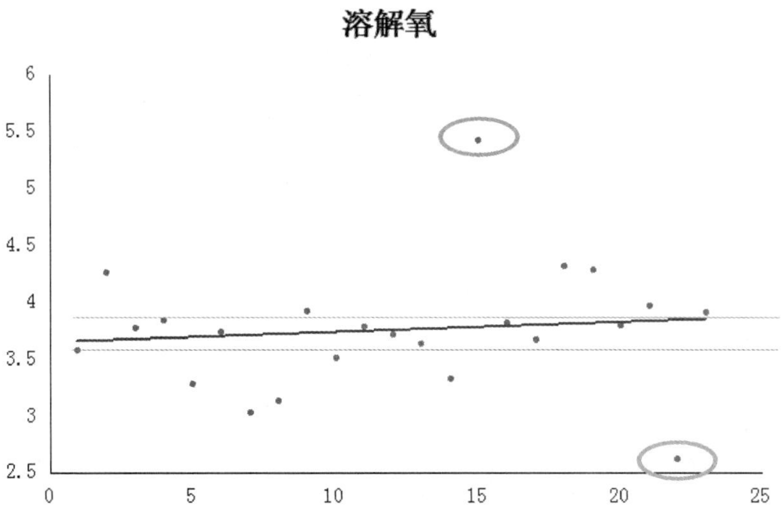

图 2.1-9 水质采样(溶解氧)

溶解氧就是溶解在液体中的氧气。水中溶解氧越高,水质越好。溶解氧越低,水污染越严重。如果这个水域的水中只含有少量的细菌的话,进水口和出水口的溶解氧的含量不会有太大的变化。对于人类来说,健康的饮用水中溶解氧含量不得小于 7mg/l。在西湖的水样本中溶解氧的指标可以说是非常不错的。

3. 水质采样分析(电导率)

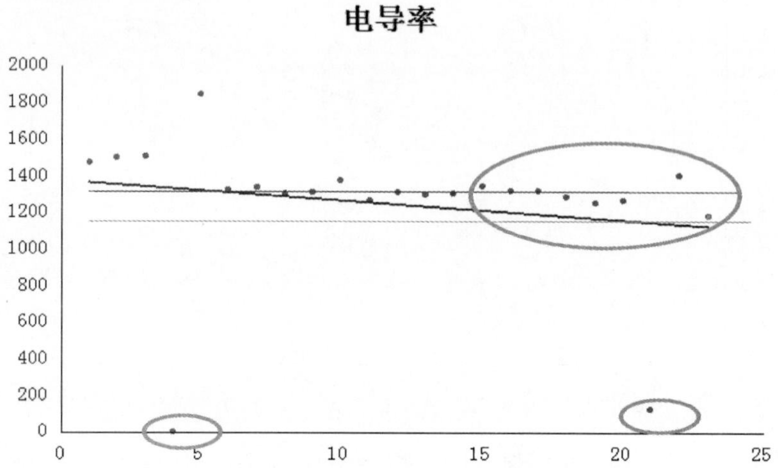

图 2.1-10 水质采样(电导率)

电导率就是水的导电性。水本身不导电,而是水中的杂质在导电。水中的杂质越多,导电率就强,这个值就越大。生活饮用水标准电导率限值为不大于 2000us/cm 的水。一级反渗透设备出水在线监测电导率一般在 1～10μs。而我们收集到的水样本的电导率的值在 1100～1800μs/cm。如果单从电导率来看的,话西湖的水是比较干净的。

(六)研究成果

分析电导率分布图可见:出现两个进水口附近高值区(左右两处等值线密集区),表明入水时,水中的物质含量偏多;二西湖的东北角出水口区域,数值明显下降,约 100 个数量级。表明这些已经进入西湖水中的物质,已经在湖中沉淀。这将是今后要时常对西湖进行疏浚的依据。

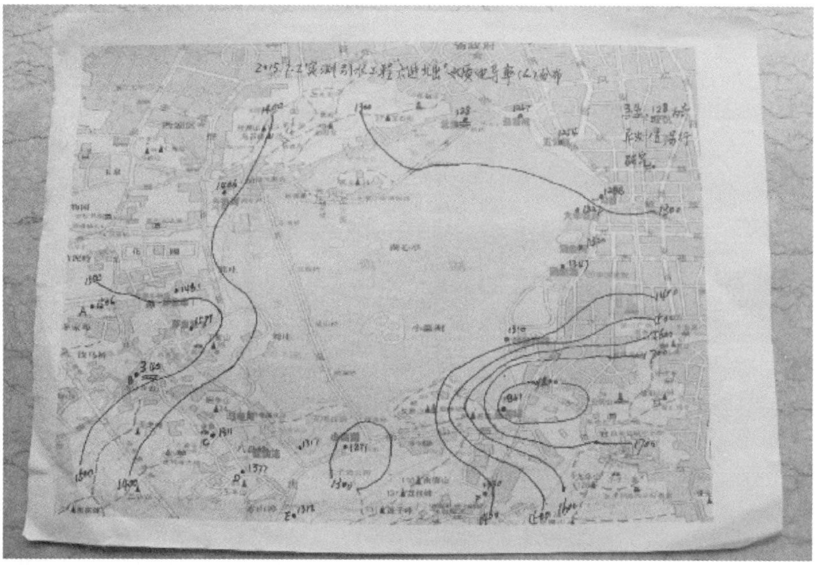

图 2.1-11　电导率等高图

分析溶解氧分布图可见：整个西湖水的溶解氧都偏低，低于标准值的一半左右。但还是呈现从入水口想出水口方向逐渐增高的趋势变化。从 3.5 增大到 5.8。说明对于西湖的东侧，有利于水生动物和植物的培育。这也是涵养西湖的举措参考。

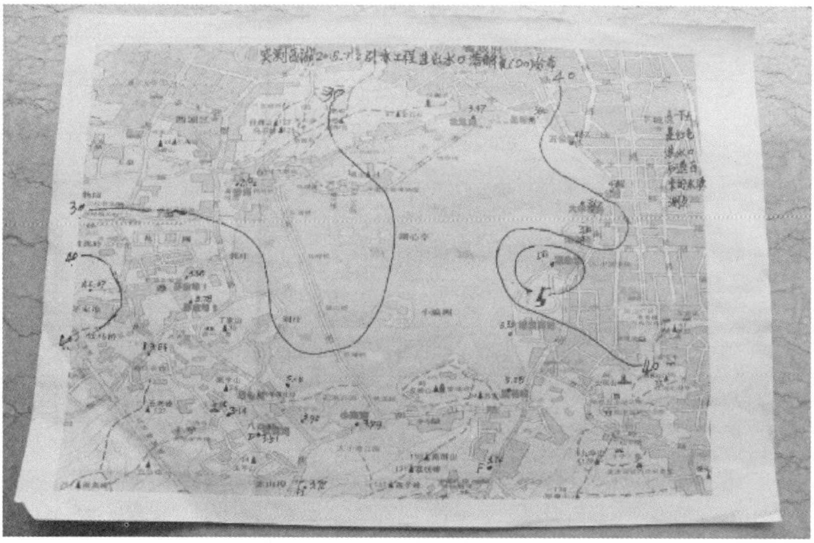

图 2.1-12　溶解氧等高图

分析酸碱度分布图可见：呈现了入水一侧（湖西）为弱碱性（pH7.5），经过一个月的湖中储存和慢速东动，性质向碱性化明显发展（pH8.5），到华侨饭店出水口时达到了 8.6。表明水质明显在变坏。如何做好这一个月内的防止水质碱性化，为今后的保护西湖提出了警示。

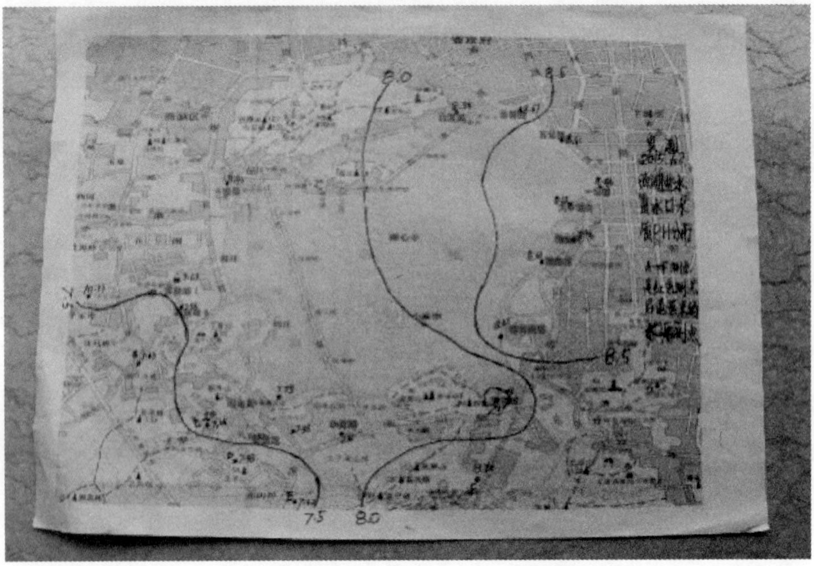

图 2.1-13　pH 值等高图

表 2.1-2　申花路校区少科院 2015“西湖蓝”科考西湖进出水口水质检

	要素 1	要素 2	要素 3	要素 4	要素 5
	pH	溶解率	电导率 L		
进茅家埠 1	7.53	3.58	1481		
进茅家埠 1 后退百米	7.53	4.27	1506		
进茅家埠 2	7.56	3.78	1511		
进茅家埠 2 后退百米	7.43	3.84	3.40		
进莲花峰	7.49	3.28	1851		
进莲花峰后退百米	8.40	3.74	1330		
进乌龟湾	7.79	3.04	1392		
进乌龟湾后退米	7.64	3.14	1311		
进浴鹄湾	7.56	3.92	1317		
进浴秸湾后退百米	7.48	3.51	1377		
进小南湖	7.55	3.79	1271		
进柳浪闻莺	8.65	5.33	1310		
出涌金池	8.53	5.43	1347		
出涌金闸	8.70	3.82	1320		

续 表

	要素 1	要素 2	要素 3	要素 4	要素 5
	pH	溶解率	电导率 L		
出大华饭店	8.68	367	1322		
出湖滨一公园	8.42	4.32	1288		
出华侨饭店	8.61	4.29	1254		
出圣塘闸	8.47	3.80	1267		
出北里湖	8.34	3.97	128		
出岳湖	7.93	2.62	1406		

四、第二阶段研究过程

(一)活动过程

第二阶段的主要过程分为制订计划、采集进水口附近的水样，采集出水口附近的水样、测试结果分析。

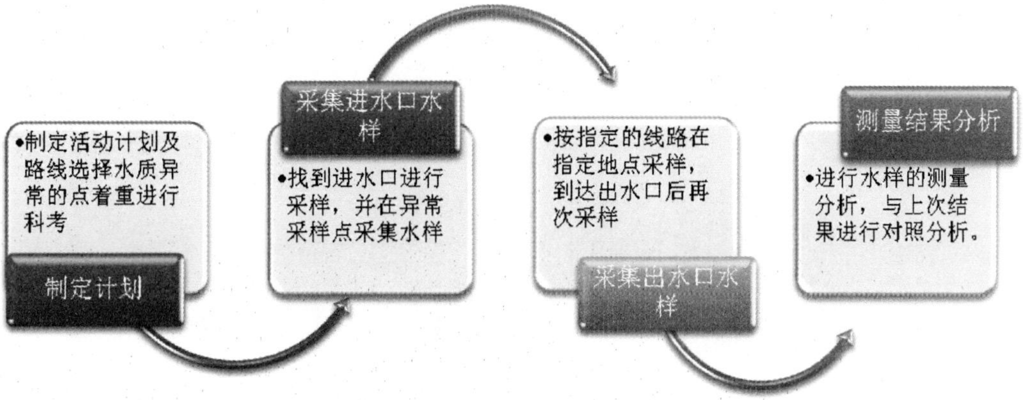

图 2.1-14　第二阶段活动过程

(二)活动地点

从茅家埠到湖滨一公园间的西湖中选取多个考察点，考察西湖从进水口到出水口的水质变化。

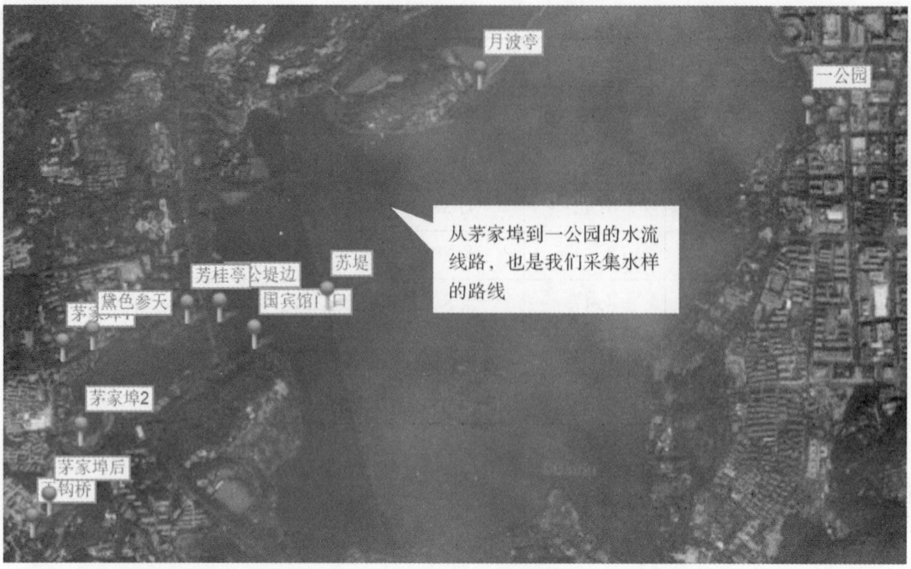

图 2.1-15　第二阶段活动地点

(三)采样过程

图 2.1-16　第二阶段采样过程

韩同学先把水样瓶贴好标签，同时在百度地图上标好采样的地点位置，对于隐蔽的入水口和出水口还进行了提前的搜寻，记录了位置和经纬度。在采样过程中，我尽可能地把采集水桶投向入水口，小心地不让其他杂质进入。

(四)水质采样数据

表 2.1-3　第二阶段水质采样数据

采样地点	要素 1	要素 2	要素 3
	pH	溶解氧	电导率
茅家埠 1	8.40	2.67	1023
黛色参天	8.05	3.11	1139
芳桂亭	7.79	4.27	1379
茅家埠 2	7.69	3.44	1117
茅家埠后	7.53	3.00	1846
玉钩桥	7.62	4.22	1892
杨公堤	7.70	3.24	1301
国宾馆门口	7.49	3.13	1341
苏堤	7.54	3.55	1339
月波亭	8.62	3.67	1236
湖滨一公园	8.65	3.25	1235

(五)采样水质分析

1.水质采样分析(pH)

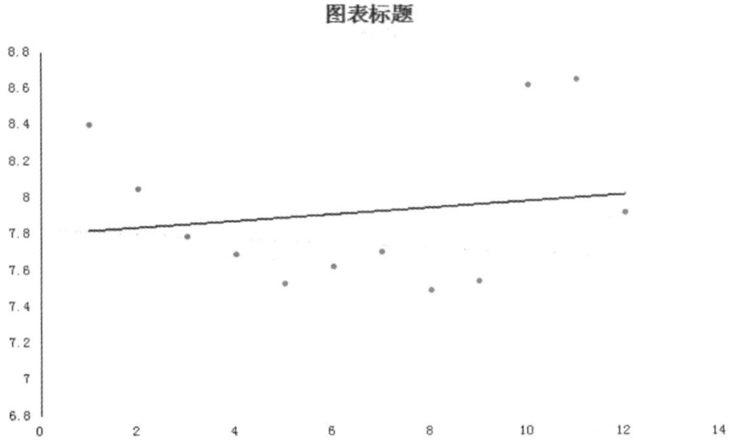

图 2.1-17　水质采样(pH)

pH 是指物体的酸碱度,数值分为 1～10。数值 7 是中性,大于 7 是碱性,小于 7 是酸性。11 个采样点 pH 均为碱性,其中碱性最强的是出水口—湖滨一公园。西湖的水在暑假期间,由第一阶段的 7.49～7.79,向碱性更强发展,最终达到 7.53～8.65。可以看出,西湖水质的酸碱程度分布不均匀,水在湖中存储的时间越长,水体的污染可能性越大,及时换水显得重要,必要时可以增加输入和输出的换水量。当然这也可能与季节有关联,本研究还没有涉及。

2. 水质采样分析(溶解氧)

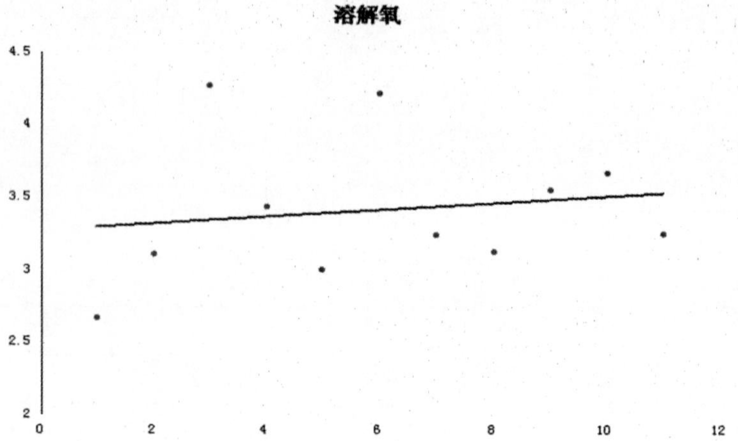

图 2.1-18　水质采样(溶解氧)

溶解氧就是溶解在液体中的氧气。水中溶解氧越高,水质越好。溶解氧越低,水污染越严重。对于人类来说,健康的饮用水中溶解氧含量不得小于 6mg/l。这次除了茅家埠 1 的溶解氧 2.65 的值过低会生出金鱼蚤来,其他的数值均在合格状态。

3. 水质采样分析(电导率)

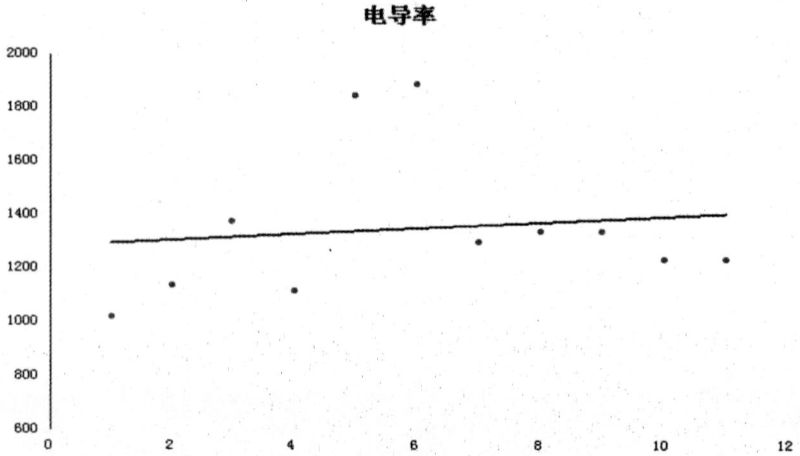

图 2.1-19　水质采样(电导率)

电导率就是水的导电性。水中的杂质越多，导电率就强，这个值就越大。一级反渗透设备出水在线监测电导率一般在 1～10μs。而我们收集到的水样本的电导率的值在 1000～1800μs 总体来说并没有什么变化。

(六)水样检测过程

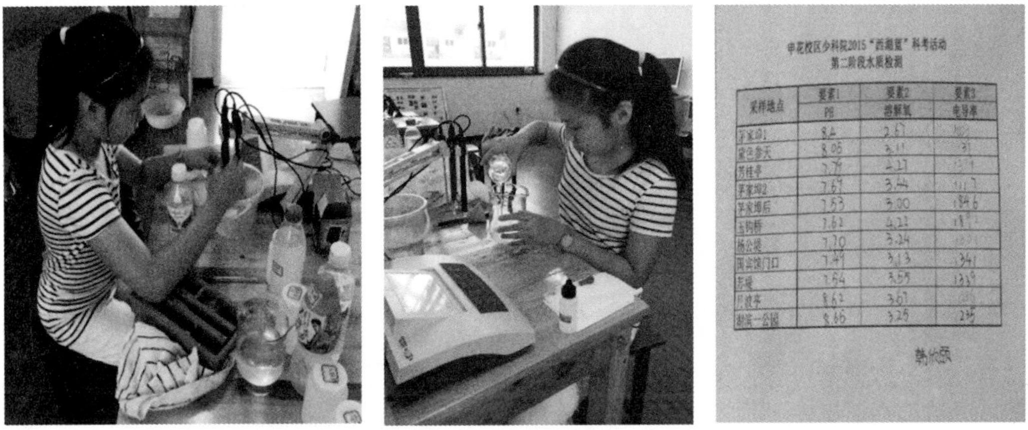

图 2.1-20　水样检测过程

在调试好水质分析仪后，开始进行水样的检测，水样的检测过程主要是：

①清洗水质分析仪探头及烧杯，防止残留液体影响分析结果。

②拿出水样瓶，摇晃均匀后打开，把水样瓶中的水倒入烧杯。

③开始检测水样，等待检测结果，记录检测内容。

④将烧杯的水倒回水样瓶，并用纯净水清洗烧杯。

⑤用滴管吸取纯净水清洗探头，用纸巾将探头擦干净。

⑥进行下一个水样检测。

(七)绘制数据分布图

绘制水样数据分布图，先在打印好的地图上标注各个采样点位置和检测值，然后按照采样点的数据大小，确定中间标准数，pH 按照 7.5、8、8.5 来分，溶解氧按照 3、3.5、4 来分，电导率按照 1200 到 1800 来分。根据附近两个点或几个点的数据大小，确定划线的位置，将线画出来。最终按成 pH、电导率、溶解氧的分布图。

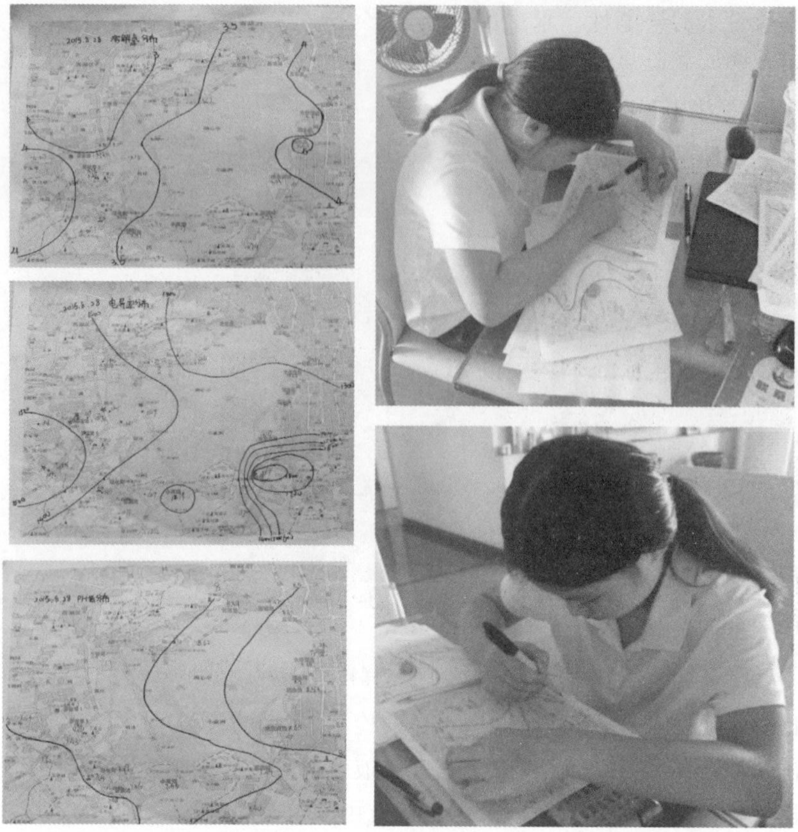

图 2.1-21　绘制数据分布图

五、两次活动的对比分析

(一)pH 分布对比

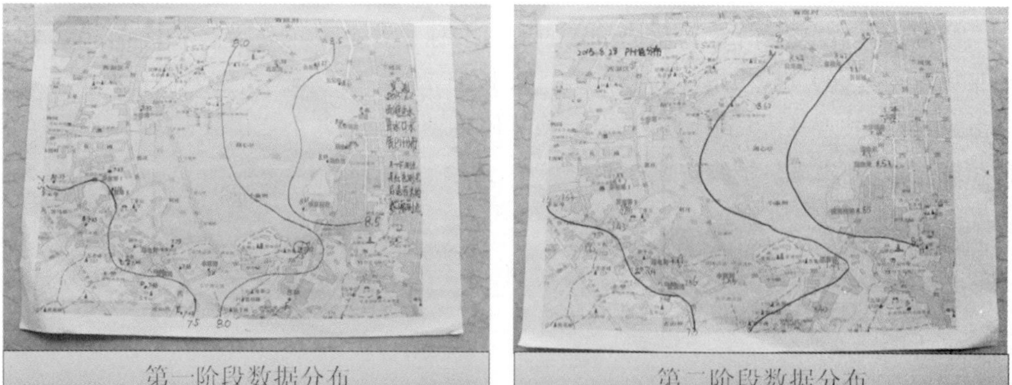

图 2.1-22　两阶段 pH 分布对比

前后两次的 pH 分布对比基本一致，第二阶段的数值基本上在 7 到 8 之间偏碱性，经过一个月的变化出水口的 pH 略高。

(二)溶解氧分布对比

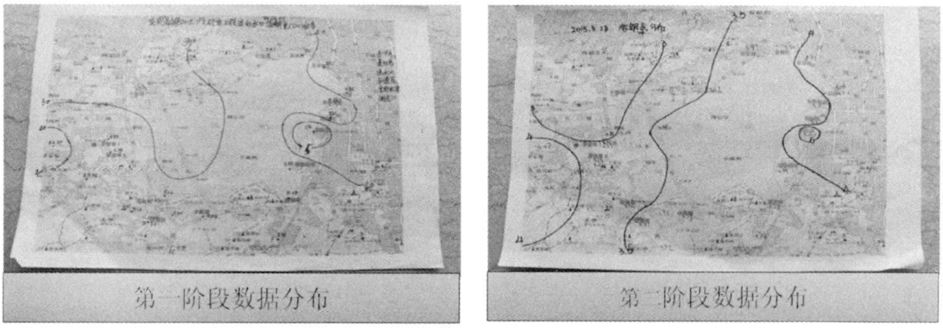

图 2.1-23　两阶段溶解氧分布对比

第二阶段的溶解氧分布比第一阶段范围更大了一些，数据更加详细了些，整体情况为 2.62 到 5 之间，离标准还差一点，第二阶段茅家埠 1 的溶解氧少了点。

(三)电导率分布对比

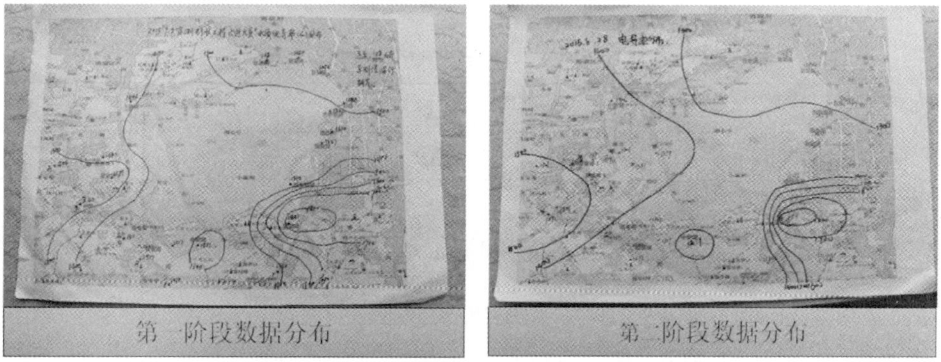

图 2.1-24　两阶段溶电导率分布对比

第二阶段的电导率分布比第一阶段范围更大了一些，电导率的数值主要在 1200 到 1800 之间，离国家标准还差了一小截，整体数据上没有太大变化。

六、西湖水与周边水样对比分析

图 2.1-25　西湖水样和杭州周边水样对比

在化验第二阶段西湖水样时，韩同学遇到了我校本部的五水共治活动小组，协助他们化验了杭州周边地区的水样，感谢他们的无私分享，我们将西湖水样和杭州周边水样的检测数据进行了分析比对。

（一）五水共治活动小组数据

表 2.1-4　五水共治活动小组数据

来源人	水源地/水质指标	溶解氧	pH	电导率
伏白冰妤	自来水	3.13	7.36	1227
伏白冰妤	自来水，流了一会儿	3.48	7.42	1176
伏白冰妤	净化水，活氧水	2.99	7.31	1152
金家钧	西湖水，西湖大道	3.52	8.16	1301
张云舒	富春江内江	3.13	7.84	1610
袁学敏	运河水	3.23	7.26	1935
张亦驰	西溪湿地	2.12	7.26	1442
张亦驰	沿山河	2.63	7.13	1478
周彦	古新河	1.77	7.17	1418
贾田雨	鱼塘水	2.89	7.43	2.26
施戈	泳池水	3.20	7.53	1434
楼特毅	西溪泳池	3.10	7.40	2.85
邱叶	池塘	2.72	7.07	2.27
杜靖航	黄龙洞	3.15	7.39	1923

续 表

来源人	水源地/水质指标	溶解氧	pH	电导率
孔悦阳	九溪水	3.17	7.09	1241
程睿琪	梅家坞	3.24	6.46	553
万玮昊	临平自来水	2.87	6.6	1508
周尚妮	农夫山泉水	3.5	7.04	764

(二)西湖水与周边水样对比分析

西湖进水口的平均 pH 为 7.62,平均溶解氧 3.63,平均电导率为 1357.45。西湖出水口的平均 pH7.93,平均溶解氧 2.62,平均电导率为 1406。与“五水共治”活动的数据比较后,我觉得西湖的水比自来水要略脏一些,比西溪湿地、运河的水要干净一些,与游泳池的水几乎一样,在西湖里游泳应该不成问题。

七、科考活动总结

本次科考活动主要分为两个阶段,第一阶段:共采集 6 个进水口 12 份水样,9 个出水口 9 份水样,共测量 21 份水样 63 个化验结果。第二阶段:共采集茅家埠 6 个点,西湖上 4 个点,出水口 1 个点,总计 11 份水样 33 个化验结果。

第一阶段主要调查了西湖周边进出水口的水质情况,而第二阶段则更进一步地调查了茅家埠这个地方的水质并通过西湖上的几个测量点,初步地了解西湖水质的分布情况。

科学考察的道路是曲折的,由于西湖的很多进水口都改成暗渠,搜索和取水都比较困难;因为西湖上租船困难,我们更改了路线;路线很长,我们通过步行和骑车最终走完了全程。虽然出现了很多困难,但是我们最后还是坚持下来完成了任务,因为我们热爱这美丽的西湖。

图 2.1-26 某家埠取水

由于时间不足，我们没能进行第三阶段的调查，如周围可能有山泉的情况，扩大西湖湖中心的水样采集点等。这些需要我们进一步去考察和研究。

通过两次的科考活动，从采样的情况来看，西湖的水质还是不错的，但还是有不少地方的水明显被污染得很厉害，我希望大家一起来保护西湖，珍惜我们周围的环境。

图 2.1-27　西湖水样采集点

专家点评

具有探索、研究精神，呼吁环保，具有教育启示意义。

从雾霾去化影响因子分析
杭州市建设城市风道去霾的可行性

浙江大学附属中学 Haze Cleaner 科技小组　指导：施永忠 吴　建

摘　要：杭州可谓雾霾之城，2013 年雾霾天数达 200 多天，为此杭州市规划局提出了建设城市风道去霾的解决方案，但是也有专家及评论员提出城市风道去霾作用有限，目前尚缺少城市风道去霾有效性的理论依据。2015 年 9 月，杭州市将“西湖蓝”提上政府工作日程。本课题对采集到的 2014 年 12 个月的气象数据进行数学分析和建模，发现 PM2.5 与风向、风级没有明显的线性相关性，佐证了“杭州市城市风道去霾效果有限”的结论，并基于数据分析对城市风道的走向提出了改进和建议。课题发现利用建立起来的数学模型来校核实际监测数据误差较大，无法进行雾霾预测，说明雾霾与课题选择的影响因子的相关程度不高。

关键词：雾霾　线性回归　相关因子　城市风道

一、课题研究的目的意义

雾霾是指空气中的灰尘、硫酸、硝酸、有机碳氢化合物等粒子使大气混浊、视野模糊并导致能见度恶化，是一种大气污染状态。PM2.5（空气动力学当量直径小于等于 2.5μm 的颗粒物，也称入肺颗粒物）是造成雾霾天气的“元凶”，《环境空气质量标准》（GB 3095—2012）规定了 PM2.5 平均浓度小于 75$\mu g/m^3$ 为达标。杭州的雾霾特别严重，央视前记者柴静主持的一部关于霾的调查纪录片《穹顶之下》提到的杭州：山色空濛雨亦奇，雾霾天有 200 多天。

杭州力争在“十三五”（2016 年到 2020 年）期末使“西湖蓝”完美呈现。实现杭州的碧水蓝天、全方位的优美生态环境，它既是城市宣言，又是美丽风景。它要求空气质量好于二级标准的年均天数达 300 天以上；PM2.5 浓度年均值低于 35$\mu g/m^3$；灰霾天气出现频率下降 60%左右。这需要我们大家的共同努力！

针对愈加严峻的雾霾天气，杭州市规划局、市环保局等部门最近就在做一项研究，希望在杭州建“城市风道”，把郊外的风引进主城区，把空气的霾等污染物“吹”走。但是类似的在北京研究用城市风道减缓雾霾方面也有专家质疑效果有限。

那么杭州雾霾天气的影响因素中，风向或风力是否是雾霾去化的主要因素呢？课题组就此收集了杭州市 2014 年 2 月—2015 年 4 月共计 15 个月的气象数据，其中一整年 12

个月数据作为分析、其他作为预测校核，试图寻找雾霾去化的强相关影响因子，解开城市风道是否能吹走雾霾的谜团。

二、课题研究的方法与过程

(一)确定研究方法

课题组经过讨论确定采用通过分析杭州市历史气象数据，以获取有关影响雾霾去化因子的相关性，其中针对风力与风向进行重点研究，如果能证实风力或风向是雾霾去化的强相关性，那么自然就解释了城市风道吹走雾霾的机理。本次研究主要分成几步：收集数据、数学分析与建模、专家咨询、结论分析。

(二)确定研究过程

1. 收集杭州市历史气象数据

图 2.2-1　浙江省环境保护厅合影留念

通过访问浙江省环保厅、浙江省气象局，申请气象、环境数据信息公开的形式获取部分资料。

经过网络检索中国空气质量在线监测分析平台网 http://aqistudy.sinaapp.com/

收集数据摘录 PM2.5、PM10、CO、NO_2、O_3、SO_2、温度、湿度、风力、风向、天气状况等，共摘录 2014 年 2 月—2015 年 4 月的 15 个月共计 454 天的近 5000 多个数据。

气象环境监测数据的计算机录入通过计算机，将人工获取数据录入计算机的 EXCEL 表格中，为利用 EXCEL 的回归分析工具进行数学建模做准备。

其中天气状况采用数字转换表述如表 2.2-1 所示：

表 2.2-1　天气状况的数字转换

天气描述	晴	多云	阴	阵雨	小雨 小雪	中雨 中雪	大雨	暴雨
数值表征	1	2	3	4	5	6	8	9

注:其中风向采用直角坐标标注法进行转换

2. 数学分析与建模

本次数学分析和建模工具采用线性回归 WINDOW-OFFICE 的 EXCEL,采用“回归”工具实现数据的统计分析建模。本次建模采用 2014 年 2 月—2015 年 1 月的共计 364 天的近 4000 个数据进行回归计算,分别采用一元线性回归和多元线性回归建模。

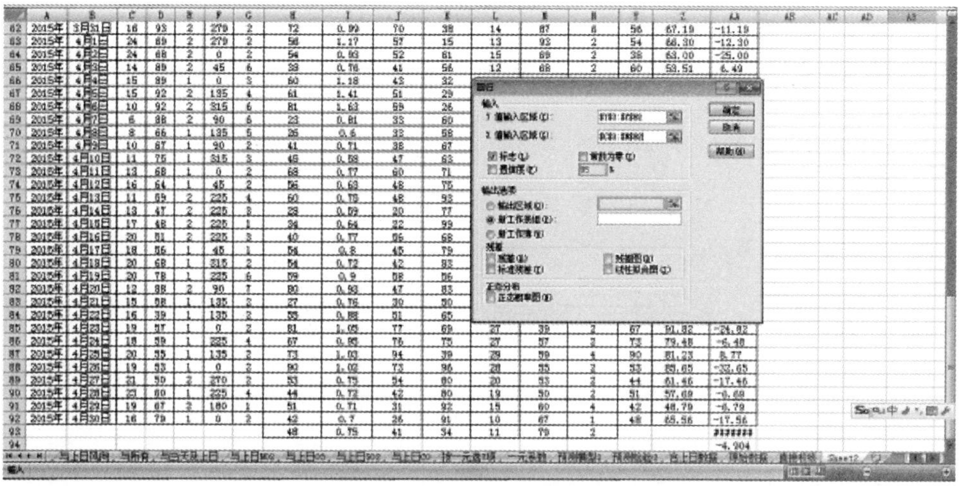

图 2.2-2　EXCEL 一元线性回归和多元线性回归建模

3. 结论分析

针对数据分析结果进行数学模型的建立和分析,提取有关雾霾影响因子并与城市风道理论进行碰撞分析,以期得出结论。

(三)课题小组任务分工

表 2.2-2　课题小组任务分工

序号	工作内容	负责	参与
1	雾霾基础知识的了解	叶隽毅	全体组员
2	国内雾霾去化研究情况了解	沈嘉佚	管清越、杨涵
3	线性回归数学建模知识了解	王晗	全体组员
4	气象环境监测数据查询	叶隽毅	王晗

续 表

序号	工作内容	负责	参与
5	气象环境监测数据计算机录入	王晗	沈嘉佚
6	基于 EXCEL 的线性回归建模	叶隽毅	王晗
7	雾霾影响因子分析	叶隽毅	全体组员
8	研究结论讨论	王晗	全体组员
9	结题报告撰写	叶隽毅	王晗

三、课题研究的分析及结果

(一)各因子对雾霾的影响

一元线性回归就是用一元线性回归方程反映一个因变量与一个自变量之间的线性关系,当直线方程 $Y=a+bx$ 的 a 和 b 确定时,即为一元回归线性方程。利用 EXCEL 的“回归”工具可以获取线性参数:

①PM2.5 关于 CO、NO_2、SO_2 等等单个因素的回归参数如图 2.2-3 所示:

	A	B	C	D	E	F
1	PM2.5与相关参数一元线性回归结果					
2	回归统计	复相关系数R	调整复测定系数R2	复测定系数R3	标准误差	观测值
3	CO	0.764252384	0.584081706	0.58293276	18.22986613	364
4	NO2	0.641312526	0.411281755	0.409655462	21.6886847	364
5	SO2	0.571019037	0.32606274	0.324201035	23.20540763	364
6	上日PM2.5	0.538596375	0.290086055	0.288119534	23.84440008	363
7	上日NO2	0.486626173	0.236805032	0.234690919	24.72300722	363
8	上日CO	0.461412676	0.212901657	0.210721329	25.10718632	363
9	上日天气	0.424873888	0.180517821	0.178247787	25.61847675	363
10	上日SO2	0.387518929	0.150170921	0.147816823	26.08851388	363
11	上日湿度	0.354094733	0.12538308	0.122960318	26.46625448	363
12	上日温度	0.267969061	0.071807418	0.069236247	27.26481739	363
13	天气	0.265729478	0.070612155	0.068037674	27.2547624	363
14	温度	0.24974391	0.062372021	0.059774713	27.3753188	363
15	湿度	0.245460608	0.06025091	0.057647727	27.40626566	363
16	上日风向	0.210642973	0.044370462	0.041723289	27.66485059	363
17	风级	0.140455833	0.019727841	0.017012406	27.99092434	363
18	上日O3	0.064494854	0.004159586	0.001401025	28.24089266	363
19	风向	0.059135883	0.003497053	0.000736657	28.22170189	363
20	O3	0.038081949	0.001450235	-0.00130819	28.24647934	364

图 2.2-3 PM2.5 与相关参数一元线性回归结果

从图 2.2-3 中可看出 PM2.5 对于各相关参数的一元线性回归复相关系数 R 均小于 0.8,复相关系数 $R2$ 也偏小。其中关于上日 PM2.5 的复相关系数约为 0.539,详细参数见下图:

	A	B	C	D	E	F	G	H	I
1	SUMMARY OUTPUT								
2									
3	回归统计								
4	R	0.539							
5	R2	0.290							
6	R3	0.288							
7	标准误差	23.844							
8	观测值	363.000							
9									
10	方差分析								
11		df	SS	MS	F	Significance F			
12	回归分析	1	83868.94	83868.94	147.5123	1.07491E-28			
13	残差	361	205248.5	568.5554					
14	总计	362	289117.4						
15									
16		Coefficients	标准误差	t Stat	P-value	Lower 95%	Upper 95%	下限 95.0%	上限 95.0%
17	Intercept	27.430	2.933	9.353	0.000	21.663	33.197	21.663	33.197
18	上日PM2.5	0.539	0.044	12.145	0.000	0.452	0.626	0.452	0.626
19									

图 2.2-4 上日 PM2.5 的复相关系数各参数

取上日 PM2.5 相关参数建立一元线性回归模型如下：

PM2.5 值为 $Y=27.43+0.539X$ 其中 X 为上日 PM2.5 监测值，利用此一元线性回归方程代入采集数据校核预测，误差达 60%以上。表明对于上日的单一气象参数进行次日的预测来说显然是无法满足实用要求的。

②PM2.5 变化值(当日与上日差值)关于单个因素的回归参数如图 2.2-5 所示：

	D	E	F	G	H	I
2	PM2.5变化值与相关参数一元线性回归结果					
3	回归统计	复相关系数R	调整复测定系数R2	复测定系数R3	标准误差	观测值
4	CO	0.321	0.103	0.101	24.931	362
5	上日CO	0.319	0.102	0.099	24.950	362
6	SO_2	0.288	0.083	0.080	25.212	362
7	NO_2	0.253	0.064	0.062	25.470	362
8	上日SO2	0.184	0.034	0.031	25.877	362
9	上日天气	0.162	0.026	0.023	25.982	362
10	天气	0.161	0.026	0.023	25.986	362
11	风级	0.152	0.023	0.021	26.021	362
12	上日NO_2	0.151	0.023	0.020	26.026	362
13	上日风向	0.150	0.023	0.020	26.030	362
14	风向	0.140	0.020	0.017	26.069	362
15	03	0.126	0.016	0.013	26.120	362
16	上日湿度	0.104	0.011	0.008	26.187	362
17	湿度	0.101	0.010	0.007	26.195	362
18	上日风级	0.077	0.006	0.003	26.251	362
19	温度	0.036	0.001	-0.001	26.312	362
20	上日03	0.026	0.001	-0.002	26.320	362
21	上日温度	0.022	0.000	-0.002	26.323	362

图 2.2-5 PM2.5 变化值关于单个因素的回归参数

从图 2.2-5 中可看出 PM2.5 变化量对于各相关参数的一元线性回归复相关系数 R 均小于 0.4，说明此线性回归模型太过粗糙无法描述因变关系。

③PM2.5 值或其变化量对于风向、风力因素的相关性分析

	A	B	C	D	E	F
1	**PM2.5与相关参数一元线性回归结果**					
2	回归统计	复相关系数R	调整复测定系数R2	复测定系数R3	标准误差	观测值
3	上日风向	0.211	0.044	0.042	27.665	363.000
4	上日风级	0.189	0.036	0.033	27.789	363.000
5	风级	0.140	0.020	0.017	27.991	363.000
6	风向	0.059	0.003	0.001	28.222	363.000
7						
8	**PM2.5变化值与相关参数一元线性回归结果**					
9	回归统计	复相关系数R	调整复测定系数R2	复测定系数R3	标准误差	观测值
10	风级	0.152	0.023	0.021	26.021	362
11	上日风向	0.150	0.023	0.020	26.030	362
12	风向	0.140	0.020	0.017	26.069	362
13	上日风级	0.077	0.006	0.003	26.251	362

图 2.2-6　PM2.5 值或其变化量与风向、风力关系

从图 2.2-6 的 PM2.5 值或其变化量对各单个风向、风力因素的相关性分析可知：复相关系数 R 小于 0.211，基本判断为无明显相关性。以相关系数最大的上日风向建立线性回归模型散点图，从散点图中可以直观地看出，PM2.5 的变化与上日风向的相关性较弱，如图 2.2-7 所示：

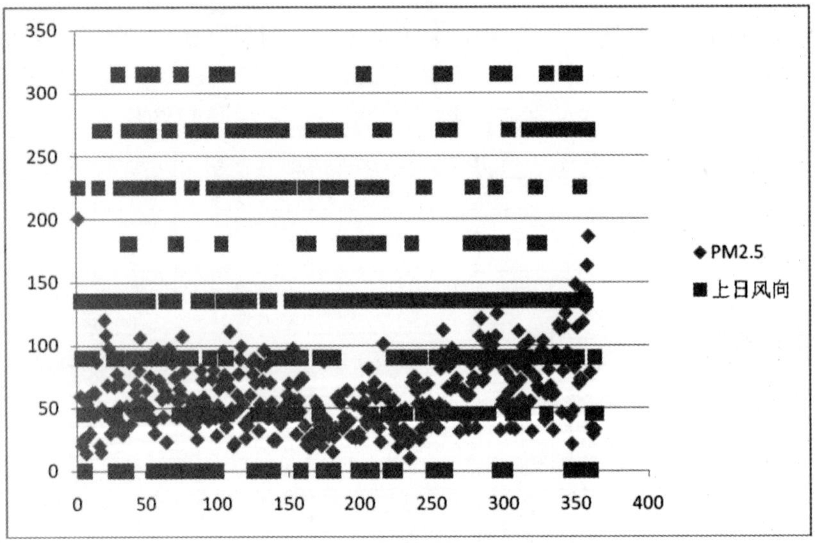

图 2.2-7　线性回归模型散点图

(二)利用多元线性回归方程预测雾霾数值精度低

多元线性回归分析法，是指通过对两个或两个以上的自变量与一个因变量的相关分析建立预测模型的方法。设 y(PM2.5)为因变量，$x_1, x_2, \cdots x_k$ 为自变量，并且假定自变量与因变量之间为线性关系时，则多元线性回归模型为：

$y=b_0+b_1x_1+b_2x_2+\cdots+b_kx_k+c$，其中，$b_0$ 为常数项，$b_1\cdots b_k$ 为回归系数。线性回归就是采用数学分析的工具计算处 b_0、b_{1bk} 等，组成完成 y 与 x 的表达式。

1. PM2.5 关于当日各因素的多元线性回归

	A	B	C	D	E	F	G	H	I	J
1	MMARY OUTPUT									
2										
3	回归统计									
4	R	0.873								
5	R2	0.762								
6	R3	0.755								
7	标准误差	13.958								
8	观测值	364								
9										
10	方差分析									
11		df	SS	MS	F	Significance F				
12	回归分析	9	220273.22	24474.80	125.62	1.6284E-104				
13	残差	354	68972.88	194.84						
14	总计	363	289246.10							
15										
16			Coefficients	标准误差	t Stat	P-value	Lower 95%	Upper 95%	下限 95.0%	上限 95.0%
17	Intercept	b0	-66.802	9.057	-7.375	0.000	-84.615	-48.989	-84.615	-48.989
18	CO-X1	b1	75.338	3.953	19.057	0.000	67.563	83.113	67.563	83.113
19	NO2-X2	b2	0.497	0.091	5.441	0.000	0.317	0.677	0.317	0.677
20	O3-X3	b3	0.387	0.047	8.171	0.000	0.294	0.480	0.294	0.480
21	SO2-X4	b4	0.535	0.145	3.679	0.000	0.249	0.821	0.249	0.821
22	温度-X5	b5	-0.361	0.146	-2.478	0.014	-0.647	-0.074	-0.647	-0.074
23	湿度-X6	b6	0.192	0.086	2.228	0.027	0.022	0.361	0.022	0.361
24	风级-X7	b7	3.691	1.907	1.935	0.054	-0.061	7.442	-0.061	7.442
25	风向-X8	b8	-0.016	0.009	-1.827	0.069	-0.033	0.001	-0.033	0.001
26	天气-X9	b9	-1.538	0.621	-2.475	0.014	-2.760	-0.316	-2.760	-0.316

图 2.2-8　PM2.5 关于当日各因素的多元线性回归

PM2.5 对于当日监测数据(9 个参数)的多元线性回归情况,如下:

$Y=-66.80+75.33X_1+0.49X_2+0.39X_3+0.54X_4-0.36X_5+0.19X_6+3.61X_7-0.12X_8-1.54X_9\cdots$①

2. PM2.5 对于当日气象参数+上日雾霾监测数据的复合多元线性回归

	A	B	C	D	E	F	G	H	I	J
1	SUMMARY OUTPUT									
2										
3	回归统计									
4	R	0.683								
5	R2	0.466								
6	R3	0.448								
7	标准误差	20.996								
8	观测值	363								
9										
10		df	SS	MS	F	Significance F				
11	回归分析	12	134820.3	11235.0	25.5	0.0				
12	残差	350	154297.2	440.8						
13	总计	362	289117.4							
14										
15			Coefficients	标准误差	t Stat	P-value	Lower 95%	Upper 95%	下限 95.0%	上限 95.0%
16	Intercept	b0	51.550	13.906	3.707	0.000	24.201	78.900	24.201	78.900
17	温度-X1	b1	-0.491	0.215	-2.280	0.023	-0.914	-0.067	-0.914	-0.067
18	湿度-X2	b2	0.282	0.125	2.262	0.024	0.037	0.528	0.037	0.528
19	风级-X3	b3	-6.789	2.630	-2.582	0.010	-11.961	-1.617	-11.961	-1.617
20	风向-X4	b4	0.008	0.013	0.598	0.550	-0.018	0.033	-0.018	0.033
21	天气-X5	b5	-2.506	0.936	-2.678	0.008	-4.347	-0.665	-4.347	-0.665
22	上日PM2.5-X6	b6	0.189	0.081	2.336	0.020	0.030	0.348	0.030	0.348
23	上日CO-X7	b7	23.516	8.445	2.784	0.006	6.906	40.126	6.906	40.126
24	上日NO2-X8	b8	0.504	0.137	3.688	0.000	0.235	0.774	0.235	0.774
25	上日O3-X9	b9	0.047	0.078	0.601	0.548	-0.106	0.200	-0.106	0.200
26	上日SO2-X10	b10	-0.598	0.219	-2.728	0.007	-1.029	-0.167	-1.029	-0.167
27	上日湿度-X11	b11	-0.304	0.140	-2.171	0.031	-0.579	-0.029	-0.579	-0.029
28	上日天气-X12	b12	-4.349	0.982	-4.427	0.000	-6.282	-2.417	-6.282	-2.417

图 2.2-9　复合多元线性回归

因变量 Y(PM2.5)的回归方程为:

$Y=51.55-0.49X_1+0.28X_2-6.78X_3+0.01X_4-2.51X_5+0.19X_6+23.51X_7+$

$0.50X_8+0.05X_9-0.59X_{10}-0.30X_{11}-4.35X_{12}$…②

3. 利用多元线性回归方程进行实测数据校验

对于预测 PM2.5 来说，一般是可以获取当日和上日天气预报的情况和上日的有关雾霾参数，显然采用回归方程②更为合适。

采用方程②对 2015 年 2 月—4 月的共计 3 个月 89 天的 980 个数据对多元回归方程②的 Y 值预测校核，预测值与实际气象报告的实测值平均相差 37.72%，无法应用在实际 PM2.5 的预测中。校核结果如下表：

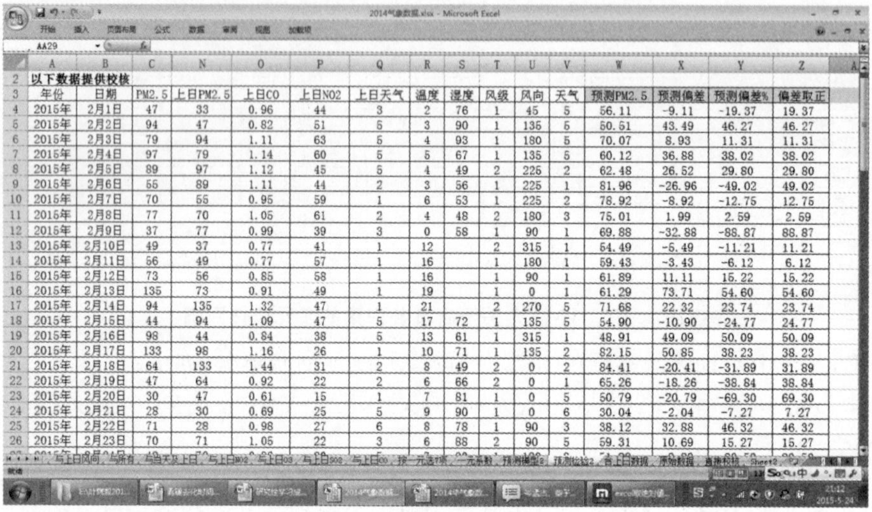

以下数据提供校核

年份	日期	PM2.5	上日PM2.5	上日CO	上日NO2	上日天气	温度	湿度	风级	风向	天气	预测PM2.5	预测偏差	预测偏差%	偏差取正
2015年	2月1日	47	33	0.96	44	3	2	76	1	45	5	56.11	-9.11	-19.37	19.37
2015年	2月2日	94	47	0.82	51	5	3	90	1	135	5	50.51	43.49	46.27	46.27
2015年	2月3日	79	94	1.11	63	5	4	93	1	180	5	70.07	8.93	11.31	11.31
2015年	2月4日	97	79	1.14	60	5	5	67	1	135	5	60.12	36.88	38.02	38.02
2015年	2月5日	89	97	1.12	45	5	4	49	2	225	2	62.48	26.52	29.80	29.80
2015年	2月6日	55	89	1.11	44	2	3	56	1	225	1	81.96	-26.96	-49.02	49.02
2015年	2月7日	70	55	0.95	59	1	6	53	1	225	2	78.92	-8.92	-12.75	12.75
2015年	2月8日	77	70	1.05	61	2	4	48	2	180	3	75.01	1.99	2.59	2.59
2015年	2月9日	37	77	0.99	39	3	0	58	1	90	1	69.88	-32.88	-88.87	88.87
2015年	2月10日	49	37	0.77	41	1	12		2	315	1	54.49	-5.49	-11.21	11.21
2015年	2月11日	56	49	0.77	57	1	16		1	180	1	59.43	-3.43	-6.12	6.12
2015年	2月12日	73	56	0.85	58	1	16		1	90	1	61.89	11.11	15.22	15.22
2015年	2月13日	135	73	0.91	49	1	19		1	0	1	61.29	73.71	54.60	54.60
2015年	2月14日	94	135	1.32	47	1	21		2	270	5	71.68	22.32	23.74	23.74
2015年	2月15日	44	94	1.09	47	5	17	72	1	135	5	54.90	-10.90	-24.77	24.77
2015年	2月16日	98	44	0.84	38	5	13	61	1	315	1	48.91	49.09	50.09	50.09
2015年	2月17日	133	98	1.16	26	1	10	71	1	135	2	82.15	50.85	38.23	38.23
2015年	2月18日	64	133	1.44	31	2	8	49	2	0	2	84.41	-20.41	-31.89	31.89
2015年	2月19日	47	64	0.92	22	2	6	66	2	0	1	65.26	-18.26	-38.84	38.84
2015年	2月20日	30	47	0.61	15	1	7	81	1	0	5	50.79	-20.79	-69.30	69.30
2015年	2月21日	28	30	0.69	25	5	9	90	1	0	6	30.04	-2.04	-7.27	7.27
2015年	2月22日	71	28	0.98	27	6	8	78	1	90	3	38.12	32.88	46.32	46.32
2015年	2月23日	70	71	1.05	22	3	6	88	2	90	5	59.31	10.69	15.27	15.27

图 2.2-10　校核结果

(三)推论出城市风道对雾霾去化作用效果有限

根据第 1 条中的 PM2.5 或 PM2.5 变化量对于风级、风向单因子的相关性分析可知，PM2.5 与风级、风向以及上日的风级、风向均无明显相关性。

但是，在实际生活体验中，专家认为风力是对雾霾有作用的，可能出现雾霾天气时没有合适的风力出现。我们又做了以下几种分析：

1. 每年各种风向的天数统计分析

表 2.2-3　2014 年 2 月—2015 年 1 月的共计 364 天各风向分布

风向	东风	东北风	北风	西北风	西风	西南风	南风	东南风
角度	0	45	90	135	180	225	270	315
天数	41	40	65	93	21	41	48	14

表 2.2-4　2014 年 2 月—2015 年 1 月实际雾霾共计 92 天中的风向分布

风向	东风	东北风	北风	西北风	西风	西南风	南风	东南风
角度	0	45	90	135	180	225	270	315
天数	10	10	10	21	20	8	18	4

表 2.2-5　按季节分雾霾天数出现天数

季节	春季(1—3 月)	夏季(4—6 月)	秋季(7—9 月)	冬季(10—12 月)
雾霾天数	34	20	4	34
主要风向	西北风	西风	东北风	西北风

表 2.2-6　春季 1—3 月出现雾霾天风向情况

风向	东风	东北风	北风	西北风	西风	西南风	南风	东南风
角度	0	45	90	135	180	225	270	315
天数	6	3	0	8	0	1	7	2

表 2.2-7　夏季 4—6 月出现雾霾天风向情况

风向	东风	东北风	北风	西北风	西风	西南风	南风	东南风
角度	0	45	90	135	180	225	270	315
天数	2	2	3	4	17	4	4	0

表 2.2-8　秋季 7—9 月出现雾霾天风向情况

风向	东风	东北风	北风	西北风	西风	西南风	南风	东南风
角度	0	45	90	135	180	225	270	315
天数	0	2	1	0	0	0	1	0

表 2.2-9　冬季 10—11 月出现雾霾天风向情况

风向	东风	东北风	北风	西北风	西风	西南风	南风	东南风
角度	0	45	90	135	180	225	270	315
天数	2	3	6	9	3	3	6	2

2. 风向统计分析及选取建议结果

城市风道的原理就是希望把郊外的风引进主城区，将霾等污染物吹走。但是实际上雾霾天气当日或上日与风向、风级没有明显相关性，即使建设了城市风道，没有风或者实际风向与城市风道不一致也是枉然。

同时我们可以从全年实际风向及有雾霾天出现情况考虑，顺应风向建设风道，可以加快风速流动性。

以全年实际盛行风向统计:按轴线分布具体数据如下:

南—北轴线方向:南风+北风:48+65=113天

东南—西北轴线方向:西北风+东南风:14+93=107天

东北—西南轴线方向:西南风+东北风:40+41=81天

东—西轴线方向:西风+东风:41+21=62天

以全年实际雾霾天气时的实际风向统计:按轴线分布具体数据如下:

东—西轴线方向:西风+东风:10+20=30天

南—北轴线方向:南风+北风:10+18=28天

东南—西北轴线方向:西北风+东南风:21+4=25天

东北—西南轴线方向:西南风+东北风:10+8=18天

综合全年盛行风向及出现雾霾日的风向出现次数的概率综合考虑:建议采用南—北方向的城市风道更为有利。

四、研究的结论和改进建议或对策

(一)课题研究发现了不同因子对雾霾去化的影响程度

通过课题研究发现:CO、NO_2、SO_2 及上日 PM2.5 的监测数据与当日的 PM2.5 数值有较强的相关性(复相关系数 0.5 以上),但是通过线性相关建立的数学模型,发现由于平均误差达 37.72%而不能用于 PM2.5 的预测。

(二)以数学分析佐证了城市风道去霾作用效果有限

在北京研究城市风道吹雾霾课题中,中国城市规划设计研究院总规划师杨保军认为,北京通过“风道”来减缓雾霾,效果可能有限。中国科学院大气物理研究所研究员大气灰霾追因专项专家王跃思也持类似观点。通过本课题的各因子相关性分析可知,风向不是杭州市雾霾变化的强相关因子,从理论分析数据证实其实际的雾霾去化作用效果可能有限。

(三)杭州市建设城市风道的改进建议

通过课题研究发现,杭州市提出城市风道理论是大致采用“东南—西北轴线”方向,与本次研究的结论有部分重合,不是最佳走向,建议顺应城市盛行风向进行调整(全年出现频次较高且在雾霾天气中出现频次较高的风向),采用南—北方向的城市风道。

当然,在本课题中的分析是基于一个连续整年的气象数据统计,城市盛行风向的确定有可能不具有典型性,还应采纳更多的气象信息(比如 5 年或更多年,基于大数据的分析)进行统计,在本次课题中由于采集数据有限,无法扩展论证。

(四)对课题研究提供帮助的感谢

课题研究离不开大家的帮助和指导,在此特别感谢浙江省环保厅及杭州市气象局等部门提供了课题的气象数据！感谢课题指导教师施永忠对课题立项及研究过程的指导和帮助！感谢杭州电子科技大学周文晖教授对于数学分析工具应用的指导！感谢浙江省政协环保专家陈卓研究员对研究方向的指导！感谢浙江省环境保护科学设计研究院区域大气环境研究所所长吴建的专业点评！也感谢课题小组同学们的齐心协力群策群力顺利完成课题研究任务！

五、专家意见

课题研究结题期间，得到了浙江省环境保护科学设计研究院区域大气环境研究所所长吴建的专业点评。吴建所长认为本次雾霾去化研究课题具有较强的实践意义，通过对数据的整理、分析、凝结而得出的结论“以数学分析佐证了城市风道去霾作用效果有限；提出了杭州市采用南北方向的城市风道更为有利的建议”十分有价值，对全社会共同参与治理雾霾有重要意义。对于利用城市风道去霾的可行性，学术界至今尚无定论，课题组做了有益的探索。

课题组花了相当大的心思，收集了 2014 年 2 月到 2015 年 1 月共计 364 天的近 4000 个数据，实属不易，但是一年的数据量相对偏少，建议后续可延长时间跨度。

六、附录

(一)研究计划

表 2.2-10　研究计划

计划内容	完成时限
选题和开题	第 3—4 周
查找有关雾霾的资料和气象数据	第 5—6 周
向各地气象部门查询气象数据	第 7 周
进行数据分析和建模	第 8—11 周
资料整理并完善资料	第 12—13 周
组员之间进行讨论写出心得	第 14—15 周
根据指导老师的修改对报告进行完善	第 16 周
访问专家、老师研究如何进行模型优化	第 17 周
形成结题报告或论文	第 18—19 周
撰写结题演示文稿	第 20 周

(二)小组活动记录、与导师交流记录

1. 课题组内选题、开题、结题讨论

2014 年 12 月 12 日,课题小组成立,确定研究课题为"雾霾去化时间影响因子分析",小组成员均表示出极大的兴趣和对科研成果的期待。讨论中进行了课题任务分工。

2015 年 5 月 10 日,课题小组在数据分析基本完成的情况下进行了结论讨论。就分析提出的 PM2.5 的数学模型应用到预测时误差较大,大家一致同意科研结论的主题应该进行变更为"分析杭州市建设城市风道去霾的可行性",因为课题中的雾霾影响因子风级、风向正是城市风道的主要要素。

课题小组根据课题进度保持适时的各种讨论,遇到问题简单沟通就落实解决。

2. 与指导老师交流

2014 年 12 月 12 日,在课题选题中,指导教师施永忠认为就雾霾方面的研究,最好能够进行数学建模,然后能解决有关现实的问题。最后施老师建议选择雾霾去化时间影响因子的分析方面的课题。

2015 年 5 月 21 日,在进行结题报告撰写过程中,指导教师施永忠提出了很多建议,并针对结题报告编写模板进行了指导。

3. 与专家交流

2015 年 2 月,在拜访浙江省政协环保专家陈卓研究员时,对课题的研究方向表示赞同,并提出了学习环保知识范围的建议。

2015 年 4 月 16 日,在数学建模工具选择中,得到了杭州电子科技大学周文晖教授的指导,悉心给我们讲解了线性回归工具的用法以及评估方法。

2015 年 5 月 10 日,得到了王晗妈妈的建议,建议我们采用 EXCEL 中自带的"回归"工具进行线性回归。

(三)组员心得和体会

叶隽毅:做这个课题真的很不容易,从立项开始,为了选好课题研究方向与爸爸讨论了很多次,还与爸爸一起拜访了爸爸学环保专业的同学,再多次得到施永忠老师的分析和指导,最终才确定了研究建立数学模型分析预测雾霾这个方向。但是在课题进行中我们又再次发现了主题合理性的问题,我们的数学模型建立后进行预测校核,发现误差极大,根本无法使用,当数据出来后我们大家都晕菜了,感觉辛辛苦苦采集的数据并进行了分析却无法实现目标。但是我们小组成员集思广益,细致分析我们的数学分析结果,认为可以解决网上看到的城市风道吹雾霾是否有效的疑问。就此我们重新寻找和熟悉有关城市风道的工作机理,然后结合课题中的数据分析对这个新的立论进行了论证,最终提出了城市风道吹雾霾不一定有效。从课题过程中我们发现,科研可以进行结论假定,但是在实际工作中必须从实际数据入手,分析研究出的结论才是真正符合实际的结果,

不能凭空猜想。

王晗：我参加这个课题的研究大多受我教数学的妈妈影响的，我对数学感兴趣，也希望通过数学分析和数学建模解决实际问题中学习更多的数学知识。通过这次大量的数据采集和整理，可真把我搞晕了，数据多了就容易在摘录中看错、抄错等。但是这次我特别的小心，一次性正确整理录入，真是很幸运。

沈嘉佚：起初雾霾这个东东我是一无所知，课题组开始启动后，我们就分头行动了，我为主负责的雾霾方面知识的熟悉和了解让我很快就进入状态。看了网上的许多介绍，我们就提出了许多雾霾的有关影响因子，最后大家讨论选择了部分参数，如 CO、SO_2、温湿度、风力、风向等。线性回归这个数学工具也是第一次接触，特别是 EXCEL 中有这个工具就大大方便了我们分析数据。

管清越：刚开始的时候感觉雾霾课题的数学建模真是高大上呀，我们才是高一的学生能够做吗？但是经过学习，我们发觉这是数学方程的问题，就是解 N 多个未知数的方程组，用我们目前学习的二元方程组是无法解决的。好在发现有现成的工具软件可以使用。叶隽毅在网上找到了一个叫"万能数据分析"软件，通过免费版的试用可以方便地建立线性回归数学模型，但是只能做十几行的数据，针对我们 450 行近 5000 个数据量的研究必须使用付费软件(发觉很贵哦)，好在王晗的妈妈是数学老师，建议我们使用 EXCEL 的数学分析工具，解决了我们的难题。

杨涵：我也觉得数学建模挺好玩的，但是那些数据真是很无聊。那么多的数据看着都觉得烦，还好我是做数据摘录校对工作，但也是看得眼花呀。通过课题，我觉得做个科研也确实不容易，想想那些科学家、科研技术工程师的工作，为了验证一个理论得有多少数据呀，我们才采集了 15 个月的数据进行分析就头晕了，得好好学习数学了。

沈嘉成：我以前老是觉得雾霾和风是有必然的关系的，通过课题研究我们才相信，实际上雾霾与风向没有非常密切的关系，有可能风来了，这里的雾霾吹走了，那其实周边也有雾霾又带过来了，就像抽刀断水，能断吗？但是感觉下雨天能减少雾霾，课题中的结果也发现与是否雨天的关系不密切，是否是我们做线性回归的分析方法不适合天气情况这个参数呢？我在猜想是不是不成线性关系，我们是用最小二乘法的线性回归，相当于是直线拟合的意思，那是不是有可能它们是曲线的关系呢？只是我们目前学习的知识还无法解答，期待等我们以后读大学后学到更多知识就可以解答了吧。

孙懿成：我觉得数学分析挺难，今后要好好学习数学了。另外我觉得做课题的报告也是需要大家平时多做收集资料的工作，比如课题小组讨论、外出采集气象数据、专家提供帮助分析的时候我们都没有留下很多照片，这是我们疏忽掉的，今后如果从事科研的工作必须细致，关注每个环节，记录下所有原始信息，到结题的时候才能便捷。

潘天祺：做课题要考虑很多方面，而且要团队配合分工合作。我们这个课题还是比较小的一个方向，采集的数据也是只有几千个，我在想，如果更多的数据采集了以后我们该怎么做分析呢。网上也有自己编程做数学分析和建模的，那么我们离这个水平还是好大啊。还有我比较赞成沈嘉成的看法，我认为下雨天的相关性这么小，是否我们分析方法不是很适合呀？总感觉每次雾霾天，只要下雨了，天空马上就清晰了。

专家点评

创新性的基础上要保证其可行性、可操作性。

太阳能仿生水草技术净化河流水质试验及其改进和研究

浙江大学附属中学　施展科技实践活动小组　　指导：施永忠

摘　要：本组成员参加了杭州天宇公司研发的太阳能仿生水草净化河流水质技术的试验。试验分为静态试验，实地试验。试验过程中存在的问题，激发了组员们对生态修复技术的兴趣。本组成员经过调查研究和查阅文献，提出了改进该项技术的对策和建议：一是采用智能化的光电池向阳自动跟踪装置提高吸收太阳能的有效性；二是采用太阳能、风能互补发电方式实现能源互补，组合增效。

关键词：水生态修复　智能跟踪　风光互补　改进探索

一、研究的背景和意义

“如果再不珍惜水资源，那么人类看到的最后一滴水将是自己的眼泪”这句振聋发聩的公益警句，大家一定不会忘记。在看似源源不断的水流中，地球上真正能为人类利用的淡水其实很少，尤其是我国人口基数极其庞大，人均水资源更是少得可怜。然而在水资源这么匮乏的今天，水资源的污染、浪费依然是那么严重。

杭州城区河流水体的现状怎样？本人带着疑问，暑假期间对杭州城市河流现状进行了调查，发现大多数河流都存在富营养化现象。本人查阅了 2013 年《科技与企业》上的一篇文章。杭州市共有市区城市河道 470 条(520 个河段)，全长 1008 公里，水域面积 26 平方公里。随着杭州社会经济的迅猛发展，城市化进程加快，城市面积不断扩大，农田大量消失、河道被填造成城市河道水资源严重不足，工业废水和生活污水大量排放导致城区水体污染严重、水生态系统恶化，河道的综合功能效益无法有效发挥。从水质监测情况看，Ⅱ类水占 2.13%；Ⅲ类水占 10.91%；Ⅳ类水占 13.11%；Ⅴ类水占 11.12%；劣Ⅴ类水占 62.73%。从监测指标情况看，氨氮劣Ⅴ类百分比最高，占 67.5%，总磷次之，占 48.75%，化学需氧量占 26.2%，目前城市河道最主要的污染因素为氨氮，其次为总磷，城市河道富营养化趋势非常严重。换句话说可以用来喝的水只占 13.04%；工业用水和农业用水占 24.23%；基本失去使用功能，极重污染的劣Ⅴ类却占 67.5%。根据“新华网浙江频道”2014 年 10 月 2 日报道：2014 年 1—8 月杭州市区水质综合评价结果不合格，不合格指标为氨氮参见表 2.3-1。

表 2.3-1　资料来源于浙江省环保厅公示文件

			综合评价结果					
设市区	序号		优秀	良好	合格	不合格	不合格指标	备注
杭州市	1	杭州市区 *				√	氨氮	
	2	桐庐县 *		√				
	3	淳安县 *		√				
	4	建德市 *			√			
	5	富阳市 *		√				
	6	临安市 *		√				变好指标为总磷

近年来随着人们环保意识的日益增强，政府治理水污染力度的不断加大、大量工业企业外迁，工业废水排放量呈明显的下降趋势。但是城市人口的激增，造成生活污水排放量快速上升，已经成为城市污水的主要来源，导致水质氨氮超标富营养化。如何处理氨氮污染的水质，成为当今杭州城市治理水污染的一个重要课题。

二、研究的过程和方法

（一）太阳能仿生水草的结构及原理

1. 太阳能仿生水草的结构

其结构：由仿生水草（填料）、太阳能接收器、浮体、小型电机、曝气装置、配重六部分组成（如图 2.3-1 所示）。

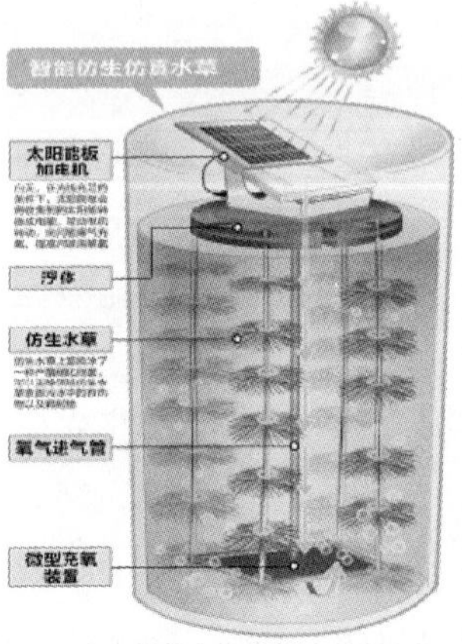

图2.3-1　太阳能仿生水草结构

2. 太阳能仿生水草的原理

采用聚烯烃类材质填料制作仿生水草，在填料上运用包埋技术喷涂了产酶硝化细菌和其他微生物如独缩虫、盖纤虫、钟虫等。通过太阳能板接收器，把太阳能转化成电能，带动小型电机，将空气(氧气)输入水中。通过纳米曝气管曝气，增加水中的溶解氧，供给好氧性微生物生长，促进微生物迅速繁殖，微生物可以降解仿生水草周围污水中的有机物和颗粒物等污染物，净化水质。使用方法时将这些仿生水草直接放置在污水中，它就会自动工作。

3. 仿生水草作用机理

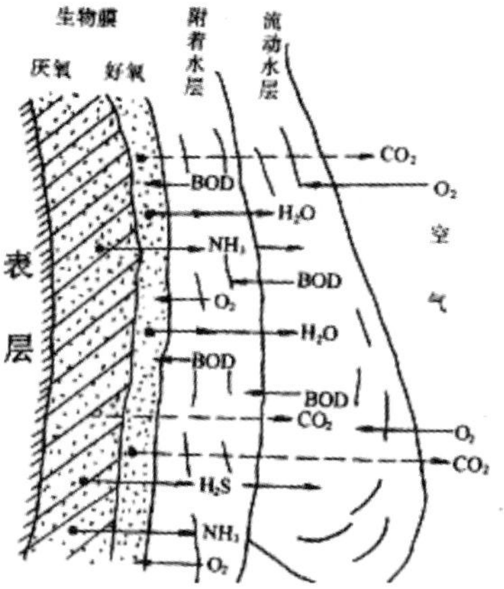

图 2.3-2　仿生水草作用机理图

仿生水草除污的方法属于生物膜处理法，实质是使细菌等微生物和微型动物附着在填料或某些载体上，并在其上形成膜状生物污泥—生物膜。污水与生物膜接触，污水中的有机物，作为营养物质为生物膜上的微生物所摄取，污水由此得到净化，微生物自身也得到繁衍增殖。

(二)研究方法

太阳能仿生水草净化污染水质试验研究活动分为两种方式：(一)静态试验；(二)实地试验。

静态试验：在试验周期内，在相同天气及温度因素影响下，试验在两个有效容积完全相同好氧池和厌氧池中进行，检测太阳能仿生水草与水生植物在预处理过的污染水质中测定好氧池和厌氧池中水样的 COD_{Mn}、NH_3-N 和 DO 指标各项指标并进行比较分析，是否达到净化水质的效果。

实地试验：在试验周期内在实地取一处试验河段，在实际环境中测定水样的 COD_{Mn}、NH_3-N 和 DO 各项指标并分析，检验仿生水草对污染水质净化的效果，验证是否具有推广和市场价值。

COD_{Mn}测定—酸性高锰酸钾氧化法向被测水样中定量加入 $KMnO_4$溶液，加热水样，水溶液中多数的有机污染物都可以氧化，加入定量且过量的 $Na_2C_2O_4$ 还原过量的 $KMnO_4$，最后在用 $KMnO_4$ 标准滴定溶液返滴过量的 $Na_2C_2O_4$ 至微红色为终点，由此计算出水样的耗氧量。高锰酸钾(KMnO4)法，氧化率较低，但比较简便，在测定水样中有机物含量的相对比较值时，可以采用。

DO 分析—碘量法水样中加入硫酸锰和碱性碘化钾，水中溶解氧将低价锰氧化成高价锰，生成四价锰的氢氧化物棕色沉淀。加酸后，氢氧化物沉淀溶解并与碘离子反应而释出游离碘。以淀粉作指示剂，用硫代硫酸钠滴定释出碘，可计算溶解氧的含量。

氨氮分析—纳氏试剂比色法是一种测定饮用水、地面水和废水中铵的方法。其原理是：以游离的氨或铵离子等形式存在的铵氮与纳氏试剂反应生成黄棕色络合物，该络合物的色度与铵氮的含量正比，可用目视比色和分光光度法测定。目视比色法测定时，最低检出浓度为 0.2mg/l，上限浓度为 2 mg/l；分光光度法测定时，最低检出浓度为 0.05 mg/l，上限浓度为 2 mg/l。纳氏试剂比色法具操作简便、灵敏等特点，水中钙、镁和铁等金属离子、硫化物、醛和酮类、颜色，以及混浊等干扰测定，需做相应的预处理。

(三)研究过程

1. 静态试验

时间：2015 年 7 月 15 日—8 月 15 日

地点：杭州天宇环保科技有限公司

样本：河水

条件：环境相同，气候相同

内容：测定水样的 COD_{Mn}、NH_3-N 和 DO

对象：好氧池水样，厌氧池水样

水样监测时间：DO 每天的上午 8:30、11:30 及下午的 3:00；

COD_{Mn}、NH_3-N 上午 11:30

试验装置和器材：中试装置(初沉池、二沉池、调节池、好氧池、厌氧池及污泥浓缩池)、显微镜、COD 测定仪、DO 分析仪、氨氮分析仪、pH 仪等；填料、水生植物浮萍等。

图 2.3-3　接受老师指导

图 2.3-4　测定指标数值

试验结果与分析：

根据实验方案对 COD_{Mn}、NH_3-N、DO 和 pH 进行每天的定时监测，本人对部分数据进行记录和复测，并根据记录数据分别绘制了 COD_{Mn}、NH_3-N、DO 曲线图。

①好氧池仿生水草组合填料及厌氧池水生植物对河道水体 COD_{Mn} 的去除效果（如图 2.3-5、图 2.3-6 所示）

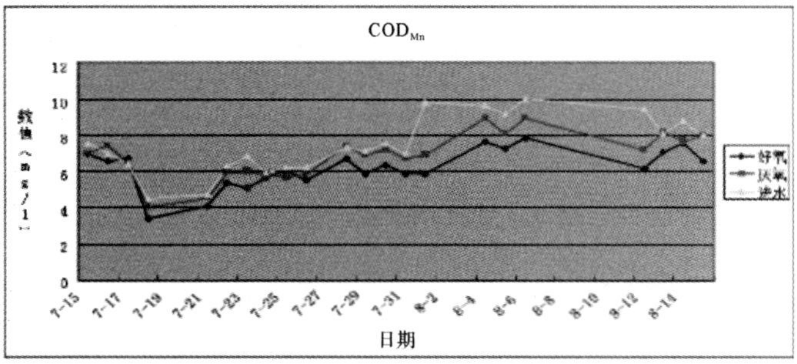

图 2.3-5　好氧池及厌氧池对水体 COD_{Mn} 的去除效果

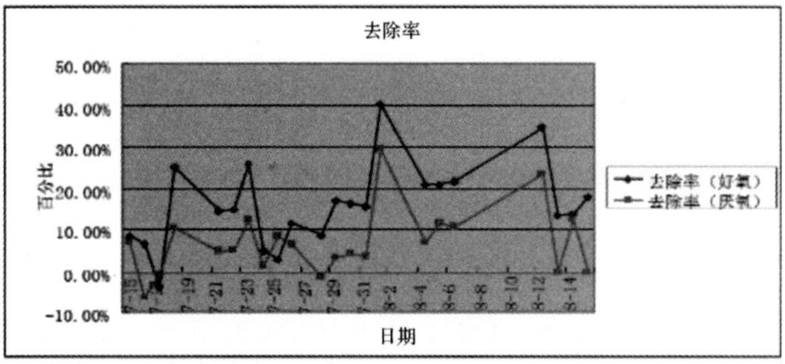

图 2.3-6　好氧池及厌氧池对水体 COD_{Mn} 的去除效率百分比

②好氧池仿生水草组合填料及厌氧池水生植物试验中的 DO 及透明度观测情况（如图 2.3-7、图 2.3-8 所示）

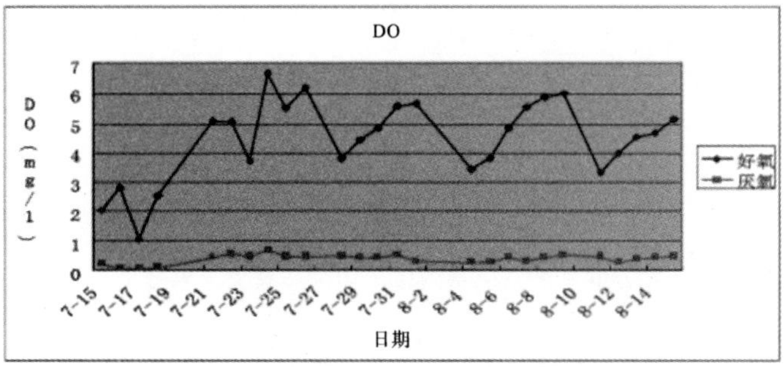

图 2.3-7　好氧池及厌氧池试验中的 DO 情况

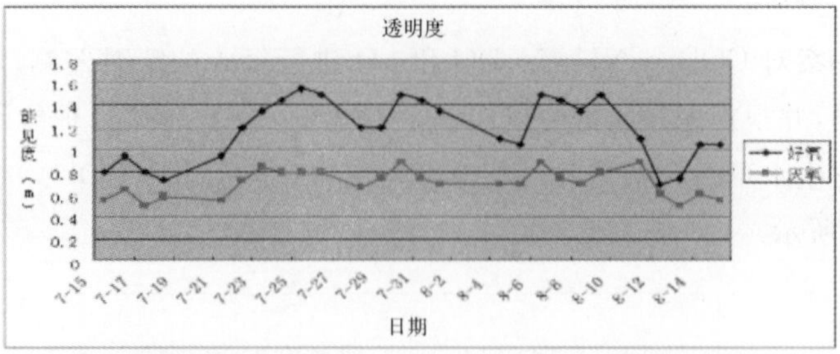

图 2.3-8　好氧池及厌氧池试验中的透明度情况

由数据显示，可知好氧池仿生水草组合填料对河道水体的净化程度要高于水生植物。

③好氧池仿生水草组合填料及厌氧池水生植物对河道水体氨氮的去除效果（如图 2.3-9、图 2.3-10 所示）

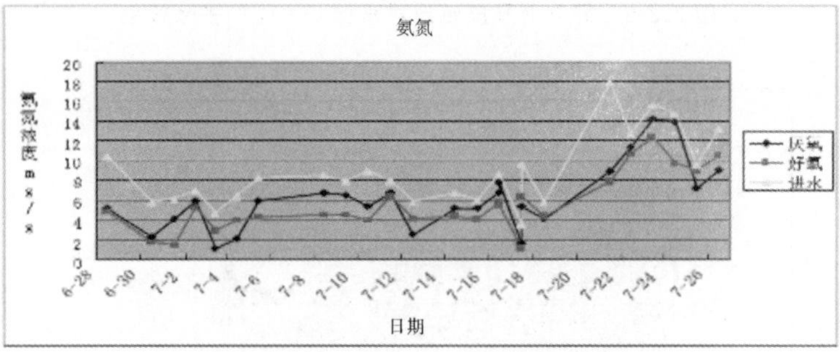

图 2.3-9　好氧池及厌氧池试验中的氨氮去除情况

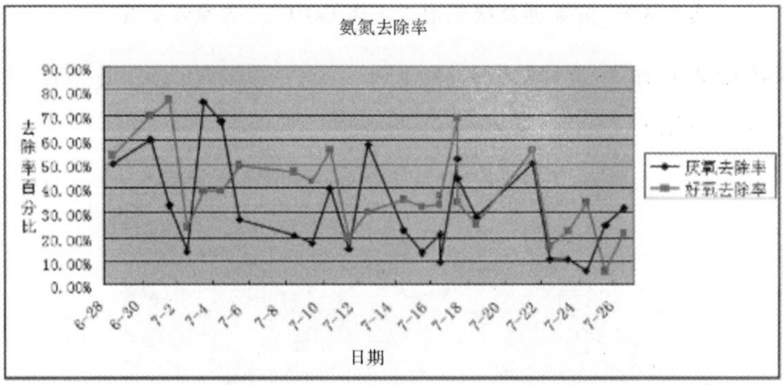

图 2.3-10　好氧池及厌氧池试验中的氨氮去除率百分比情况

由数据可得好氧池仿生水草组合填料对河道水体的氨氮去除率为 40％左右要高于水生植物。

通过以上试验，本人总结及分析出以下结论：通过本次静态试验可知，好氧池太阳能仿生水草及厌氧池水生植物处理河道微污染水质时，两者均能表现出一定的效果，但从出水的 CODMn 和 NH_3-N 两个指标的测定值比较得出，好氧池中的太阳能仿生水草对河道微污染水质的处理效果比厌氧池中的水生植物要好。

2. 实地试验

时间：2015 年 8 月 18 日—8 月 20 日（因大雨被迫中断）

地点：一段不知名的小河

样本：河水

条件：自然环境，实际气候

内容：测定水样的 COD_{Mn}、NH_3-N 和 DO

对象：仿生水草周围的水样

水样监测时间：DO 每天的上午 8:30、11:30 及下午的 3:00；

COD_{Mn}、NH_3-N 上午 11:30

8 月 18 日，该公司选取了杭州的一处不通航河段做实地试验，在实现预处理的条件下，放置了 6 个组合浮岛，用大萍点缀空隙处，美观又不遮挡太阳能板。由于 8 月下旬受到几次大雨的影响，使浮岛受到了很大的冲击。但是通过几天的试验观察在水流稳定的情况下，试验区域的河水氨氮含量无明显减少，但溶解氧在浮岛附近略有增加，河水透明度好转不明显。由于试验河段堆积大量的垃圾，此项实验被迫中断。（如图 2.3-11、图 2.3-12 所示）。

图 2.3-11　浮岛安装完成

图 2.3-12　浮岛变形图

3. 太阳能仿生水草的经济性

以 1000 米长的河段为一个单位，在运河的两侧水面都设置 1 米宽的浮床，工程费用预算（参见表 2.3-2）：

表 2.3-2　浮床工程费用预算表

项目	单价	数量	总价(元)
聚乙烯泡沫板	900 元/立方米	200 立方米	180000
挺水植物	0.5/株	200000 株	100000

续　表

项目	单价	数量	总价(元)
种植网盆	2 元/只	100000 盆	200000
缓冲板	900 元/立方米	200 立方米	180000
木桩	50 元/棵	1000 棵	50000
施工费	30 元/棵	1000 棵	30000
合计			740000

其中聚乙烯泡沫板预计可以使用 3 年，网盆可以重复使用，挺水植物去除死株后第二年仍可继续使用。浮床建好后每年的维护费用是很低的，只需支付很少的养护人工费。

同样，假设以 1000 米长、2 米宽的河段为一个单位，净化面积为 2000 立方米。一组太阳能仿生水草的价格为 225 元，安装费 25 元，无须养护费用。一组可净化 1 立方米的河水。电机寿命约 1 年，更换成本 20 元，仿生水草寿命为 3 年，可以分别更换。工程费用预算(参见表 2.3-3)：

表 2.3-3　浮床工程费用预算表

项目	单价	数量	总价元)
太阳能仿生水草	225 元	$2000m^3/1m^3$(组)	450000
安装费	25	$2000m^3/1m^3$(组)	50000
电机	2000×3 年	20 元	120000
合计			620000

三年总成本为 62 万元。因此，采用太阳能仿生水草投入相比水生植物要低，且净化河水截面深达 1 米，具有一定的市场价值。

三、创新点

(一)提出了“智能跟踪”的概念

智能化的光电池向阳自动跟踪装置能够大大提高吸收太阳能的有效性。此设计扩大太阳能板面积，增加了太阳能自动跟踪系统和蓄电池，可以使产能增加 30%，延长曝气时间，而摊到每平方米上的成本反而下降了。且由于装置面积太大对市民家庭养观赏鱼也无用，减少了装置被偷拿的损耗。

(二)提出了“风光互补”的概念

我国幅员辽阔，各地都有自然优势，有的地方无风但日照充足，有的地方风力资源丰富但日照不足。加装蓄电装置和采用太阳能、风能互补发电方式能够实现能源互补，组合增效，拓展仿生水草在各种不同环境条件下的应用。

四、实地试验结果与分析

通过这次实地试验，此项技术暴露了五方面的问题：

（一）试验河段虽然进行了预处理，但试验期间上游来的漂浮物和新的污染仍在继续侵入，造成漂浮物大量进入浮岛内部，试验效果大打折扣。

（二）仿生水草浮岛没有硬支撑容易变形，在流动的河段，净化面积变小。

（三）由于太阳能板小，且无蓄电功能，在日照不足时无法工作。如若扩大太阳能板加装蓄电池不仅成本会大幅增加而且会头重脚轻，根本无法放置。

（四）太阳能板无智能功能，不会自动跟踪太阳；加上太阳能板水平放置，吸收能量的有效性大打折扣。所以在实际应用中影响了太阳能板的效能，也使水体曝氧量和曝氧时间不足。

（五）由于外形小巧便携，在河边只用绳子拴着，非常容易让少数素质不高的市民将该装置拿回去用于家庭养鱼，此类装置损失影响了治污效果。

五、改进的对策和研究的设想

（一）解决问题的对策

由于太阳能仿生水草在实地试验中存在预设条件多，设计不合理，几乎无实际应用价值，而且产品低端等问题，引起了我的思考，在研究了不足和缺陷后提出了改进的措施：

①在流动河段的水面设置橡胶浮坝，浮坝与水流逆向成一定的内夹角，拦截漂浮物便于清理。浮坝的两端设计套环与钢管桩形成活塞，固定浮坝也使浮坝可以随水位的高低上下浮动，达到预处理的效果。浮坝在河道左右可以交替布置，改进后不仅适用于不通航的河流也适用于通航的河流。

②增大太阳能板和浮体面积，使每块太阳能板下能同时挂多组仿生水草，摊薄成本，在此基础上再加装光电池向阳自动跟踪装置，设计太阳能板以30°斜面放置，使太阳光始终垂直照射在太阳能板上，可以较好地向阳吸收能量，从而实现智能化控制。

③增大浮体从而增大浮力，可以解决因安装光电池向阳自动跟踪装置所需的浮力，不致仿生水草整体下沉；因体积较大对好事者也无多大用处，影响私家鱼池美观。

④仿生水草也可以采用高比表面积的阿科蔓生态基填料。仿生水草内部利用尖端技术制成孔结构，针对微生物的形态，制成大小不同的微孔。巨大的洞穴空间为实现微生物多样性并建立起高效的水生态系统提供了理想条件。阿科蔓生态基填料对污染物去除机理：

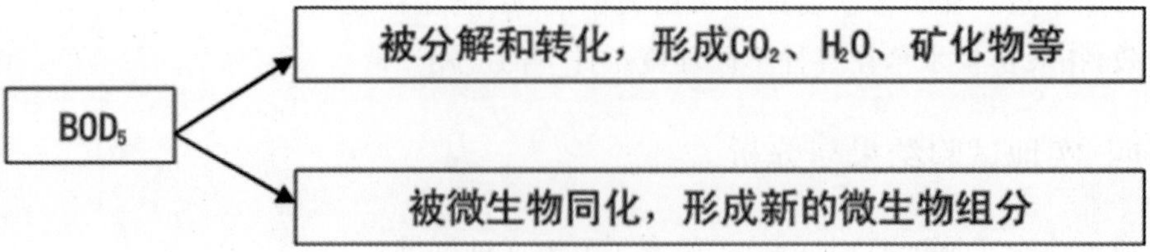

图 2.3-13　BOD_5 去除原理

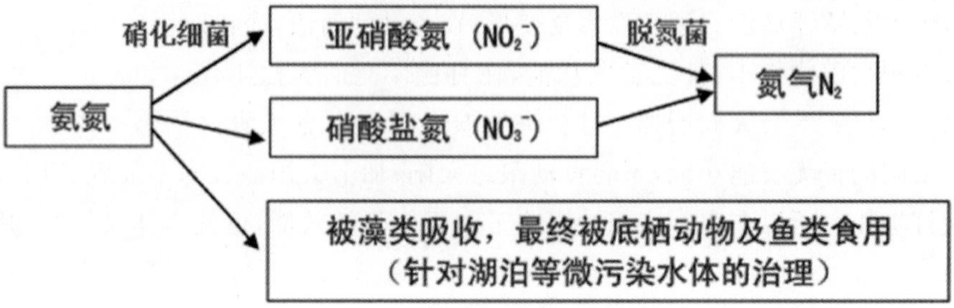

图 2.3-14　氨氮去除原理

(二)研究的设想

基于上述设想，本人产生了研究风光互补智能仿生水草航母群浮岛新技术的设想。

①太阳能智能仿生水草航母群浮岛的每一个单元由一个中心浮体和八组甚至更多组的仿生水草组成(填料可以根据需要选用聚烯烃类材质或阿科蔓生态基填料)。中心浮体上设计安装风光(太阳能、风能)互补蓄电池、光电池向阳自动跟踪装置、遥控器、小型电机、曝气装置及纳米曝气管。中心浮体用套环连接钢管桩上。阿科蔓生态基填料周围可布置水生植物，既可以美化河道环境又可以立体治理污水。在填料上运用包埋技术喷涂了人工驯化的本土产酶硝化细菌和其他微生物，防止外来物种的侵入。该技术既可以采用光电池向阳自动跟踪系统跟踪太阳吸能蓄能，也可以采用风力发电方式蓄能，通过曝气增加水中溶解氧，促进阿科蔓生态基填料上的本土微生物群落生长，使微生物种类和生物量达到最大化，利用其代谢作用去除水中的污染物。在水体深度允许的条件下，适当增加每组仿生水草的纵向长度，将有利于微生物对氧气的充分利用。阿科蔓生态基填料微生物附着表面积大，每平方米能治理 30～60 立方米污水。阿科蔓生态基填料生产过程符合美国食品级药品安全管理局食品工业级原材料标准，此外美国联邦政府环保局的检测报告显示，阿科蔓生态基填料不会分解，使用寿命不低于 14 年，对自然环境无任何危害。该新技术不仅适用于日照充足地区也能适用于在特殊季节风力较大的宽阔水体。

风光互补智能仿生水草航母群浮岛工作的示意图(如图 2.3-15 所示)：

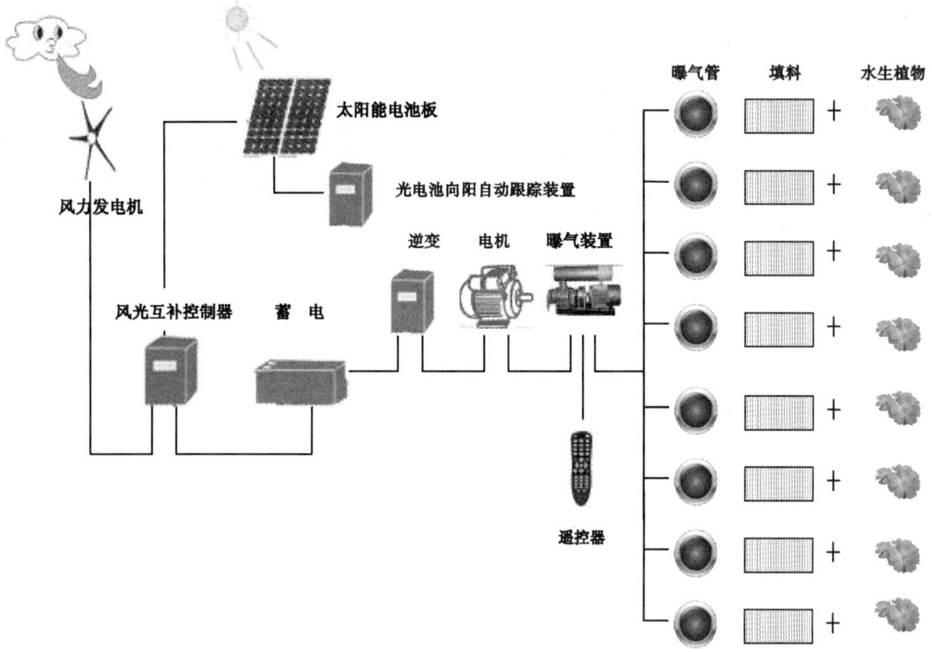

图 2.3-15 风光互补智能仿生水草航母群浮岛工作的示意图

②太阳能、风能互补智能仿生水草航母群浮岛技术的可行性分析：

从生产成本来估算：风光（太阳能、风能）互补蓄电池的价格是 280 元，光电池向阳自动跟踪装置的价格是 199 元，阿科蔓生态基填料的价格是 10 元/平方米，遥控器的价格是 18 元、小型电机的价格是 29 元以及纳米曝气管的价格是 2 元/米，钢管桩的价格是 36 元/米，浮体的价格是 5 元，水生植物是 0.5 元/株。太阳能板以 50cm×50cm、12V20W 计不足 200 元。一个单元的价格估计一般在 2000 元。因此，太阳能、风能互补智能仿生水草航母群浮岛技术的设想是可行的。

由于目前我只是一个中学生，专业知识还不够丰富，只是在科学实验活动中产生了治理水污染技术的一些设想。这些设想可能还不成熟，需要实践来检验。但我会继续努力做下去的。

浙江省环境安全评价与风险管理技术委员会专家，浙江省经济信息化工作委员会高评委专家，浙江省环保产业联盟专家委员会主任委员徐水林认为：这篇研究文章值得一读，施展同学用亲身经历对运用太阳能智能仿生水草浮岛技术净化河流水质进行了深入浅出地研究与探索，这种源于实践的科学思维与创新意识很值得推介。太阳能智能仿生水草作为城镇河道污染治理是一种很具潜力的生态修复技术，对河道水体净化，美化居民生活环境和提高居民生活质量将起到积极作用；太阳能、风能互补智能仿生水草航母群浮岛技术为治理大面积水域污染提供了可以借鉴的方法和有益的探索。

六、致谢：

本次研究性学习活动中，我得到了施永忠老师的帮助，得到了杭州天宇环保公司董事长林云明高级工程师、浙江省环境安全评价与风险管理技术委员会徐水林专家的大力支持、帮助和指导，为本次研究性学习活动的完成提供了保障，还有天宇公司李工程师等指导试验数据的检测，在此一并表示衷心的感谢。

研究时间　2015 年 7 月—2015 年 8 月
班　　级　高一(3)班
指导教师　施永忠
执 笔 人　施　展

附　件：

一、仿生水草静态试验

1. 本次实验在好氧池和厌氧池中进行

其中好氧池和厌氧池的大小均是 3200×2000×3000(mm)，容积为 19.2m^3。实验期间，好氧池和厌氧池的有效容积为 3.2×2×(3－0.55)＝15.7 m^3。我们对两组分别进行静态与动态实验对照。对一系列水质指标进行测定、对比。

图 1　好氧池和厌氧池对照实验

2. 填料

根据好氧池和厌氧池的大小，我们将在好氧池中布置 6 个浮球，每个浮球下布置 9 串长度为 1.5m(16 片)的弹性填料，片距为 0.08m，单片填料的直径为 200mm，则每个浮球下的填料总面积是 4.52m^2。其中在四周的 8 串填料下设置曝气，其曝气装置为太阳能供电的直流曝气机与曝气头。太阳能板与曝气机固定在浮球上。在厌氧池中我们种植与浮球面积相当的水生植物。(0.36×6＝2.16 平方米)并且不设置曝气。

3. 试验方法与检测指标

①通过提升泵将河道里的水抽取并同时输送进入好氧池和厌氧池(通过阀门控制)。

②水样分别从进水管中取进水，好氧池和厌氧池的出水堰中取出水，分别用于测试反应前的水质和反应过后的水质。每天从这三处取样，并分别测试水质指标：COD_{Mn}、NH_3-N、DO 和 pH。其中 DO 和 pH 这几个指标分别在每天的上午 8:30、11:30 及下午的 3:00 三个时间段来监测(最好在水下 50cm 处测定 DO 和 pH 值，根据工业溶氧仪线长短再定)；其中 COD_{Mn}、NH_3-N 这二个指标以中午 11:30 所取的水样为主要检测对象(更能反映当天水质处理情况，如果条件允许的话也可测试下早上取的水样，看看前一整天的水质处理情况)。

③开始中试试验时，控制水在装置中的停留时间为 5—7 天(挂膜)，即 5—7 天换一

次水，并进行重复性实验，直至挂膜成功。好氧池每天进行12小时的曝气(8:00—20:00)。挂膜成功后，按照上面第二点所说的方法来检测这六个指标(建议挂膜成功前可先镜检下，观察下水体中有哪些微生物，以便和日后处理过的水体中的微生物做一个比较)。

④每天都要整理好当天的实验数据。记录好当天的天气等一些外在的因素，尤其是每天遇到的问题及解决方法。同时，实验期间 NH_3-N 的标线在试剂重新配置时就要更新一次，一般情况下是两周一次。

4. 试验注意事项

①好氧池、厌氧池及初沉池这三个装置为平行对比试验，所以控制条件尽可能相同，如水力停留时间等。

②挂膜试验期间可隔1天取样测试一次。

③溶解氧最好用溶解氧仪器现场测试，如果在实验室测试，水样需要固定。测试项目有 COD_{Mn}、NH_3-N、DO和pH。这些项目可根据试验情况调整，有条件也可以增加藻类指标(如叶绿素)、色度(稀释倍数法)、总氮等。

④试验过程中及时总结数据(一周一次)，依据试验结果调整试验安排。例如水力停留时间、流量等。

⑤试验过程中大约隔1个月(待1个试验周期完成)可以将填料提出来，观察填料上生物膜生长情况，测试填料生物膜量(SS)。平时不要轻易动填料。以免影响处理效果。

⑥为保证试验能够正常进行，每次取回河水如果太脏，应经粗过滤(纱窗类过滤材料过滤)，滤去树叶、大的悬浮物后，再灌到试验装置中。同样，所取的水样如果藻类过多的话，建议先用滤纸过滤下再进行试验。

⑦试验中水面出现少量藻类为正常现象，但要有记录。如果出现大量藻类，需要重新换水。

⑧试验过程中要做好运行记录，日常运行记录项目有：

气温、水温、溶解氧DO、pH，天气情况(晴天、阴天、雨天、日出时间等)，出现的问题及解决办法等。定期(1周1次)进行课题组试验讨论，分析讨论问题，向领导汇报，并根据实际情况确定或修改下一步试验方案。

⑨中试完成后，总结试验数据，分析试验结果与出现的问题，写出试验总结报告，并向领导汇报工作。

5. 试验具体步骤及总结

①试验准备 中试实验于10月份正式启动，准备工作有中试水泵检修，流量计更换，中试池体清理，制作智能仿生水草弹性填料，制作布置曝气装置等。

②试验布置 将制作好的智能仿生水草弹性填料布置投放入好氧池，根据试验设计栽种了一定种类数量的水生植物，布置完成后可知生物填料面积为 $2.16m^2$ 而水生植物种

植面积为 3.584m²,比值为 1∶1.5。

③挂膜 试验初始阶段对智能仿生水草弹性填料进行挂膜,由于当时河道进水较为清澈,水源较好,致使挂膜难度增加,挂膜时间过长,为了提高效率,对此,我们采用了接种挂膜的方法,从兼氧池取得一定的生物膜投入好氧池加速填料的挂膜,通过尝试,好氧池填料在 11 月初挂膜成功,厌氧池栽种的植物也已长出新芽能够正常存活。

④试验阶段 好氧池及厌氧池进水量都保持在 900L/H,而曝气时间设定为每日 10 小时;而后为了测定曝气装置的性能对曝气装置也进行了调整,调整后曝气时间仍为每日 10 小时,周一曝气时间为早晨 7 点至下午 5 点,周二为早晨 6 点至下午 4 点以此类推,而采样时间仍为每日早晨 9 点,经过测定可知曝气时间长短对水体中溶解氧的影响程度。

⑤试验结果与分析:

a.好氧池智能仿生水草组合填料及厌氧池水生植物对河道水体 COD_{Mn} 的去除效果(见表 1)

表 1 好氧池及厌氧池对河水水体处理效果

日期	好氧	厌氧	进水	去除率(好氧)	去除率(厌氧)
7 月 15 日	6.941294	7.020896	7.578109	8.40%	7.35%
7 月 16 日	6.527363	7.418905	6.989055	6.61%	−6.15%
7 月 17 日	6.718408	6.511443	6.463682	−3.94%	−0.74%
7 月 18 日	3.406402	4.058196	4.539282	24.96%	10.60%
7 月 21 日	4.073715	4.539282	4.772066	14.63%	4.88%
7 月 22 日	5.345372	5.941309	6.266366	14.70%	5.19%
7 月 23 日	5.092354	5.982125	6.840119	25.55%	12.54%
7 月 24 日	5.648461	5.855015	5.934459	4.82%	1.34%
7 月 25 日	6.053625	5.704071	6.228401	2.81%	8.42%
7 月 26 日	5.513406	5.815293	6.228401	11.48%	6.63%
7 月 28 日	6.689176	7.42006	7.324727	8.68%	−1.30%
7 月 29 日	5.902681	6.871897	7.110228	16.98%	3.35%
7 月 30 日	6.347567	7.253227	7.571003	16.16%	4.20%
7 月 31 日	5.894737	6.720953	6.975174	15.49%	3.64%
8 月 2 日	5.870904	6.935452	9.82721	40.26%	29.43%
8 月 5 日	7.626614	8.97716	9.660377	21.05%	7.07%
8 月 6 日	7.246878	8.092219	9.168108	20.96%	11.74%

续 表

日期	好氧	厌氧	进水	去除率(好氧)	去除率(厌氧)
8月7日	7.861671	8.9683	10.04419	21.73%	10.71%
8月12日	6.170989	7.216138	9.444765	34.66%	23.60%
8月13日	7.06244	8.169068	8.153698	13.38%	−0.19%
8月14日	7.592699	7.684918	8.791547	13.64%	12.59%
8月15日	6.56292	7.992315	7.992315	17.88%	0.00%

b. 好氧池智能仿生水草组合填料及厌氧池水生植物试验中的DO及透明度观测情况(见表2)

表2 试验中DO及透明度

日期	DO好氧	DO厌氧	透明度(好氧)	透明度(厌氧)
7月15日	2.04	0.24	0.8	0.55
7月16日	2.81	0.08	0.95	0.65
7月17日	1.08	0.08	0.8	0.5
7月18日	2.53	0.1	0.73	0.58
7月21日	5.05	0.45	0.95	0.55
7月22日	5.03	0.58	1.2	0.72
7月23日	3.72	0.48	1.35	0.85
7月24日	6.66	0.72	1.45	0.8
7月25日	5.5	0.48	1.55	0.8
7月26日	6.19	0.47	1.5	0.8
7月28日	3.82	0.49	1.2	0.66
7月29日	4.42	0.42	1.2	0.75
7月30日	4.82	0.43	1.5	0.9
7月31日	5.55	0.52	1.45	0.75
8月2日	5.65	0.34	1.35	0.7
8月5日	3.45	0.28	1.1	0.7
8月6日	3.82	0.29	1.05	0.7
8月7日	4.82	0.43	1.5	0.9
8月8日	5.51	0.33	1.45	0.75
8月9日	5.85	0.45	1.35	0.7

续 表

日期	DO 好氧	DO 厌氧	透明度(好氧)	透明度(厌氧)
8 月 10 日	5.99	0.52	1.5	0.8
8 月 11 日	3.33	0.48	1.1	0.9
8 月 12 日	3.97	0.27	0.7	0.6
8 月 13 日	4.52	0.39	0.75	0.5
8 月 14 日	4.66	0.44	1.05	0.6
8 月 15 日	5.13	0.49	1.05	0.55

③好氧池智能仿生水草组合填料及厌氧池水生植物对河道水体氨氮的去除效果(见表 3):

表 3　好氧池及厌氧池对河道水体氨氮处理效果

日期	厌氧	好氧	进水	厌氧去除率	好氧去除率
6 月 28 日	5.20562	4.8315	10.37143	49.81%	53.42%
6 月 30 日	2.328571	1.757143	5.8	59.85%	69.70%
7 月 1 日	4.12381	1.457143	6.1236	32.66%	76.20%
7 月 2 日	5.933333	5.266667	6.885714	13.83%	23.51%
7 月 3 日	1.147619	2.861905	4.671429	75.43%	38.74%
7 月 4 日	2.1	3.909524	6.385714	67.11%	38.78%
7 月 5 日	5.980592	4.17143	8.171429	26.81%	48.95%
7 月 8 日	6.695238	4.504762	8.40362	20.33%	46.39%
7 月 9 日	6.504762	4.50423	7.87	17.35%	42.77%
7 月 10 日	5.37281	3.933333	8.884683	39.53%	55.73%
7 月 11 日	6.695238	6.314286	7.838095	14.58%	19.44%
7 月 12 日	2.492857	4.111905	5.87831	57.59%	30.05%
7 月 14 日	5.12381	4.266667	6.6	22.37%	35.35%
7 月 15 日	5.12381	3.98953	5.9	13.16%	32.38%
7 月 16 日	6.8321	5.742857	8.6	20.56%	33.22%
7 月 16 日	7.775	5.457143	8.6	9.59%	36.54%
7 月 17 日	1.659524	1.088095	3.4463	51.85%	68.43%
7 月 17 日	5.37381	6.31867	9.5861	43.94%	34.09%
7 月 18 日	4.12381	4.314286	5.742857	28.19%	24.88%

续 表

日期	厌氧	好氧	进水	厌氧去除率	好氧去除率
7月21日	8.945238	7.89342	17.80238	49.75%	55.66%
7月22日	11.24687	10.6	12.5967	10.72%	15.85%
7月23日	14.02857	12.21905	15.61578	10.16%	21.75%
7月24日	13.85	9.659524	14.65463	5.49%	34.09%
7月25日	7.171429	8.980952	9.4983	24.50%	5.45%
7月26日	8.980952	10.40952	13.16577	31.79%	20.93%

二、记录试验数据和测定水质指标花絮

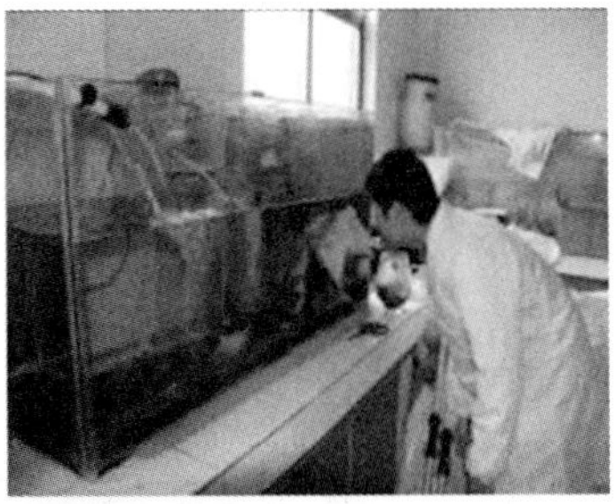
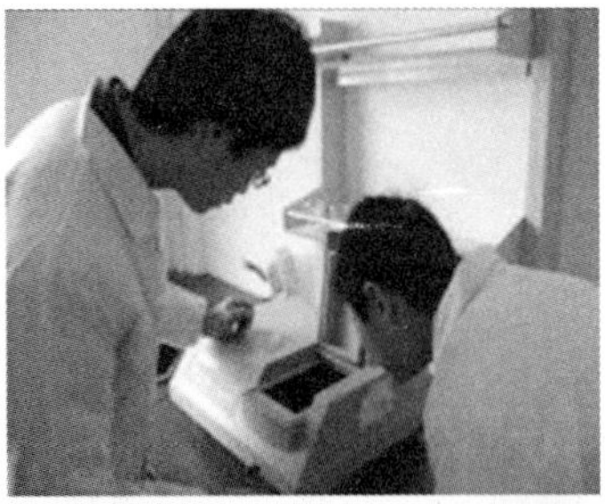
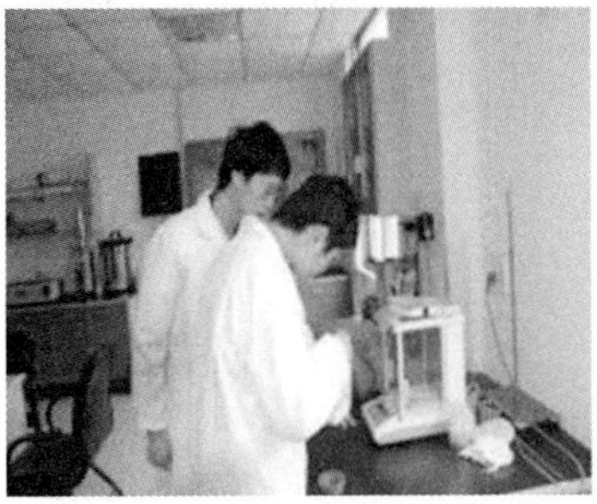
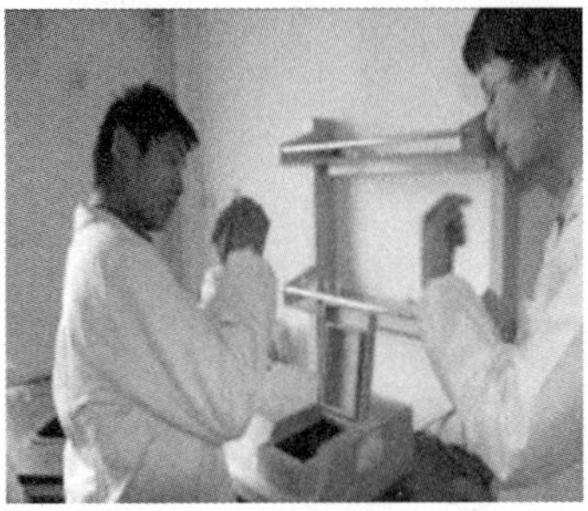
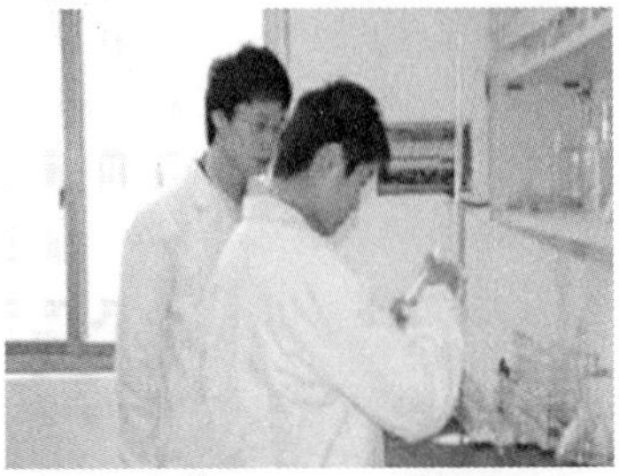
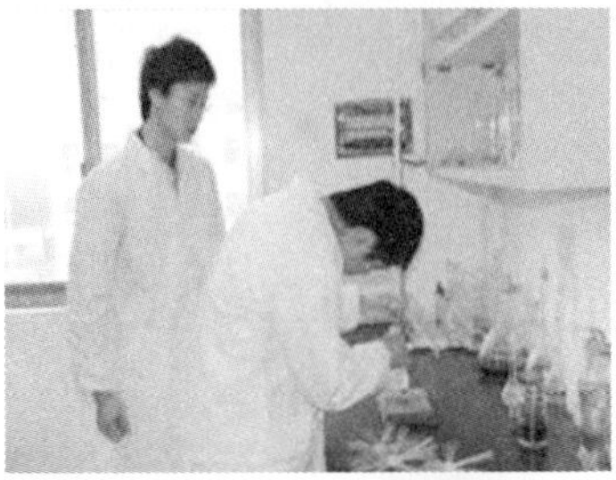
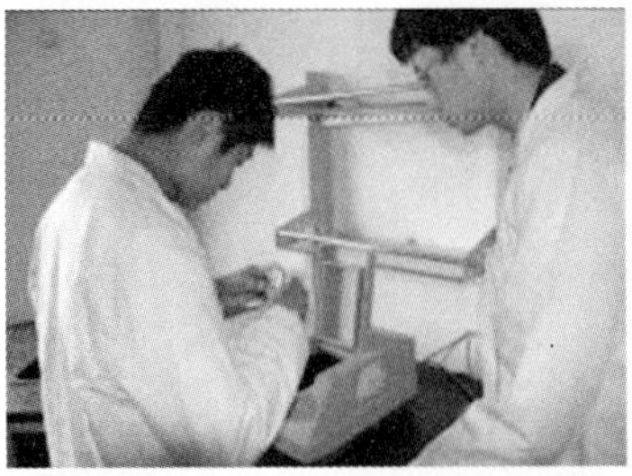
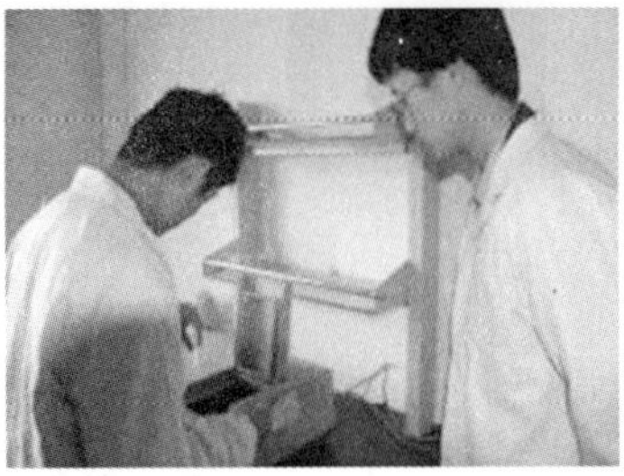

专家点评

数据翔实、过程严谨，具有实践意义。